高等职业教育机械类
新形态一体化教材

金工实训

（第二版）

主编　徐晓东

副主编　黄志国　刘翔宇

U0272582

高等教育出版社·北京

内容提要

本书的内容包括金工实训基础知识，铸造实训，锻压实训，焊接实训，热处理实训，钳工实训，钣金工实训，车削实训，铣削、刨削和磨削实训，数控加工和特种加工实训共 10 部分，涵盖了机械制造生产过程中的主要知识点和工程训练的基本要求。单元附有观察与思考、知识目标、能力目标、案例、小结、思考题和拓展题。各校可根据本校专业设置的特点及需要合理安排各工种的实训时间。本书配有数字化资源，学生可扫描二维码在线学习视频资源。

本书可作为高等职业院校、成人高校机械类、近机类等专业的基本实训教材，也可供相关工程技术人员参考。

授课教师如需本书配套的教学课件，可发送邮件至邮箱 gzjx@pub.hep.cn 索取。

图书在版编目（CIP）数据

金工实训/徐晓东主编.--2版.--北京:高等教育出版社,2021.3

ISBN 978-7-04-055373-4

Ⅰ.①金… Ⅱ.①徐… Ⅲ.①金属加工-实习-高等职业教育-教材 Ⅳ.①TG-45

中国版本图书馆 CIP 数据核字(2021)第 000554 号

金工实训

JINGONG SHIXUN

策划编辑	张 璋	责任编辑	张 璋	封面设计	张志奇	版式设计 马 云
插图绘制	黄云燕	责任校对	马鑫蕊	责任印制	存 怡	

出版发行	高等教育出版社	网　　址	http://www.hep.edu.cn
社　　址	北京市西城区德外大街 4 号		http://www.hep.com.cn
邮政编码	100120	网上订购	http://www.hepmall.com.cn
印　　刷	鸿博昊天科技有限公司		http://www.hepmall.com
开　　本	787mm×1092mm　1/16		http://www.hepmall.cn
印　　张	16.25	版　　次	2015 年 8 月第 1 版
字　　数	380 千字		2021 年 3 月第 2 版
购书热线	010-58581118	印　　次	2021 年 3 月第 1 次印刷
咨询电话	400-810-0598	定　　价	44.80 元

配套资源索引

序号	资源名称	页码
1	整模造型—造下型	25
2	整模造型—造上型	25
3	整模造型—内部结构	25
4	分模造型（上）	26
5	分模造型（下）	26
6	分模铸造过程	31
7	空气锤工作过程	39
8	锤头的热处理	83
9	锤头的钳工加工 1	142
10	锤头的钳工加工 2	142
11	锤头的钳工加工 3	142
12	锤头的钳工加工 4	142
13	压弯	160
14	拆边机的操作方法	162
15	液压下传动式板料折弯机	164
16	撮子加工 1	173
17	撮子加工 2	173
18	撮子加工 3	173
19	螺纹车刀的安装	195
20	普通螺纹的车削	196
21	带孔铣刀的安装	213
22	带柄铣刀的安装	213
23	锤头的铣削加工 1	225
24	锤头的铣削加工 2	225
25	锤头的铣削加工 3	225
26	锤头的铣削加工 4	225
27	数控车床滚轴丝杠工作原理	231
28	数控铣床对刀	235
29	锤头的数控加工 1	247
30	锤头的数控加工 2	247
31	锤头的数控加工 3	247

第 2 版前言

金工实训是机械类或近机类各专业重要的实践教学环节,它对培养学生实践能力和学习后续课程起到重要作用。本书是在总结金工实训教学改革经验,并结合生产实际的基础上,考虑国内高等职业院校教学条件进行修订的,适当地拓宽了基本训练内容,体现了新工艺、新材料、新技术、新设备的发展和应用。

本书的编写特点:

1. 结合多年金工实训教学经验编写。

2. 单元后除附有思考题外,还增加了拓展题,用以提高学生的实践应用能力。

3. 举一反三是本书的一大特点,引导学生将一个零件采用不同的加工方法完成,可使学生体会到各种加工方法的异同点。

4. 数字化教学资源配套丰富,学生可扫描二维码在线学习。

5. 拓宽实训项目,增加了钣金工实训内容单元,训练学生的实际动手能力,并体会手工与机械加工相结合的特点。

6. 力求贯彻最新国家标准及法定计量单位。

7. 尽可能做到内容叙述简练,深入浅出,图文并茂。

本书由河北石油职业技术大学徐晓东任主编,黄志国、刘翔宇任副主编。参加编写的人员及分工如下:徐晓东(单元七)、黄志国(单元一、单元二)、王晶(单元三、单元四)、门超(单元五)、左瑞华(单元六、单元十)、王蕾(单元八)、山红伟(单元九)、刘翔宇(数字化教学资源制作的统筹策划)。

本书由河北石油职业技术大学苏海青教授审阅,配套的数字化教学资源由田野和李玉龙负责摄制和后期制作,在此表示衷心的感谢。

限于编者水平,欠妥之处在所难免,敬请读者批评指正。

编者

2020 年 2 月

目　　录

单元一　金工实训基础知识 ………… 1
1.1　机械制造过程及其主要加工方法 …… 1
1.2　金属材料常识 ………………… 3
1.3　常用钢铁材料 ………………… 5
1.4　常用测量器具 ………………… 10
1.5　安全生产 …………………… 16
小结 …………………………… 16
思考题 ………………………… 16

单元二　铸造实训 ………………… 18
2.1　铸造基本知识 ………………… 18
2.2　砂型铸造 …………………… 20
2.3　特种铸造 …………………… 26
2.4　铸造车间安全守则 …………… 30
案例 …………………………… 31
小结 …………………………… 32
思考题 ………………………… 32
拓展题 ………………………… 33

单元三　锻压实训 ………………… 34
3.1　锻压基本知识 ………………… 34
3.2　自由锻 ……………………… 38
3.3　模锻 ………………………… 47
案例 …………………………… 51
小结 …………………………… 52
思考题 ………………………… 52
拓展题 ………………………… 52

单元四　焊接实训 ………………… 54
4.1　焊接工艺基础 ………………… 54
4.2　焊条电弧焊 ………………… 56
4.3　气焊和气割 ………………… 65
案例 …………………………… 70
小结 …………………………… 71
思考题 ………………………… 71
拓展题 ………………………… 72

单元五　热处理实训 ……………… 73
5.1　热处理基本知识 ……………… 73
5.2　钢的整体热处理工艺 ………… 74
5.3　钢的表面热处理工艺 ………… 77
5.4　热处理设备 ………………… 79
5.5　热处理操作技术 ……………… 80
案例 …………………………… 83
小结 …………………………… 84
思考题 ………………………… 84
拓展题 ………………………… 84

单元六　钳工实训 ………………… 86
6.1　概述 ………………………… 86
6.2　划线 ………………………… 87
6.3　锯割 ………………………… 95
6.4　錾削 ………………………… 99
6.5　锉削 ………………………… 103
6.6　钻孔 ………………………… 112
6.7　攻螺纹和套螺纹 ……………… 125
6.8　刮削加工 …………………… 129
6.9　装配钳工的基本知识 ………… 133
案例 …………………………… 142
小结 …………………………… 144
思考题 ………………………… 145
拓展题 ………………………… 145

单元七　钣金工实训 ……………… 146
7.1　画展开图的基本方法 ………… 146
7.2　钣金展开的工艺处理 ………… 153
7.3　手工成形工艺 ………………… 153
7.4　工模具成形 ………………… 160
7.5　铆接 ………………………… 168
案例 …………………………… 173
小结 …………………………… 177
思考题 ………………………… 177

目录

拓展题 ……………………………… 178

单元八 车削实训 ……………… 179

8.1 概述 …………………………… 179

8.2 普通车床及其附件 …………… 181

8.3 车削加工 ……………………… 186

8.4 其他附件 ……………………… 196

案例 ……………………………… 200

小结 ……………………………… 209

思考题 …………………………… 209

拓展题 …………………………… 209

单元九 铣削、刨削和磨削实训 …… 210

9.1 铣削加工 ……………………… 210

9.2 刨削加工 ……………………… 217

9.3 磨削加工 ……………………… 220

案例 ……………………………… 224

小结 ……………………………… 225

思考题 …………………………… 225

拓展题 …………………………… 225

单元十 数控加工和特种加工实训 … 226

10.1 数控加工技术简介 …………… 226

10.2 数控车加工 ………………… 227

10.3 数控铣加工 ………………… 234

10.4 特种加工技术简介 …………… 236

案例 ……………………………… 240

小结 ……………………………… 246

思考题 …………………………… 246

拓展题 …………………………… 247

参考文献 ………………………… 248

1

金工实训基础知识

观察与思考

当你看到生活中各种形状的零件(如汽车上的零部件),你认为它是用什么材料制成的?是采用何种方法成形的?

知识目标

1. 机械制造过程及其主要加工方法。

2. 金属材料的力学性能和工艺性。

3. 常用钢铁材料的性能。

4. 常用测量工具的基本知识。

5. 安全生产。

能力目标

掌握:常用量具的使用方法。

了解:测量器具的保养。

1.1 机械制造过程及其主要加工方法

1.1.1 机械制造过程

1. 概述

机械制造是机器制造工艺过程的总称。机械制造过程是根据设计图纸和工艺文件,将原材料用铸造、锻压、冲压、焊接等方法制成零件的毛坯(或半成品、成品),再经切削加工制成零件,最后将零件装配成合格的机械产品的过程。

它大致可分为生产技术准备、毛坯制造、零件加工、产品检测和装配等阶段。

(1)生产技术准备阶段

机器生产前,必须做各项技术准备工作,其中最主要的一项是制订工艺过程,这是直接指导各项技术操作的重要文件。此外,还要正确选择材料,标准件购置,刀具、夹具、模具、装配工具等的预制,热处理设备的检测仪器的准备等。

(2)毛坯制造阶段

毛坯可由不同方法获得。合理选择毛坯可显著提高生产率和降低成本。常用的毛坯制造方法有:铸造、锻压、焊接和型材。

(3)零件加工阶段

金属切削加工是目前加工零件的主要方法。通用的加工设备有车床、钻床、镗床、刨床、铣床和磨床。此外,还有各种专用机床、特种加工机床。选择加工方法,选用机床设备和刀具,需要广泛的专业知识。例如,轴可用车床加工,也可用磨床加工,哪种方案更合理需视具体情况而定。车床的加工精度一般低于磨床,但在车床上采用高切削速度、小进给量,可能达到较高的精度,满足零件的技术要求。所以,必须具有"经济精度"的概念。所谓经济精度,就是指某种加工方法只宜达到某种精度,超过这个精度将失去经济性,这个问题在制订工艺规程时均应考虑。

（4）产品检测和装配阶段

机器是由若干个零件组成的,其精度为各个零件精度的总体反映。我们必须掌握零件精度与总体精度之间的联系,采用合理的工艺措施,使用合适的机床和工装夹具,以保证每个零件的精度要求。每一个加工工序都不可避免地产生加工误差,如何检验这些误差,在哪些工序之后设定检验工序,采用何种量具等问题,都必须全面考虑,合理安排。除了几何形状和尺寸之外,还有表面质量和内部性能的检验,例如缺陷检验、力学性能检验和金相组织检验等。

装配阶段必须严格遵守技术条件规定,例如零件清洗、装配顺序、装配方法、工具使用、结合面修磨、润滑剂施加以及运转跑合,甚至油漆色泽和包装,都不可掉以轻心,只有这样才能生产出合格的产品。

2. 机械零件工艺过程

（1）产品质量

机械制造依赖于完整的图纸和各种技术文件及有关标准。零件是机械制造的基本单元。零件质量、装配质量与产品质量有很大关系,而零件质量又与材料性能、零件加工质量有关,因此机械加工的首要任务就是要保证零件加工质量。

（2）工艺规程

工艺规程的基本内容是根据零件的技术要求,选择各表面的合理加工方法,安排加工顺序,确定热处理方案,使零件在保证质量的前提下获得最佳经济效益。工艺规程是直接指导工人进行操作和技术检验的重要技术文件,是组织生产的基础。

生产中,直接改变原材料或毛坯的形状、尺寸和性能,使之成为产品的过程,称为工艺过程。铸造、锻压、焊接、切削加工、热处理等都属于工艺过程。把工艺过程合理化并编写成文件,如工艺卡片等,这类文件称为工艺规程。实际生产中,不同的零件,由于其结构、形状和技术要求的不同,常需采用不同的加工方法,经过一系列加工才能制成。即使是同一个零件,由于生产条件不同,加工工艺也不尽相同,但在一定生产条件下,总有一种比较合理的工艺方案。因此,制订工艺过程时,要从工厂现有的生产设备和零件的生产批量出发,在保证产品质量的前提下,考虑到提高生产率,降低成本和改善劳动条件等方面后,择优制订。

1.1.2　主要加工方法

1. 铸造

铸造是把熔化的金属浇注到具有和零件形状相适的铸型空腔中,待其冷却凝固后获得铸件毛坯的方法。铸造的主要优点是可以生产形状复杂,特别是内腔复杂的毛坯。铸造的应用十分广泛,在一些重型机械、矿山设备中占 85% 以上。

2. 锻造

锻造是将金属加热到一定温度,利用冲击力或压力使其产生塑性变形而获得锻件毛坯的加工方法。锻件的组织比铸件致密,力学性能好,但锻件形状所能达到的复杂程度不如铸件,锻造零件的材料利用率也较低。锻造主要应用在各种机械中受力复杂的重要零件,如主轴、传动轴、齿轮、凸轮、叶轮、叶片等。

3. 冲压

冲压是利用装在冲压机床上的冲模,对金属板料加压,使之产生变形或分离,从而获得零件或毛坯的加工方法。冲压件具有重量轻、刚性好、精度高等优点,各种机械中的板料成形件和电器、仪表及生活用品中的金属制品,绝大多数都是冲压件。

4. 焊接

焊接是利用加热或加压(或两者并用)使两部分分离的金属形成原子间结合的一种不可拆卸的连接方法。焊接具有连接质量好、节省金属、生产率高等优点。焊接可制造金属结构件,如机架、锅炉、桥梁、船体等;也可制造零件毛坯,如某些机座、箱体等。

5. 下料

下料是将各种型材利用机锯、气割或剪切获得零件坯料的一种方法。

6. 切削加工

切削加工是用切削工具从毛坯或型材坯料上切去多余的材料,获得几何形状、尺寸及表面粗糙度等方面均符合图纸要求的零件的方法。切削加工又分为钳工和机械加工两大部分。钳工一般是用手工工具对工件进行加工,其基本操作包括划线、錾削、锯割等。机械加工是由工人操纵机床进行切削加工,常见的有车削、钻削、镗削、铣削、刨削和磨削等。切削加工在机械制造中占有十分重要的地位,几乎所有的机器零件都要经过切削加工。

7. 热处理

热处理是将固态金属在一定的介质中加热,保温后以某种方式冷却,以改变其整体或表面组织,从而获得所需性能的工艺方法。通过热处理可以提高金属材料的强度和硬度,或者改善材料的塑性和韧性等,以充分发挥金属材料的潜力。机器中很多零件要经过热处理,例如机床上有 80% 左右的零件要进行热处理。钢的常用热处理方法有退火、正火、淬火、回火和表面热处理等。

8. 装配

装配是将零件按装配工艺要求组装,并经过调试和检验等使之成为合格产品的过程。通常把铸造、锻造、焊接和热处理称为热加工,切削加工和装配称为冷加工。

1.2 金属材料常识

1.2.1 金属材料的力学性能

任何机械零件或工具,在使用过程中,往往要受到各种形式外力的作用,如起重机上的钢索受到悬吊物拉力的作用;柴油机上的连杆,在传递动力时,不仅受到拉力的作用,而且还受到冲击力的作用;轴类零件要受到弯矩、扭力的作用等。这就要求金属材料必须具有一种承受机械载荷而不超过许可变形或不被破坏的能力。这种能力就是材料的力学性能。金属所表现出来的诸如弹性、强度、硬度、塑性、冲击韧性和疲劳强度等特征就是用来衡量金属材料在外力作用下的力学性能的指标。

1. 强度

强度是指金属材料在载荷作用下抵抗变形和断裂的能力。强度指标一般用单位面积所承受的载荷(力)表示,符号为 R,单位为 MPa。

工程中常用的强度指标有屈服强度和抗拉强度。屈服强度是指金属材料在外力作用下,产生屈服现象时的应力,或开始出现塑性变形时的最低应力值,用 R_{eL} 表示。抗拉强度是指金属材料在拉力的作用下,被拉断前所能承受的最大应力值,用 R_a 表示。

对于大多数机械零件,工作时不允许产生塑性变形,所以屈服强度是零件强度设计的依据;对于因断裂而失效的零件,而用抗拉强度作为其强度设计的依据。

2. 塑性

塑性是指金属材料在外力作用下发生塑性变形而不破坏的能力。

工程中常用的塑性指标有断后伸长率和断面收缩率,断后伸长率指试样拉断后的伸长量与原来长度之比的百分率,用符号 A 表示。断面收缩率指试样拉断后,断面缩小后的面积与原来截面积之比,用 Z 表示。

断后伸长率和断面收缩率越大,其塑性越好;反之,塑性越差。良好的塑性是金属材料进行压力加工的必要条件,也是保证机械零件工作安全,不发生突然脆断的必要条件。

3. 硬度

硬度是指金属表面抵抗塑性变形和破坏的能力。测定硬度的方法比较多,其中常用的硬度测定法是压入法,它是用一定的静载荷(压力)把压头全压在金属表面上,然后通过测试压痕的面积或深度来确定其硬度。常用的硬度试验方法有布氏硬度、洛氏硬度和维氏硬度三种。

4. 冲击韧性

金属材料抵抗冲击载荷而不破坏的能力称为冲击韧度,也称为冲击韧性。

冲击韧性常用一次摆锤冲击弯曲试验测定,即把被测材料做成标准冲击试样,用摆锤一次冲断,测出冲断试样所消耗的冲击功 A_k,然后用试样缺口处单位截面积 S 上所消耗的冲击功 a_k 表示冲击韧性。

a_k 值越大,则材料的韧性就越好。a_k 值低的材料叫作脆性材料,a_k 值高的材料叫韧性材料。很多零件,如齿轮、连杆等,工作时受到很大的冲击载荷,因此要用 a_k 值高的材料制造。铸铁的 a_k 值很低,灰口铸铁 a_k 值近于零,不能用来制造承受冲击载荷的零件。

5. 疲劳强度

疲劳强度指材料在一定的应力循环次数下不发生断裂的最大应力。用符号 R_{-1} 表示。疲劳强度是在专门的疲劳试验机上测定的。

影响疲劳强度的因素很多,其中主要有应力、温度、材料的化学成分及显微组织、表面质量和残余应力等。

1.2.2 金属材料的工艺性能

金属材料的工艺性能主要有铸造性、锻造性、焊接性和切削加工性。

1. 铸造性

铸造性是指金属材料能否用铸造方法制成优质铸件的性能。铸造性的好坏取决于熔融金属的充型能力。影响熔融金属充型能力的主要因素之一是流动性。

2. 锻造性

锻造性是指金属材料在锻压加工过程中能否获得优良锻压件的性能。它与金属材料的塑性和变形抗力有关,塑性越高,变形抗力越小,则锻造性越好。

3. 焊接性

焊接性主要指金属材料在一定的焊接工艺条件下,获得优质焊接接头的难易程度。焊接性好的材料,易于用一般的焊接方法和简单的工艺措施进行焊接。

4. 切削加工性

用刀具对金属材料进行切削加工时的难易程度称为切削加工性。切削加工性好的材料,在加工时刀具的磨损量小,切削用量大,加工的表面质量也比较好。对一般钢材来说,硬度在 200HBW 左右时具有良好的切削加工性。

1.3 常用钢铁材料

1.3.1 碳钢

碳钢是碳含量<2.11%的铁碳合金,由于其价格低廉,冶炼方便,工艺性能良好,并且在一般情况下能满足使用性能的要求,因而在机械制造、建筑工程、交通运输及其他工业部门中得到了广泛的应用。

1. 常见杂质元素对碳钢性能的影响

碳钢中,碳是决定钢性能的主要元素。但是,钢中还含有少量的锰、硅、硫、磷等常见杂质元素,它们对钢的性能也有一定影响。

(1) 锰的影响

锰是炼钢时加入锰铁脱氧而残留在钢中的。锰的脱氧能力较好,能清除钢中的 FeO,降低钢的脆性;锰还能与硫形成 MnS,以减轻硫的有害作用,所以锰是一种有益元素。

(2) 硅的影响

硅是炼钢时加入硅铁脱氧而残留在钢中的,硅的脱氧能力比锰强,在室温下硅能溶入铁素体,提高钢的强度和硬度。因此,硅也是有益元素。

(3) 硫的影响

硫是炼钢时由矿石和燃料带入钢中的,硫在钢中与铁形成化合物硫化亚铁(FeS),FeS与铁则形成低熔点(985 ℃)的共晶体分布在奥氏体晶界上。当钢材加热到 1 100 ~ 1 200 ℃进行锻压加工时,晶界上的共晶体已熔化,造成钢材在锻压加工过程中开裂,这种现象称为"热脆"。硫含量越高,热脆性越严重。因此,硫是有害元素,其含量一般应严格控制在0.03%以下。

(4) 磷的影响

磷是炼钢时由矿石带入钢中的。磷可全部溶于铁素体,产生强烈的固溶强化,使钢的强度、硬度增加,但塑性韧性显著降低。这种脆化现象在低温时更为严重,故称为"冷脆",须严格控制在 0.035%以下。

但是,在硫、磷含量较多时,由于脆性较大,切屑易于脆断而形成断裂切屑,改善钢的切削加工性,这是硫、磷有利的一面。

2. 碳钢的分类

碳钢的分类方法很多,常用的分类方法有以下几种:

(1) 按钢中碳的质量分数分类

低碳钢:碳含量≤0.25% ;中碳钢:碳含量为0.25%~0.60% ;高碳钢:碳含量≥0.60%。

(2) 按钢的冶金性质分类

根据钢中有害杂质硫、磷含量多少可分为:普通碳素钢:硫含量≤0.055%,磷含量≤0.045% ;优质碳素钢:硫、磷含量≤0.040%;高级优质碳素钢:硫含量≤0.030%,磷含量≤0.035%。

(3) 按用途分类

① 碳素结构钢。主要用于制造各种工程构件和机器零件,一般属于低碳钢和中碳钢。

② 碳素工具钢。主要用于制造各种刃具、量具、模具等,一般属于高碳钢。

3. 碳钢的牌号与应用

(1) 碳素结构钢

这类钢中碳的质量分数一般在0.06%~0.38%范围内,钢中有害杂质相对较多,但价格便宜,大多数用于要求不高的机械零件和一般工程构件,通常轧制成钢板或各种型材(圆钢、方钢、工字钢、角钢、钢筋等)供应。

碳素结构钢的牌号表示方法是由屈服点的字母Q、屈服点数值、质量等级符号、脱氧方法等4个部分按顺序组成。例如Q235AF表示碳素结构钢中屈服强度为235MPa的A级沸腾钢。Q235因碳的质量分数及力学性能居中,故最为常用。碳素结构钢的屈服强度与伸长率与钢材厚度有关,这是由于碳素结构钢一般都在热轧空冷状态供应,钢材厚度越小,冷却速度越大,得到的晶粒越细,故其屈服强度与伸长率越高。中碳钢也可通过热处理进一步提高强度、硬度。

(2) 优质碳素结构钢

这类钢因有害杂质较少,其强度,塑性,韧性均比碳素结构钢好,主要用于制造较重要的机械零件。

优质碳素结构钢的牌号用两位数字表示,如08、10、45 等,数字表示钢中平均碳的质量分数的万倍。如上述牌号分别表示其平均碳的质量分数为0.08%、0.10%、0.45%。

(3) 碳素工具钢

碳素工具钢因碳含量比较高,硫、磷杂质含量较少,经淬火、低温回火后硬度比较高,耐磨性好,但塑性较低,用于制造各种低速切削刃具、量具和模具。

碳素工具钢按质量可分为优质和高级优质两类,为了不与优质碳素结构钢的牌号发生混淆,碳素工具钢的牌号由代号"T"("碳"字汉语拼音首字母)后加数字组成。数字表示钢中平均碳的质量分数的千倍。如T8钢,表示平均碳的质量分数为0.8%的优质碳素工具钢。若是高级优质碳素工具钢,则在牌号末尾加字母"A",如T12A,表示平均碳的质量分数为1.2%的高级优质碳素工具钢。

(4) 铸造碳钢

生产中有许多形状复杂、力学性能要求高的机械零件难以用锻压或切削加工的方法制造,通常采用铸造碳钢制造。由于铸造技术的进步,精密铸造的发展,铸钢件在组织、性能、精度等方面都已接近锻钢件,可在不经切削加工或只需少量切削加工后使用,能大量节约钢材和成本,因此铸造碳钢得到了广泛应用。

铸造碳钢的牌号是用铸钢两字的汉语拼音的首字母"ZG"后面加两组数字组成,第一组数字代表屈服强度值,第二组数字代表抗拉强度值。例如 ZG270-500 表示屈服强度为 270 MPa、抗拉强度为 500 MPa 的铸造碳钢。

1.3.2 合金钢

在冶炼碳钢时,有目的地加入一种或几种合金元素所得到的具有特定性能的钢,称为合金钢。合金钢具有较好的力学性能、工艺性能或化学、物理性能。

碳钢成本低,能满足许多生产上的需要,通过热处理还能改善其性能,所以用途广泛。现代工业的不断发展,对金属材料提出了越来越高的要求。有的要求力学性能,如高强度、高韧性;有的要求化学性能,如耐热性、抗氧化性、耐腐蚀性;有的要求物理性能,如高磁性、无磁性;有的要求工艺性能,如可切削性等。而碳钢往往不能满足这些要求。

碳钢的弱点主要表现在以下几个方面:

(1) 淬透性差

碳钢在水中淬火时,临界淬透直径为 15~20 mm;直径大于 25 mm 时,芯部就淬不透。

(2) 强度低

使工程结构或机器零件尺寸增大,造成设备粗大而笨重。

(3) 高温强度低

碳钢在 200 ℃ 以上温度使用时,强度和硬度会大大下降。

(4) 不具有特殊性能

如不具有耐腐蚀性、磁性等。

1. 合金元素在钢中的作用

在合金钢中常加入的合金元素主要有锰、硅、铬、镍、钼、钨、钒、钛、铝、硼、稀土元素等,其在钢中的作用为:① 强化铁素体或奥氏体。② 形成合金碳化物。③ 改变钢的室温组织。④ 细化晶粒。⑤ 提高钢的淬透性。⑥ 提高耐回火性。

2. 合金钢的分类和编号

合金钢的种类繁多,常见的分类方法有如下几种。

(1) 按用途分类

① 合金结构钢,指用于制造各种机械零件和工程结构的钢,主要包括低合金结构钢、合金渗透刚、合金调制钢、合金弹簧钢、滚动轴承钢等。

② 合金工具钢,指用于制造各种工具的钢,主要包括合金刃具钢、合金模具钢和合金量具钢等。

③ 特殊性能钢,指具有某种特殊物理或化学性能的钢,主要包括不锈钢、耐热钢、耐磨钢等。

(2) 按合金元素的总含量分类

① 低合金钢:合金元素总含量<5%。

② 中合金钢:合金元素总含量为 5%~10%。

③ 高合金钢:合金元素总含量>10%。

(3) 按正火后的组织分类

将一定截面的试样（ϕ25 mm），在静止空气中冷却后，按所得组织可分为珠光体钢、马氏体钢、奥氏体钢和铁素体钢等。

3. 合金钢的编号

我国国家标准规定，合金钢牌号的表示方法有两种：一种是用汉字牌号，如 35 铬钼；另一种是用国际化学符号，如 35CrMo，其中数字表示平均碳含量（质量分数）的万分之几，合金元素符号后面的数字表示合金元素含量的百分数。含量小于 1.5% 时，可不标含量。如 35CrMo 表示这种钢的碳含量平均为万分之三十五（或 0.35%），含 Cr、Mo 的含量在 1% 左右，但在特殊情况下易混淆者，在元素符号后亦可标以数字"1"；当平均质量分数 ≥1.5%、≥2.5%、≥3.5% 时，在元素符号后面应标明含量，可相应表示为 2、3、4，如 36Mn2Si。我国的合金钢牌号是按其碳含量、合金元素的种类及含量、质量级别等来编制的。具体如下：

（1）合金结构钢

合金结构钢的牌号是由三个部分组成，即"两位数字+元素符号+数字"，前面两位数字代表钢中平均碳的质量分数的万倍；元素符号代表钢中含的合金元素，其后面的数字表示该元素平均质量分数的百倍。例如 60Si2Mn 钢，表示平均碳含量为 0.6%，平均硅含量为 2%，平均锰含量<1.5% 的合金结构钢。如为高级优质钢，则在钢号后面加符号"A"。

（2）合金工具钢

合金工具钢牌号的表示方法与合金结构钢相似，区别仅在于碳含量的表示方法不同。当平均含碳量<1% 时，牌号前面用一位数字表示平均碳的质量分数的千倍，当平均含碳量≥1% 时，牌号中不标碳含量，如 9SiCr 钢，表示平均碳含量 0.9%，合金元素 Si、Cr 的平均质量分数都小于 1.5% 的合金工具钢；Cr12MoV 钢表示平均碳含量>1%，铬含量约为 1.2%，Mo、V 含量都小于 1.5% 的合金工具钢。高速钢不论其碳含量多少，在牌号中不予标出，但当合金的其他成分相同，仅碳含量不同时，则在碳含量高的牌号前冠以"C"字，如 W6Mo5Cr4V2 和 CW6Mo5Cr4V2 钢，前者碳含量为 0.8%~0.9%，后者碳含量为 0.95%~1.05%，其余成分相同。

（3）特殊性能钢

特殊性能钢的牌号表示方法与合金工具钢的牌号表示方法基本相同，只是当其平均碳含量≤0.03% 和碳含量≤0.08% 时，则在牌号前分别冠以"00"及"0"，如 0Cr19Ni9 表示平均碳含量<0.08%，铬含量为 19%，镍含量为 9% 的不锈钢。

（4）滚动轴承钢

高碳高铬轴承钢属于专用钢，为了表示其用途，在牌号前加以"G"，铬含量以其质量分数的千倍来表示，碳的含量不标出，其他合金元素的表示方法与合金结构钢相同，例如 GCr15SiMn 钢，表示平均铬含量为 1.5%，Si 和 Mn 含量都小于 1.5% 的滚动轴承钢。

1.3.3 铸铁

1. 概述

铸铁是指由铁、碳、硅组成的合金系的总称，在这些合金中，碳含量超过了在共晶温度时奥氏体中的饱和含碳量。从成分上看，铸铁与钢的主要区别在于铸铁比碳钢含有更高的碳和硅，同时硫、磷等杂质元素含量也较高，一般铸铁中的碳含量为 2%~4%，硅含量为 1%~3%。常用铸铁具有优良的铸造性能，生产工艺简便，成本低，所以应用广泛，通常机器的 50%（以重量计）以上是铸铁件。

2. 铸铁的分类

铸铁中的碳除少量可溶于铁素体外,其余部分因结晶条件不同可以形成渗碳体或者石墨。

根据碳在铸铁中的存在形式,铸铁可分为以下三类:

(1)灰口铸铁

碳全部或大部分以石墨存在于铸铁中,断口呈灰黑色,这是工业上最常用的铸铁。

(2)白口铸铁

碳主要以渗碳体存在,断口呈亮白色,其性能硬而脆,很难进行切削加工,故这种铸铁很少直接使用,但在某些特殊场合可使零件表面获得一定深度的白口层,这种铸铁称为"冷硬铸铁",它可用作表面要求高耐磨性的零件,如气门挺杆、球磨机磨球、轧辊等。

(3)麻口铸铁

碳一部分以石墨存在,另一部分以渗碳体存在,断口呈黑白相间,这类铸铁的脆性较大,故很少使用。

工业上最常用的灰口铸铁,根据其石墨的存在形式不同,灰口铸铁可分为四类:① 灰铸铁。碳主要以片状石墨形式存在的铸铁。② 球墨铸铁。碳主要以球状石墨形式存在的铸铁。③ 可锻铸铁。碳主要以团絮状石墨形式存在的铸铁。④ 蠕墨铸铁。碳主要以蠕虫状石墨形式存在的铸铁。

3. 石墨在铸铁中的作用

铸铁的性能和使用价值与碳的存在形式有着密切的联系。常用铸铁中碳主要以石墨形式存在,石墨用符号"G"表示,其强度、硬度、塑性、韧性很低,硬度仅为 3~5HBW,抗拉强度约为20 MPa,断后伸长率近于零;石墨具有不太明显的金属性能(如导电性)。

常用铸铁的性能与其组织具有密切关系,常用铸铁的组织可以看成是由钢的基体与不同形状、数量、大小及分布的石墨组成,因而铸铁的力学性能不如钢,铸铁中石墨的存在使其力学性能下降,一般铸铁的抗拉强度、屈服点、塑性和韧性比钢的低(但抗压强度与钢相当)且不能锻造,石墨的数量越多,越粗大,分布越不均匀,石墨的边缘部分越尖锐,铸铁的力学性能越差。

但是石墨的存在赋予铸铁许多钢所不及的优良性能,如良好的铸造性能、切削加工性能、良好的减振性和减摩性等,同时还有低的缺口敏感性。

4. 铸铁的石墨化及影响因素

铸铁中石墨的形成过程称为石墨化。铸铁结晶时,石墨化若能充分或大部分进行,则能获得灰口铸铁,反之将会得到白口铸铁。

铁碳合金结晶时,碳更容易形成渗碳体,但在具有足够扩散时间的条件下,碳也会以石墨形式析出。石墨还可通过渗碳体在高温下的分解获得。可见渗碳体是一种亚稳定相,而石墨才是一种稳定的相。

铸铁结晶时的石墨化过程可分为三个阶段:第一个阶段为高温石墨化,是指从液相中析出的石墨,它包括液相线到共晶温度区间内析出的一次石墨(G I)和共晶反应时析出的石墨(G 共晶);第二阶段为中温石墨化,是指共晶和共析温度之间从奥氏体中析出的二次石墨(G II);第三个阶段为低温石墨化,是指共析转变及以后析出的石墨(G 共析)等。

石墨化过程是原子的扩散过程。在实际生产中,上述三个阶段的石墨化过程不一定都能充分进行,其中第一阶段和第二阶段石墨化时由于温度较高,碳原子的扩散能力强,石墨化容易进行;第三阶段石墨化时由于温度较低,碳原子的扩散能力较低,石墨化较难进行,按第三阶段石墨化进行的程度不同,灰口铸铁的基体组织会出现以下三种类型:铁素体、铁素体+珠光体、珠光体。

1.4　常用测量器具

测量是按照某种规律,用数据来描述观察到的现象,即对事物作出量化描述。测量是对非量化实物的量化过程。测量的 4 个要素是测量对象、计量单位、测量方法、测量的准确度。

1.4.1　长度测量

1. 钢直尺

钢直尺是一种不可卷的钢质板状量尺。它是由刻度标尺直接读数的一种最简单的测长仪器。一般分度值为 1 mm,标度单位为 cm,读数时可以准确读到 mm 位,mm 位以下的 0.1 mm 位是凭眼睛估读位。由于它结构简单,价格低廉,所以被广泛使用。生产中常用的是 150 mm、300 mm 和 1 000 mm 三种。钢直尺如图 1.1 所示。

图 1.1　钢直尺

使用钢直尺时,应以工作端边作为测量基准,以便找正测量基准和方便读数。用钢直尺测量柱形工件的直径时,先将尺的端边或某一刻线紧贴住被测件的一边,并来回摆动另一端,所获得的最大读数值,才是所测直径的尺寸。

2. 卡钳

卡钳是一种间接量具,其本身没有刻度,所以要与其他带刻度的量具配合使用。卡钳根据用途可分为外卡钳和内卡钳两种,前者用于测量外尺寸,后者用于测量内尺寸。卡钳如图 1.2 所示。卡钳常用于测量精度不高的工件,如果操作正确,可达到 0.02~0.05 mm 的测量精度。

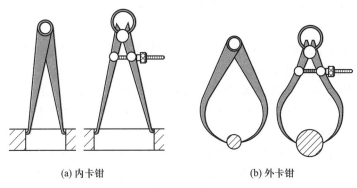

(a) 内卡钳　　　　　　　　(b) 外卡钳

图 1.2　卡钳

3. 游标卡尺

　　游标卡尺是机械加工中使用最广泛的量具之一,是由分度值 1 mm 的主尺和一段能滑动的游标副尺构成,它能够把 mm 位下一位的估读值较准确地读出来,比钢直尺的测量精度更高。它可以直接测量出工件的内径、外径、中心距、宽度、长度和深度等。游标读数(或称为游标细分)原理是利用主尺刻线间距与游标刻线间距的间距差实现的。

　　游标卡尺的分度值有 0.1 mm、0.05 mm 和 0.02 mm 三种,测量范围有 0~125 mm、0~200 mm、0~500 mm 等。

　　(1)刻度原理

　　游标卡尺是由尺身、游标、尺框所组成,如图 1.3 所示,尺身每小格均为 1 mm,每大格 10 mm,不同分度值的游标卡尺只是游标与尺身刻线宽度相对应的关系不同。

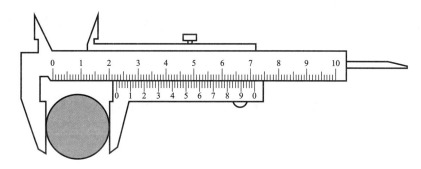

图 1.3　游标卡尺

　　下面以 0.02 mm 游标卡尺为例来说明其刻度原理。游标卡尺的尺身每格刻线宽度为 0.1 mm,使尺身上 49 格刻线的宽度与游标上 50 格刻线的宽度相等,则游标的每格刻线宽度为 49 mm/50＝0.98 mm,尺身和游标的每格刻线间距之差为 1.00 mm−0.98 mm＝0.02 mm。这个差值就是 0.02 mm 游标卡尺的分度值。0.02 mm 游标卡尺的刻度原理如图 1.4 所示。

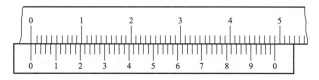

图 1.4　0.02 mm 游标卡尺的刻度原理

　　与上述刻度原理相同,0.05 mm 游标卡尺是以尺身上的 19 格线宽度与游标上 20 格线宽度相同,则游标的每格线宽度为 0.95 mm,尺身和游标的刻线间之差为 0.05 mm,这个差值就是 0.05 mm 游标卡尺的分度值。

　　(2)读数方法

　　使用游标卡尺测量精度时,读数可分为下面三个步骤(以 0.02 mm 游标卡尺为例):

　　① 读整数。读出靠游标零线左边最近的尺身刻度值,该数值就是被测件的整数值。

　　② 读小数。找出与尺身刻线对准的游标刻线,将其顺序数乘以游标分度值 0.02 mm 所得的积,即为被测件的小数值。

　　③ 整个读数。把上面两次读数值相加,就是被测工件整个读数值。读数示例如图 1.5

所示,读数:8 mm+21×0.02 mm＝8.42 mm。

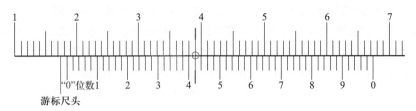

图 1.5　读数示例

（3）使用注意事项

① 使用前应将测量面擦干净,检查两测量爪间不能存在显著的间隙,并校对位置。

② 移动尺框时力量要适度,测量力不易过大。

③ 注意防止温度对测量精度的影响,特别是测量器具与被测件不等温产生的测量误差。

④ 读数时视线要与标尺刻线方向一致,以免造成视差。

4. 千分尺

千分尺是用微分筒读数的示值为 0.01 mm 的量尺,按用途可分为外径千分尺、内径千分尺和深度千分尺三种类型。外径千分尺结构如图 1.6 所示。

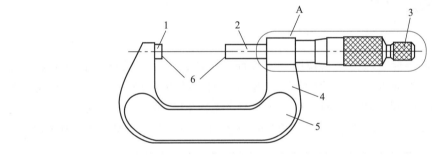

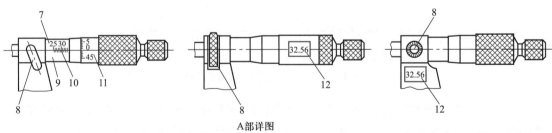

1—测砧;2—测微螺杆;3—棘轮;4—尺架;5—隔热装置;6—测量面;
7—模拟显示;8—测微螺杆锁紧装置;9—固定套筒;10—基准线;11—微分筒;12—数值显示
图 1.6　外径千分尺结构

外径千分尺按其测量范围有 0～25 mm、25～50 mm、50～75 mm、75～100 mm 等多种规格。

（1）刻度原理

外径千分尺是利用螺旋传动原理,将角位移变成直线位移来进行长度测量的,如图 1.6 所示,活动套筒（微分筒）与其内部的测微螺杆连成一体,上面刻有 50 条等分刻线,当活动套筒旋转一周时,由于测微螺杆的螺距一般为 0.5 mm,因此它就轴向移动 0.5 mm。当活动套筒转过一格时,测微螺杆轴向移动距离为 0.5 mm/50 = 0.01 mm,这是千分尺的刻度原理。

（2）读数方法

千分尺的读数机构是由固定套筒和活动套筒组成的,固定套筒上的轴向刻线是活动套筒读数值的基准线,而活动套筒锥面的端面是固定套筒读数值的指示线。

固定套筒轴向刻线的两侧各有一排均匀刻线,刻线的间距都是 1 mm,且互相错开 0.5 mm,标出数字的一侧表示是 mm 数,未标数字的一侧即为 0.5 mm 数。

用千分尺进行测量时,其读数也可以分为以下三个步骤:

① 读整数。读出活动套筒锥面的端面左边固定套筒露出来的刻线数值,即被测件的 mm 整数或 0.5 mm 数。

② 读小数。找出与基准线对准的活动套筒上的数值(再估读一位),如果此时整数部分的读数值为 mm 整数,那么该数值就是被测件的小数值,如果此时整数部分的读数值为 0.5 mm数,则该数值还要加上 0.5 mm 后才是被测件的小数值。

③ 整个读数。将上面两侧读数值相加,就是被测件的整个数值。千分尺的读数如图 1.7 所示。

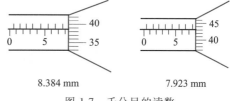

8.384 mm   7.923 mm

图 1.7　千分尺的读数

（3）使用注意事项

① 使用前必须校对零位。

② 手应握在隔热垫处,测量器具与被测件必须等温,减少温度对测量精度的影响。

③ 当测量面与被测件表面相接触时,必须使用测量力装置。

④ 测量读数时要特别注意 0.5 mm 刻度的读取。

5. 百分表

百分表刻度值为 0.01 mm,指针可转一周以上的机械式量表,它只能测出相对数值,不能测出绝对数值。主要用来检测工件的尺寸、形状和位置误差(如圆度、平面度、垂直度、跳动等),也常用于工件的精密找正。这类仪器有体积小、质量轻、结构简单、造价低等特点,不需附加电源、光源、气源等,也比较坚固耐用,因此应用十分广泛。

百分表的结构如图 1.8 所示,当测量杆向上或向下移动 1 mm 时,通过传动系统带动主指针转一圈,转数指针转一格。刻度盘在圆周上有 100 等分的刻度线,其每格的读数为 1 mm/100 = 0.01 mm。常用百分表转数指针刻度盘的圆周上有 10 等分格,每格为 1 mm。

百分表测量时大小指针所示读数之和即为尺寸变化量。也就是说先读转数指针转过的刻度值(即 mm 的整数),再读主指针转到的刻度数(即小数部分),并乘以 0.01,然后两者相加,即可得到所测量的数值。百分表使用时常装在专用的百分表架上。

测量时,为了方便读数,常把指针转到表盘的零点作起始值。对零点时先使测量头与基准表面相接触,在测量范围允许的条件下,最好把表压缩,使指针转过 2~3 圈后再把表紧固,然后对零件。同时,百分表的测量要与被测工件保持垂直,而测量圆柱形工件时,测量杆的中心线应垂直地通过被测工件的中心线,否则将增大测量误差。

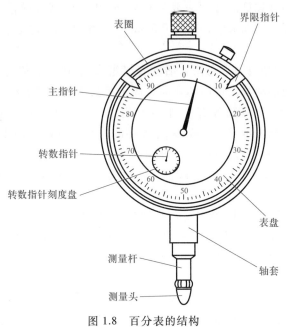

图 1.8 百分表的结构

1.4.2 常用角度量具

1. 直角尺

直角尺是检验直角用非刻度线量尺,用于检查工件的垂直度。当直角尺的一边与工件一面贴紧,工件的另一面与直角尺的另一边之间露出缝隙,即可根据缝隙大小判断角度的误差情况,如图 1.9 所示。

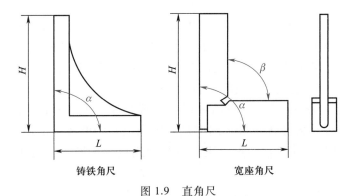

图 1.9 直角尺

2. 万能角度尺

万能角度尺是用游标读数,一般用来测量零件的内、外角度,如图 1.10 所示。

万能角度尺的读数机构是根据游标原理制成的,以分度值为 2′ 的万能角度尺为例,其主尺刻度线每格为 1°,而游标刻度线为 58′,即主尺的 1 格与游标的 1 格的差值为 2′,它的读数方法与游标卡尺完全相同。

测量时应先校准零件,当直角尺与直尺均安装好,且直角尺的底边及基尺均与直尺无间

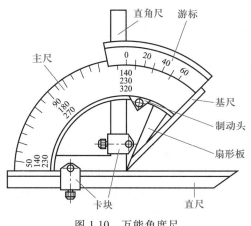

图 1.10 万能角度尺

隙接触,主尺与游标的"0"线对准时即调好零位,使用时通过改变基尺、直角尺、直尺的相互位置,可测量万能角度尺测量范围内的任意角度。用万能角度尺测量工件时,可根据所测范围组合量尺,万能角度尺的应用如图 1.11 所示,可测 0°～320°外角。

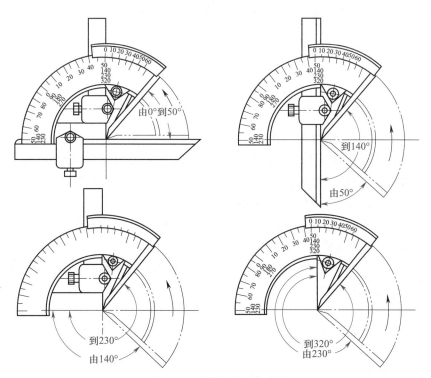

图 1.11 万能角度尺的应用

1.4.3 量具的保养

量具保养的好坏会直接影响它的使用寿命和零件的测量精度。因此,必须做到以下几点:

① 使用前必须用绒布将其擦干净。

② 不能用精密量具去测量毛坯或运动着的工件。

③ 测量时不能用力过猛、过大,也不能测量温度过高的工件。

④ 不能将量具乱扔、乱放,更不能当工具使用。

⑤ 不能用脏油清洗量具,更不能注入脏油。

⑥ 量具使用完后,将其擦洗干净涂油并放入专用的量具盒内。

1.5　安全生产

金工实训是一门实践性技术基础课,是学生了解机械加工生产过程,培养实践动手能力和工程素质的必修课。通过对学生进行工程实践技能的训练,学习机械制造工艺知识,提高动手能力;促使学生养成勤于思考、勇于实践的良好作风和习惯;鼓励并着重培养学生的创新意识和创新能力;结合教学内容,注重培养学生的工程意识、产品意识、质量意识,提高其工程素质。

在金工实训全过程中,始终要强调安全第一的观点,进行入厂安全教育,宣讲安全生产的重要性,教育学生遵守劳动纪律和严格执行安全操作规程。

金工实训安全制度:

① 学生进入实训场所进行实训,必须学习安全制度,并以适当方式进行必要的安全考核。

② 不准穿拖鞋、短裤或裙子参加实训,长发须戴工作帽。实训时必须按工种要求戴防护用品。

③ 操作时必须精神集中,不准与别人闲谈,阅读书刊和收听、收看广播、手机等电子产品。

④ 不准在车间内追逐、打闹、喧哗。

⑤ 学生除在指定的设备上进行实训外,其他一切设备、工具未经同意不准私自动用。

⑥ 现场教学和参观时,必须服从组织安排,注意听讲,不得随意走动。

⑦ 不准在吊车吊物运行路线上行走和停留。

⑧ 实训中如发生事故,应立即拉下电门或关上有关开关,并保持现场,报告实训指导技术人员,查明原因,处理完毕后,方可再行实训。

⑨ 学生实训期间必须严格遵守制度和各工种的安全操作规程,听从指导教师的指导。

小　结

本单元着重介绍了机械制造的基本概念与加工方法,金属材料的性能与特点,常用测量器具的使用等实训有关的基础知识,以及安全生产的相关内容。通过学习,应初步了解在生产实际中所涉及的零件的材料、加工方法以及量具的使用。

思考题

1.1　什么是机械制造?它有哪几个阶段?

1.2　机械制造的主要加工方法有哪些?各有什么特点?

1.3　什么是金属材料的力学性能和工艺性?各包括什么内容?

1.4 常用钢铁材料有哪几种？各有什么区别？

1.5 概述游标卡尺的读数原理,其分度值和常用测量范围各是多少？

1.6 百分表一般用于什么场合？

1.7 什么是测量？测量的 4 个要素是什么？

1.8 简述金工实训过程中应遵守的规章制度。

2

铸 造 实 训

观察与思考

古代青铜器、具有复杂内腔的箱体、气缸体、机座、机床床身等零件是用什么方法制造的？

知识目标

1. 铸造的基本概念及分类。

2. 掌握砂型铸造的基本知识。

3. 了解特种铸造方法。

4. 熟知铸造车间安全守则。

能力目标

掌握：

1. 典型零件的造型方法和操作要点。

2. 整模造型和分模造型的过程和特点。

了解：

1. 活块造型、挖砂造型方法。

2. 铸造车间生产过程。

2.1 铸造基本知识

将熔化后的金属液浇注到铸型中，待其凝固、冷却后，获得一定形状的零件或零件毛坯的成型方法，称为铸造。铸造获得的毛坯或零件称为铸件，一般需经机械加工后才能使用。铸造在机械制造中的应用十分广泛。

2.1.1 铸造的分类

铸造的工艺方法很多，一般将铸造分成砂型铸造和特种铸造两大类。

1. 砂型铸造

当直接形成铸型的原材料主要为型砂，且液态金属完全靠重力充满整个铸型型腔时，这种铸造方法称为砂型铸造。齿轮毛坯的砂型铸造简图如图 2.1 所示。

根据造型方法不同分为手工砂型铸造和机器砂型铸造。手工砂型铸造在日常生产中的特点比较突出而且应用广泛。手工砂型铸造有以下优点：

① 适用于所有铸造合金的铸造。

② 可铸出形状十分复杂的铸件。

③ 铸件的尺寸和重量几乎不受限制,从几克至数百吨。

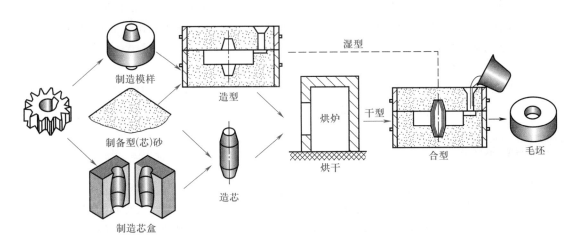

图 2.1　齿轮毛坯的砂型铸造

④ 成本低廉。因为造型材料(砂、锯木屑、黏土、煤粉等)来源广泛、价格低廉,且其中主要的造型材料如砂经回收处理后可重新使用。同时手工砂型铸造无须价格昂贵的专门设备。

⑤ 便于转产。

手工砂型铸造的主要缺点是:

① 一个铸型只能浇注一次,因而生产率较低。

② 在所有铸造方法中,其铸件尺寸精度比较低,表面最粗糙,不经切削加工一般不能作为零件使用。

③ 工人劳动强度大,卫生条件差。

④ 铸件质量很大程度上取决于工人的技术水平。

因手工砂型铸造所具备的优点十分突出,使得这种铸造方法目前仍被广泛采用,在单件小批生产中尤其如此。而对于形状复杂的大型铸件,手工砂型铸造几乎是唯一可行的铸造方法。生产和生活中的很多零件,如机器底座、机床床身、箱体、汽车、拖拉机、推土机、铲车上的铸铁、铸钢和铸铝件、坦克炮塔、犁铧、缝纫机架等,其毛坯均可用手工砂型铸造生产。

2. 特种铸造

凡是不同于砂型铸造的所有方法,统称为特种铸造。如金属型铸造、压力铸造、离心铸造、熔模铸造和低压铸造等。

2.1.2　铸造的特点

1. 成型方便且适应性强

铸造成型方法对工件的尺寸形状几乎没有任何限制。铸件的材料可以是铸铁、铸钢、铸造铝合金、铸造铜合金等各种金属材料,也可以是高分子材料和陶瓷材料;铸件的尺寸可大可小,铸件的形状可简单可复杂。因此,形状复杂或大型机械零件一般采用铸造方法初步成型。在各种批量的生产中,铸造都是重要的成型方法。

2. 成本较低

由于铸造成型方便,铸件毛坯与零件形状相近,能节省金属材料和切削加工工时;铸造原材料来源广泛,可以利用废料、废件等,节约国家资源;铸造设备通常比较简单,投资较少。因此,铸造的成本较低。

3. 铸件的组织性能较差

一般条件下,铸件晶粒粗大,成分不均匀,力学性能较差。因此,受力不大或承受静载荷的机械零件(如箱体、床身、支架等)常用铸件毛坯。

2.2 砂型铸造

2.2.1 砂型铸造的基本知识

砂型铸造的主要工序包括制造模样和芯盒、制备型砂及芯砂、造型、造芯、合型、熔化金属及浇注、落砂、清理、检验。砂型铸造的造型材料包括造型的型砂和造芯的芯砂,以及砂型和砂芯的表面涂料。造型材料性能的好坏对造型和造芯工艺和铸件质量有很大影响。

砂型铸造的基本工艺流程如图2.2所示。

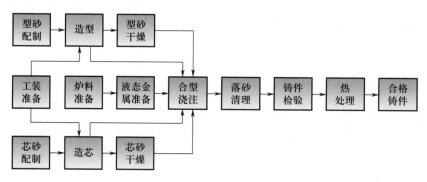

图 2.2 砂型铸造的工艺流程

1. 型(芯)砂应具备的性能

型(芯)砂必须具备一定的工艺性能,才能保证造型、造芯、起模、修型、下芯、合型、搬运等顺利进行,同时能承受高温液态金属的冲刷与烘烤。铸件中有些缺陷往往与造型材料直接有关,如砂眼、夹砂、气孔、裂纹等,都是因为型(芯)砂的某些性能达不到使用要求所致。因此,要求型砂和芯砂应具备以下性能:

(1)强度

型砂强度是指型砂、芯砂紧实后在受到外力时抵抗破坏的能力。强度低,则可能发生塌箱、冲砂,会使铸件产生砂眼、夹砂等缺陷。强度太高,砂型太硬,透气性差,会使铸件产生气孔、内应力或裂纹等。

(2)透气性

透气性是指型砂、芯砂通过气体的能力。当高温液态金属浇注入型腔后,在铸型内产生的大量气体必须顺利地从砂粒间隙排出,否则铸件易产生气孔。

(3)耐火度

耐火度是指型砂、芯砂在高温液态金属作用下不软化、不烧结的能力;否则易黏砂,铸件清理困难,严重时使铸件成为废品。

（4）退让性

退让性是指铸件在冷却收缩时,型砂和芯砂可被压缩而不阻碍铸件收缩的能力。否则,将造成铸件收缩受阻而产生较大内应力,从而引起变形或裂纹。

（5）可塑性

可塑性是指型砂在外力作用下变形后,当去除外力时恢复变形的能力。可塑性较好的型砂容易变形,起模性能好。

在手工造型车间,上述性能一般都是靠经验判断。如图 2.3 所示,用手捏一把型砂,感到柔软、容易变形、不粘手,折断时没有碎裂,就说明型砂性能合格。在大规模生产车间内设有型砂实验室,用专门仪器测试型砂与芯砂性能。

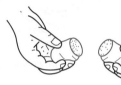

型砂湿度适当时 手放开时可看 折断时断面没有碎裂,同时有足够的强度
可用手捏成砂团 出清晰的手纹

图 2.3 手捏法检验型砂性能示意图

2. 型砂和芯砂的制备

按型砂和芯砂所使用的黏结剂不同可分为:黏土砂、树脂砂、水玻璃砂等。其中应用最广泛的是黏土砂。黏土砂的混制过程是先将新砂或旧砂（经过筛去除杂物和团块）、黏土、附加物（煤粉等）按一定比例和顺序加入混砂机内,经 2~3 min 碾压、揉搓混合后,再加入适量水混碾 5~12 min。在混碾中黏土和水形成黏土胶体,以薄膜形式覆盖在砂粒表面,使砂粒黏结起来,使型砂具有一定的强度和可塑性以及良好的透气性。混好的黏土砂应堆放 4~5 h,使黏土水分均匀（也称调匀）,使用前要进行过筛或用松砂机松散后再用。

3. 模样与芯盒

模样是由木材、金属或其他材料制成,用来形成铸型型腔的工艺装备。如图 2.4 所示为常见的几种模样,其中模板一般多用于机器造型。

芯盒是制芯或其他种类耐火材料芯的装备,一般为木制。如图 2.5 所示为常见芯盒。整体式用于制作形状简单的砂芯;分开式用于制作圆柱、圆锥等回转体及形状对称的砂芯;可拆式用于制作形状复杂的砂芯。

2.2.2 手工造型的基本操作

1. 手工造型工具

手工造型时常用的工具如图 2.6 所示。

铁铲:如图 2.6(a)所示,用来拌和型砂,铲起型砂送入砂箱内,也可用来挖掘造型坑、松散地面上的型砂等。

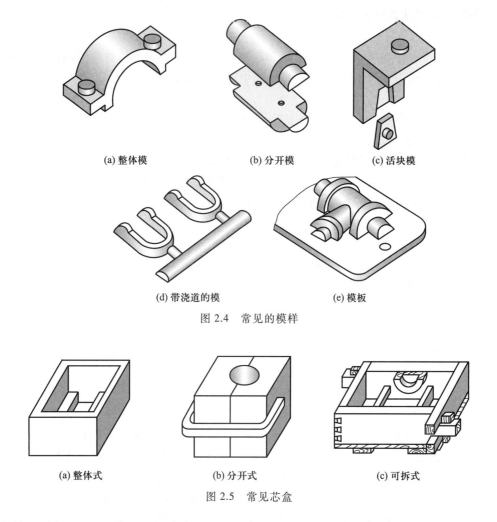

(a) 整体模　　　　　　(b) 分开模　　　　　(c) 活块模

(d) 带浇道的模　　　　　　(e) 模板

图 2.4　常见的模样

(a) 整体式　　　　　　(b) 分开式　　　　　(c) 可拆式

图 2.5　常见芯盒

筛子:如图 2.6(b)所示,常用长方形筛子筛分和松散型砂等。用圆形筛子将型砂筛到模样上面。

砂春:如图 2.6(c)所示,用于春实型砂。

刮板:当砂型春实后,用刮板刮去高出砂箱的型砂。

通气针:如图 2.6(d)所示,用来在砂型中扎出通气的孔眼。

起模针和起模钉:如图 2.6(e)所示,用于起出模样。

掸笔:如图 2.6(f)所示,用来湿润模样边缘的型砂等。

排笔:如图 2.6(g)所示,用来扫除模样上的分型砂,对型腔和砂芯表面涂刷涂料。

粉袋:如图 2.6(h)所示,用于将石墨粉(碳粉、铅粉)抖敷在湿型型腔表面,防止黏砂。

皮老虎:如图 2.6(i)所示,用来吹去散落在型腔内的型砂。

镘刀:如图 2.6(j)所示,用来修整砂型(或砂芯)的较大平面。

提钩:如图 2.6(k)所示,用于修理砂型(或砂芯)中深而窄的底面和侧壁,提出散落的型砂。

半圆:如图 2.6(1)所示,用来修整垂直弧形的内壁和它的底面。

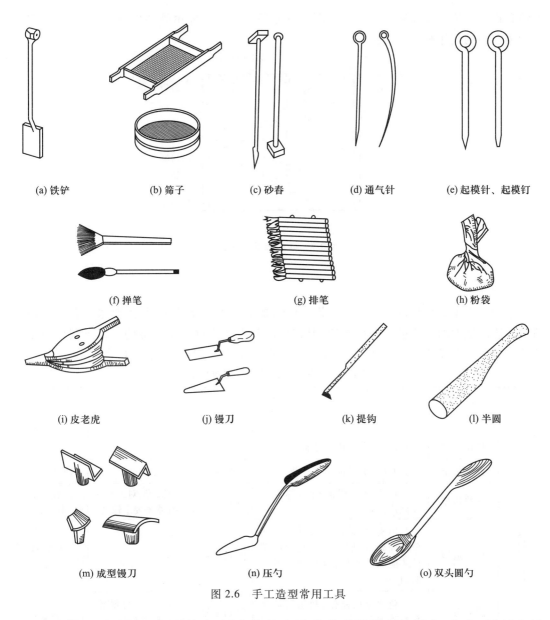

图 2.6 手工造型常用工具

　　成型镘刀：如图 2.6(m)所示,用来修整光平砂型型腔的内外圆角、方角、圆弧和弧形面。

　　压勺：如图 2.6(n)所示,用来修整砂型型腔的较小平面,开设浇口等。

　　双头圆勺：如图 2.6(o)所示,又称秋叶。用来修整砂型型腔的曲面或窄小凹面。

2. 砂型的组成

　　合型后的砂型,其各部分的名称如图 2.7 所示。型砂被舂紧在上、下砂箱中,连同砂箱一起,分别称作上砂型和下砂型。砂型中被取出模样留下的空腔称为型腔。上、下砂型分界面称为分型面。图中在型腔中有阴影线的部分表示砂芯。用砂芯是为了形成铸件上的孔或内腔,砂芯上用来安放和固定的部分为砂芯头,砂芯头安放在砂型的砂芯座中。液态金属从砂型的外浇口浇入,经直浇道、横浇道、内浇道流入型腔。型腔的最高处开有出气口,以补充收缩和排出气体。被高温液态金属包围的砂芯所产生的气体由砂芯中通气口排出,而砂型中和型腔中的气体则经通气孔排出。

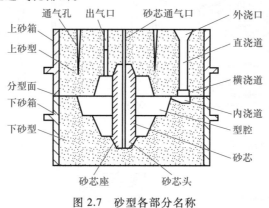

图 2.7　砂型各部分名称

3. 手工造型方法

实际生产中,由于铸件的大小、形状、材料、批量和生产条件不同,需要采用各种不同的造型方法。造型的方法虽然有很多种,但它们的基本操作过程是类似的。以下我们主要介绍整模造型和分模造型的造型过程和特点,其他的造型方法特点见表2.1。

表 2.1　手工造型方法的特点和应用范围

造型方法		特点			
名称		模样结构和分型面	砂箱	操作	应用范围
按模样特征分	整模造型	整体模,分型面为平面	两个砂箱	简单	较广
	分模造型	分开模,分型面多为平面	两到多箱	较简单	回转类零件
	活块造型	模样上有妨碍起模的部分需要做成活块	两到多箱	较复杂,对工人的操作水平要求较高	各种单件小批、中小件
	挖砂造型	整体模,铸造的最大截面不在分型面处,需挖去阻碍起模的型砂才能取出模样,分型面一般为曲面	两到多箱	复杂	中小件单件、小批生产
	假箱造型	为免去挖砂操作,利用假箱代替挖砂部分	两到多箱	对工人的操作水平要求较高	需挖砂、成批生产的铸件
	刮板造型	用和铸件截面相适应的木板代替模样,分型面为平面	两个砂箱	对工人的操作水平要求较高	大中型回转类零件单件小批生产
按砂箱特征分	两箱造型	各类模样,分型面为平面或曲面铸造中间截面	两个砂箱	简单	较广
	三箱造型	较两箱小,使用两箱造型取不出模样,所以必须采用分开模,分型面一般为平面,有两个分型面	三个砂箱	对工人的操作水平要求较高,复杂	较广

（1）整模造型

整模造型的特点是：模样是整体的，铸型的型腔一般只在下箱。如图 2.8 所示为整模造型过程。整模造型适用于形状简单的铸件，铸件上通常有一个较大的平面。造型时，整个模样能从分型面方便地取出。

整模造型因操作简便，铸型型腔不受错箱的影响，所得铸型型腔的形状和尺寸精度较好，故适用于外形轮廓上有一个平面可作分型面的简单铸件，如齿轮坯、轴承、带轮罩等。

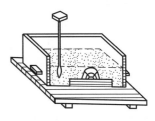

(a) 轴承零件　　(b) 落砂后的铸件　　(c) 把木模放在底板上，　　(d) 放好下砂箱(注意砂箱要翻转)，
　　　　　　　　　　　　　　　　　注意要留出浇口位置　　　　　加砂，舂砂

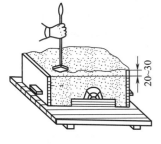
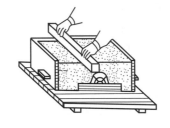

(e) 舂满砂箱后，再推高一层砂，　　(f) 用刮板刮平砂箱　　(g) 翻转下砂箱，用镘刀修光分型面，然后
　　用砂舂打紧　　　　　　　　(切勿用镘刀刮平)　　　撒分型砂，放浇口，造上砂型

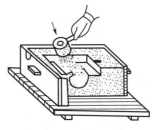
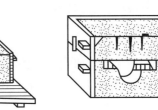

(h) 开箱、刷水、松动木模　　(i) 修型、开内浇道、撒石墨粉　　(j) 合型，准备浇注
　后边敲边起模

图 2.8　整模造型过程

（2）分模造型

当铸件最大截面在中部，如做成整体模样，很难从铸型中起模，因此可将模样在最大截面处分开，并用销钉定位，进行分模造型。如图 2.9 所示为分模造型过程。

分模造型的特点是：铸件的最大截面不在端部而在中部，因而木模沿最大截面分成两半。分模造型操作较简单,适用于形状较复杂的铸件,特别是广泛用于有孔的铸件,即带有砂芯,如套筒、水管、阀体、箱体、曲轴、立柱等。

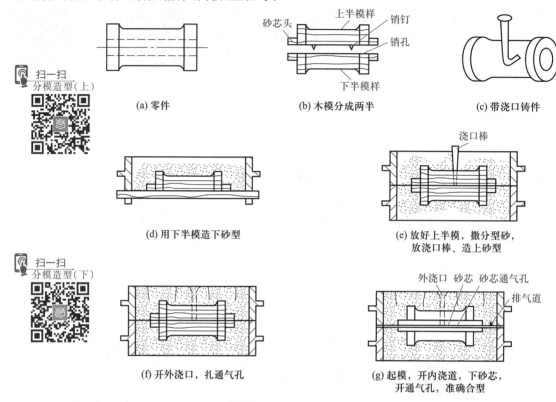

扫一扫
分模造型(上)

(a) 零件　　　　　　　(b) 木模分成两半　　　　　(c) 带浇口铸件

(d) 用下半模造下砂型　　　　　(e) 放好上半模,撒分型砂,
　　　　　　　　　　　　　　　　放浇口棒,造上砂型

扫一扫
分模造型(下)

(f) 开外浇口,扎通气孔　　　　　(g) 起模,开内浇道,下砂芯,
　　　　　　　　　　　　　　　　开通气孔,准确合型

图 2.9　分模造型过程

2.3　特种铸造

特种铸造方法很多,而且各种新的方法不断出现。下面列举几种常用的方法。

2.3.1　金属型铸造

把液态金属浇入用金属制成的铸型而获得铸件的方法称为金属型铸造。一般的金属型是用铸铁或耐热钢做成,其结构如图 2.10 所示。

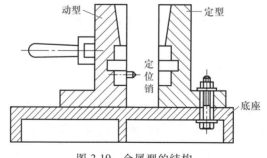

图 2.10　金属型的结构

1. 金属型铸造的优点

① 一型多铸,一个金属型可以做几百个甚至几万个铸件。

② 铸件表面光洁,尺寸准确,可以减少机械加工余量。

③ 因金属型冷却快,使得铸件组织致密,力学性能较好。

④ 生产率高,适用于大批大量生产。

2. 金属型铸造的缺点

① 金属型成本高,加工费用大。

② 几乎没有退让性,不宜生产形状复杂的铸件。

③ 金属型冷却快,铸件易产生裂纹。

金属型铸造常用于生产有色金属铸件,如铝、镁、铜合金铸件,也可以浇铸铸铁件。

2.3.2 压力铸造

压力铸造是将液态金属在压力下注入铸型,经冷却凝固后,获得铸件的方法。常用的压力从几十到几百个大气压。铸型材料一般采用耐热合金钢。用于压力铸造的机器称为压铸机。压铸机的种类很多,目前应用较多的是卧式冷压室压铸机,其生产工艺过程如图 2.11 所示。

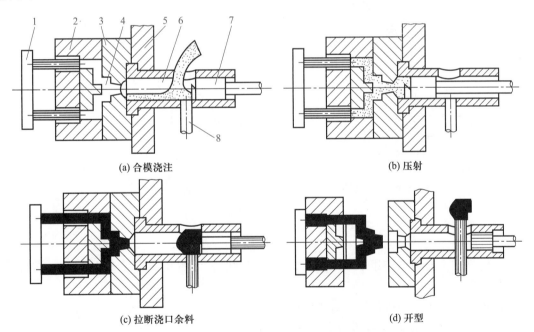

(a) 合模浇注   (b) 压射

(c) 拉断浇口余料   (d) 开型

1—顶板;2—动型;3—定型;4—型腔;5—进料口;6—压室;7—压射活塞;8—顶杆

图 2.11 卧式冷压室压铸机的压铸过程

1. 压力铸造的优点

① 由于液态金属在高压下成型,因此可以铸出壁很薄,形状很复杂的铸件。

② 压铸件是高压下结晶凝固,组织致密,力学性能比砂型铸造铸件性能提高 20% ~ 40%。

③ 压铸件表面质量好,尺寸精度高,一般不需要再进行机加工。

④ 生产率很高,每小时可铸几百个铸件,而且易于实现半自动化、自动化生产。

2. 压力铸造的缺点

① 压铸型结构复杂,必须用昂贵和难加工的合金工具钢来制造,其加工精度和表面粗糙度要求很高,所以压铸型成本很高。

② 不适于浇铸铁、铸钢等金属,因浇注温度高,压铸型的寿命很短。

③ 压铸件虽然表面质量好,但内部易产生小气孔和缩松,若进行机械加工,这些缺陷就会暴露出来,更不能用热处理方法来提高铸件的力学性能。

压力铸造适用于有色合金的薄壁小件大量生产。在航空、汽车、电器和仪表工业中广泛应用。

2.3.3　离心铸造

离心铸造是将液态金属浇入旋转着的铸型中,并在离心力的作用下凝固形成的铸造方法。

离心铸造的铸型可以是金属型,也可以是砂型。铸型在离心铸造机上可以绕垂直轴旋转或者绕水平轴旋转,如图 2.12 所示。

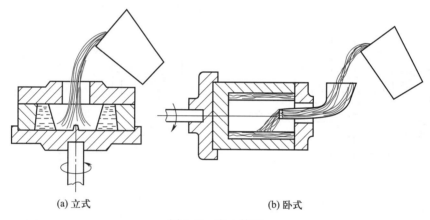

(a) 立式　　　　　　　　　　　　　　(b) 卧式

图 2.12　离心铸造

1. 离心铸造的优点

① 铸件在离心力的作用下结晶凝固,所以组织细密,无缩孔、气孔、渣眼等缺陷,铸件的力学性能较好。

② 铸造圆形中空的铸件可不必用砂芯。

③ 不需要浇注系统,提高液态金属的利用率。

2. 离心铸造的缺点

① 靠离心力铸出的内孔尺寸不精确,而且非金属夹杂物较多,增加了内孔的机械加工余量。

② 对成分易偏析的合金不适宜采用。

离心铸造常用于铸铁管、铁辊管、铜套,也可用来铸成型铸件。

2.3.4　熔模铸造

简单地说,用易熔材料制成的模样和浇注系统的熔失而形成的无起模斜度、无分型面、带浇注系统的整体铸型进行铸造的方法称为熔模铸造,又称失蜡铸造、精密铸造。

熔模铸造的工艺过程如图 2.13 所示,现分述如下。

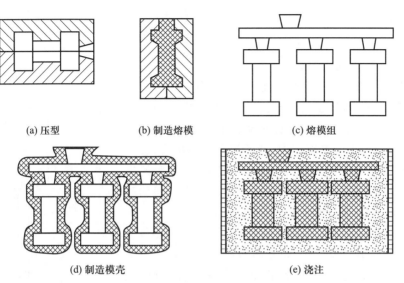

(a) 压型　　　　(b) 制造熔模　　　　　(c) 熔模组

(d) 制造模壳　　　　　　　　(e) 浇注

图 2.13　熔模铸造的工艺过程

1. 制造压型

　　压型如图 2.13(a)所示,是用来制造熔模的铸型。当铸件精度要求高、生产批量又大时,压型用钢、锡青铜或铝合金等材料经机械加工制成;当生产批量不大时,利用低熔点合金(如锡铋合金)熔成;在单件小批生产时,也可用石膏制成。

2. 制造熔模

　　在适当温度下将糊状模料用压铸法压入压型,冷却后便得熔模,如图 2.13(b)所示。

　　在铸造小零件时,为节约液态金属提高生产率,常将很多熔模熔焊在一个浇注系统上组成熔模组,如图 2.13(c)所示。

3. 制造模壳

　　熔模制成后,在其表面涂以耐火材料,撒上一层耐火砂,经化学硬化后再行干燥,于是在熔模表面便形成一层薄壳。多次重复以上操作过程,便在熔模外形成由 4~10 层由耐火层组成的坚硬模壳,如图 2.13(d)所示。

4. 熔失熔模、高温焙烧

　　将制好的模壳放入含 2% 氯化铵的热水中,熔模即行熔失,模壳因氯化铵的作用同时得以硬化。然后用含少量盐酸的热水洗净,再经约 2 h 的高温焙烧,即得铸型。

5. 浇注

　　通常情况下,经高温焙烧后的铸型即可直接进行浇注,但当铸型强度不足时,则需在其周围填砂后方可浇注,如图 2.13(e)所示。为提高铸件质量,可采用离心法浇注。

　　浇注后,再经去浇冒口、碱煮、检验、切除内浇道、热处理、表面清理、最终检验等过程,即得合格铸件。

　　熔模铸造的主要优点是能铸造出无分型面、无起模斜度、形状复杂,且具有较高尺寸精度和较小的表面粗糙度值的铸件,适用于高熔点合金的铸造。其主要缺点是工艺复杂,生产周期长,成本高,且只能铸造中小铸件。熔模铸造主要用于成批生产形状复杂、高熔点及难加工合金的精密小铸件。

2.3.5　低压铸造

利用较低的气体压力将液态金属压入铸型,并使液态金属在一定压力下结晶凝固而成为铸件的方法,称为低压铸造。

低压铸造的基本原理如图 2.14 所示。在一个密封的坩埚 8 中通入干燥的压缩空气或惰性气体,使坩埚中的液态金属在气体压力作用下自上而下地通过升液管 7 和浇道 3 平稳地进入铸型 1 的型腔 2 中,然后提高气体压力,直至型腔中的液态金属完全凝固为止,最后解除液面上的压力,使升液管和浇道中未凝固的液态金属由于重力而回到坩埚中,这样,在铸型中便形成了已凝固的铸件。

低压铸造所采用的铸型可为砂型、熔模型、金属型等。

在低压铸造中,使液态金属充满铸型的压力称为充型压力,其值取决于充型高度 H、合金种类和铸件壁厚,在 $20\sim70$ kPa 之间。充型压力低,是低压铸造名称的由来。

液态金属充满型腔后提高气体压力的目的是使型腔中的液态金属在较高的气体压力作用下结晶,从而能得到更加致密的组织。该压力称为结晶压力,结晶压力主要取决于铸型种类、铸件壁厚和设备条件,如湿砂型约为 $40\sim70$ kPa,干砂型约为 $50\sim150$ kPa,金属型最高可达 300 kPa。

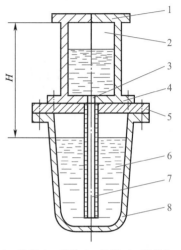

1—铸型;2—型腔;3—浇道;4—密封盖;
5—进气管;6—液态金属;
7—升液管;8—坩埚

图 2.14　低压铸造原理图

低压铸造的主要优点是可以利用各种类型的铸型;可以获得组织细密、力学性能较砂型铸造好的铸件(抗拉强度较砂型铸造高 10%);可获得较高的尺寸精度和较小的表面粗糙度值;大大简化了浇注系统;金属利用率高等。低压铸造无明显的缺点,正因为如此,低压铸造发展得异常迅速。目前,低压铸造主要用于形状复杂的有色合金大、中型铸件的生产。

2.4　铸造车间安全守则

铸造车间有其自身特点,学生在铸造实训过程中要严格遵守铸造车间安全守则。

① 在车间行走和站立时,不要挨近铸型。

② 造型时不要用嘴吹型砂,以免砂粒飞入眼中。

③ 空箱应放在指定地方,堆放要稳定可靠,不要太高。

④ 造型工具应放在工具箱内,不能随便乱放,实训完毕要把工具清理干净。

⑤ 参加铸铁熔化或铝合金熔化和浇注的学生,要做好一切防护工作,戴好防护用品(眼镜、手套、脚套、工作服、安全帽)。

⑥ 出铁(或铝)时浇包要对准出铁(铝)槽,以免飞溅伤人,包内铁水(或铝水)不能过满。

⑦ 浇注时应对准浇口,不能垂直去看浇、冒口是否浇满,以免铁(铝)水溅出烫伤。

⑧ 不能使用湿的、生锈的及冷铁去搅动铁水或扒渣。

⑨ 抬运铁水包时步调应一致,如有烫伤现象,应沉着慢慢地放下,不能摔掉铁水包,以免发生重大的工伤事故。

⑩ 清理铸件时应注意周围环境,以免伤人。

⑪ 不可用手、脚触及未冷却的铸件。

案 例

两箱造型训练。如图 2.15 所示为一常见的三通管铸件图,材质为 ZG230-450,铸件的壁薄且均匀,除三个法兰端面需进行机械加工外,其余均为毛坯面。铸件不允许有裂纹、气孔和夹杂等缺陷,铸件的组织要求致密,压力试验时应无渗漏现象。该件的结构特点是存在一个过三管口轴线的最大截面,因此适合两箱分模造型。铸件内腔由砂芯形成,适合批量生产。造型采用黏土砂,干型、干芯浇注。操作过程见表 2.2。

📱 扫一扫
分模铸造过程

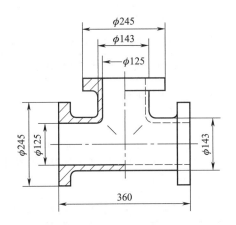
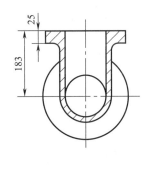

图 2.15　三通管铸件图

表 2.2　两箱造型过程

序号	工艺名称	工艺内容	操作过程
1	制作下砂型	1. 安放下半模样和砂箱	把下半模样安放在造型平板适当的位置,安放下砂箱,并使模样和砂箱内壁之间留有合适的吃砂量,若模样容易黏附型砂,可在模样表面撒上一层防黏模材料
		2. 填砂和舂砂	在模样的表面铲下一层面砂,安放冷铁,用砂舂扁头逐层舂实型砂,确保冷铁位置准确和稳固,最后填入背砂并用砂舂舂实,舂砂的紧实度要均匀适当
		3. 修整和翻型	用刮板刮去多余的背砂,使砂箱边缘平齐,在砂型上用通气针扎出通气孔,翻转下砂型
		4. 安放砂芯	用芯盒制作砂芯,并将其平稳放入型腔
		5. 修整分型面	用镘刀将模样四周砂型表面光平压实,撒上一层分型砂,并用手风箱吹去模样上的分型砂

续表

序号	工艺名称	工艺内容	操作过程
2	制作上砂型	1. 放置上半模样和砂箱	按照上、下半模样的定位装置安放上半模样,安放横浇道浇口砖(若手工挖制横浇道,可在适合位置放一木棒,以减少挖制工作量),将上砂箱套放在下砂型上,再均匀地撒上一层防黏模材料
		2. 填砂和舂实	安放浇口模、冒口,加入面砂和背砂,用砂舂扁头逐层舂实,加入背砂用砂舂舂实
		3. 修整	用刮板刮去多余的背砂,使砂型表面和砂箱边缘平齐,用镘刀光平浇冒口处型砂,扎出通气孔,取出浇口模并在直浇道上端开挖浇口盆。若砂箱无定位装置,则需在砂箱上作出定位记号
3	开型和起模	1. 开型	敞开上砂型,翻转放好
		2. 修整分型面	扫除分型砂,用水笔润湿靠近模样的型砂,开挖浇道
		3. 起模	将模样向四周松动,用起模钉将模样从砂型中起出
4	修型和上涂料	1. 修型	对起模时损坏的砂型进行修补,压实光平型腔表面,修出铸造圆角
		2. 插钉	为防止铸件产生裂纹,在圆弧交接处均匀地挖出一些防裂肋,并在浇冒口附近、砂型被损坏的修补处及圆弧防裂肋等处插铁钉进行加固
		3. 上涂料	型腔和浇道修整合格后上涂料,光平型腔

小　结

通过本单元的学习,可以基本掌握铸造的基本知识,包括铸造的概念、分类和特点等;掌握手工两箱整模或分模造型方法;了解铸造过程中所使用的常用工具和基本方法;了解铸造技术新的发展方向以及铸造实训应注意的问题。

思考题

2.1　什么叫铸造? 铸造包括哪些主要工序?

2.2　铸型由哪几部分组成? 各自的作用是什么?

2.3　在砂型铸造中,型砂应具有哪些性能? 它是由哪些材料组成? 各种成分的作用是什么?

2.4　手工造型常用哪几种造型方法? 各适用于何种零件?

2.5　砂芯的作用是什么? 制作砂芯时应注意哪几点?

2.6 浇注温度和浇注速度对铸件质量有何影响?

2.7 简述分模造型工艺过程。

2.8 如何区别气孔、缩孔、砂眼、渣眼四种缺陷?怎样防止这种缺陷的产生?

2.9 常用的特种铸造方法有哪几种?它们各有什么优缺点?适用于何种铸件?

拓展题

假箱造型训练。如图 2.16 所示是一手轮铸件,材质为 QT500-7,生产批量大,若采用挖砂造型,则操作复杂,生产效率低,因此采用假箱造型,湿型浇注。所谓假箱造型是指利用预先制备好的半个铸型简化造型操作的方法。此半型称为假箱,其上承托模样,可供造另半型,但不用来组成铸型。

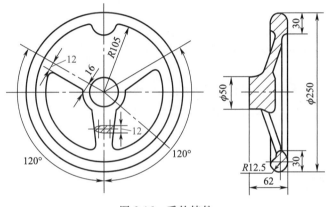

图 2.16 手轮铸件

3

锻 压 实 训

观察与思考

我们生活中用到的斧头是如何加工而成的?

知识目标

1. 掌握简单自由锻件的成形原理和锻压生产安全技术。

2. 理解锻压安全生产的重要性和锻压劳动保护措施。

能力目标

掌握:锻压生产常用设备、工具的使用方法和自由锻的基本操作技能。

了解:锻压的基本生产方式,锻件加热缺陷及防止措施。

3.1 锻压基本知识

3.1.1 概述

锻压是在外力作用下使金属材料产生塑性变形,从而获得具有一定形状和尺寸的毛坯或零件的加工方法。它是机械制造中的重要加工方法。锻压包括锻造和冲压。锻造又包含自由锻和模锻两种方式。自由锻还可分为手工自由锻和机器自由锻两种。

用于锻压的材料应具有良好的塑性,以便锻压时产生较大的塑性变形而不至被破坏。在常用的金属材料中,铸铁无论是在常温或加热状态下,其塑性都很差,不能锻压。低中碳钢、铝、铜等有良好的塑性,可以锻压。

在锻造中、小型锻件时,常以经过轧制的圆钢或方钢为原材料,用锯床、剪床或其他切割方法将原材料切成一定长度,送至加热炉中加热到一定温度后,在锻锤或压力机进行锻造。塑性好、尺寸小的锻件,锻后可堆放在干燥的地面冷却;塑性差、尺寸大的锻件应在灰砂或一定温度的炉子中缓慢冷却,以防变形或裂缝。多数锻件锻后要进行退火或正火热处理,以消除锻件中的内应力和改善金属组织。热处理后的锻件,有的要进行清理,去除表面油垢及氧化皮,以便检查表面缺陷。锻件毛坯经质量检查合格后要进行机械加工。

冲压多以薄板金属材料为原材料,经下料冲压制成所需要的冲压件。冲压件具有强度高、刚性大、结构轻等优点。在汽车、拖拉机、航空、仪表以及日用品等工业的生产中占有极为重要的地位。

3.1.2 坯料的加热与锻件的冷却

1. 坯料加热的目的和要求

加热的目的是提高金属的塑性和降低其变形抗力,即提高金属的可锻性。除少数具有良好塑性的金属可在常温下锻造成形外,大多数金属在常温下的可锻性较低,造成锻造困难或不能锻造。但将这些金属加热到一定温度后,可以大大提高可锻性,并只需要施加较小的锻打力,便可使其发生较大的塑性变形,这称为热锻。

坯料加热的要求:在保证坯料均匀热透的前提下,用最短的时间加热到所需温度,以减少金属的氧化和燃料的消耗。

2. 锻造温度范围

坯料开始锻造的温度(始锻温度)和终止锻造的温度(终锻温度)之间的温度间隔,称为锻造温度范围,见表 3.1。在保证不出现加热缺陷的前提下,始锻温度应取得高一些,以便有较充裕的时间锻造成形,减少加热次数。在保证坯料还有足够塑性的前提下,终锻温度应定得低一些,以便获得内部组织细密、力学性能较好的锻件,同时也可延长锻造时间,减少加热火次。但终锻温度过低会使金属难以继续变形,易出现锻裂现象和损伤锻造设备。

表 3.1 常用钢材的锻造温度范围

钢类	始锻温度/℃	终锻温度/℃	钢类	始锻温度/℃	终锻温度/℃
碳素结构钢	1 200～1 250	800	高速工具钢	1 100～1 150	900
合金结构钢	1 150～1 200	800～850	耐热钢	1 100～1 150	800～850
碳素工具钢	1 050～1 150	750～800	弹簧钢	1 100～1 150	800～850
合金工具钢	1 050～1 150	800～850	轴承钢	1 080	800

3. 锻造温度的控制方法

① 温度计法 通过加热炉上的热电偶温度计,显示炉内温度,可知道锻件的温度;也可以使用光学高温计观测锻件温度。

② 目测法 实训中或单件小批生产的条件下可根据坯料的颜色和明亮度的不同来判别温度,即用火色鉴别法,见表 3.2。

表 3.2 碳钢温度与火色的关系

火色	黄白	淡黄	黄	淡红	樱红	暗红	赤褐
温度/℃	1 300	1 200	1 100	900	800	700	600

3.1.3 加热方法与加热设备

金属坯料的加热按照所采用的热源,可分为火焰加热和电加热两大类。

1. 火焰加热

采用煤炭、焦炭、柴油、煤气等作燃料,当燃料燃烧时,产生含有大量热能的高温火焰将金属加热。

① 手锻炉 在锻压实训中常用的是以煤炭为燃料的手锻炉,如图 3.1 所示。由炉膛、炉

罩、烟筒、风门和风管等组成。它结构简单,操作容易,但生产率低,加热质量不高,在小件生产和维修工作中应用较多。

② 重油炉和煤气炉 此两种炉分别以重油和煤气为燃料,结构基本相同,仅喷嘴结构有异。如图 3.2 所示为室式重油加热炉示意图,由炉膛、喷嘴、炉门和烟道组成。其燃烧室和加热室合为一体,即炉膛。坯料码放在炉底板上。喷嘴布置在炉膛两侧,重油和压缩空气分别进入喷嘴。压缩空气由喷嘴喷出时,将重油带出并喷成雾状,与空气均匀混合并燃烧以加热坯料。用调节喷油量及压缩空气的方法来控制炉温的变化。

2. 电加热

电加热是通过把电能转化为热能来加热金属坯料的,是较先进的加热方法。电加热的方法主要有电阻加热、接触加热和感应加热。

① 电阻加热是利用电流通过电热元件产生的电阻热为热源,通过辐射和对流将坯料加热,炉子通常做成箱形,如图 3.3 所示。电阻加热的特点是结构简单、炉内温度容易控制,升温慢,温度控制准确。电阻加热主要用于有色金属、耐热合金和高合金钢的加热。

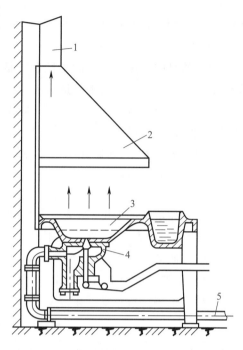

1—烟筒;2—炉罩;3—炉膛;4—风门;5—风管

图 3.1 手锻炉结构示意图

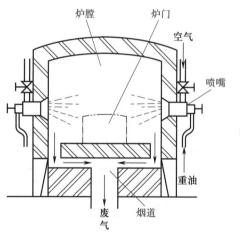

图 3.2 室式重油加热炉示意图

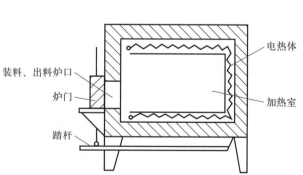

图 3.3 箱式电阻炉示意图

② 接触加热是将变压器产生的大电流通过金属坯料,坯料因自身的电阻热而得到升温,如图 3.4 所示。这种方法的优点是加热速度高、热效率高、金属烧损少、耗电少,加热温度不受限制。接触加热适用于棒料的加热。

③ 感应加热是用交变电流通过感应线圈产生交变磁场,使置于线圈中的坯料内部产生交变涡流而升温,如图 3.5 所示。感应加热设备复杂,但加热速度高,加热质量好,温度控制

准确,便于和锻压设备组成生产线以实现机械化、自动化,适用于现代化生产。

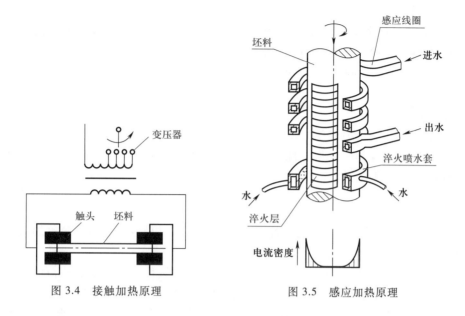

图 3.4　接触加热原理　　　　　图 3.5　感应加热原理

3.1.4　加热缺陷及防止措施

由于加热不当,锻件在加热时可出现多种缺陷,锻件常见的加热缺陷见表 3.3。

表 3.3　锻件常见的加热缺陷

名称	实质	危害	防止(减少)措施
氧化	坯料表面铁元素氧化	烧损材料;降低锻件精度和表面质量;减少模具寿命	在高温区减少加热时间;采用控制炉气成分的少无氧化加热或电加热等
脱碳	坯料表面碳分氧化	降低锻件表面硬度,表层易产生龟裂	
过热	加热温度过高,停留时间长,造成晶粒大	锻件力学性能降低,须再经过锻造或热处理才能改善	控制加热温度,减少高温加热时间
过烧	加热温度接近材料熔化温度,造成晶粒界面杂质氧化	坯料一锻即碎,只得报废	
裂纹	坯料内外温差太大,组织变化不匀造成材料内应力过大	坯料产生内部裂纹,报废	某些高碳或大型坯料,开始加热时应缓慢升温

3.1.5　锻件冷却

锻件冷却是保证锻件质量的重要环节。通常,锻件中的碳及合金元素含量越多,锻件体积越大,形状越复杂,冷却速度越要缓慢,否则会造成表面过硬,导致不易切削加工、产生变形甚至开裂等缺陷。常用的冷却方法有三种。

① 空冷。锻后在无风的空气中,放在干燥的地面上冷却。常用于低、中碳钢和合金结构钢的小型锻件。

② 坑冷。锻后在充填有石灰、砂子或炉灰的坑中冷却。常用于合金工具钢锻件,而碳素工具钢锻件应先空冷至 $650 \sim 700 \, ℃$,然后再坑冷。

③ 炉冷。锻后放入 $500 \sim 700 \, ℃$ 的加热炉中缓慢冷却。常用于高合金钢及大型锻件。

3.2 自由锻

自由锻造是利用冲击力或压力使金属在上、下砧面间各个方向自由变形,不受任何限制而获得所需形状及尺寸和一定力学性能的锻件的一种加工方法,简称自由锻。自由锻分手工自由锻和机器自由锻两种。

3.2.1 自由锻的特点

① 应用设备和工具有很大的通用性,且工具简单,所以只能锻造形状简单的锻件,操作强度大,生产率低。

② 自由锻可以锻出质量从不到 1 kg 到 $200 \sim 300 \, t$ 的锻件。对大型锻件,自由锻是唯一的加工方法,因此自由锻在重型机械制造中有特别重要的意义。

③ 自由锻依靠操作者控制锻件的形状和尺寸,锻件精度低,表面质量差,金属消耗较多。

所以,自由锻主要用于品种多,产量不大的单件小批量生产,也可用于模锻前的制坯工序。

3.2.2 手工自由锻的工具及基本动作

1. 手工自由锻的工具

利用简单的手工工具,使坯料产生变形而获得锻件的方法,称手工自由锻。手工自由锻的工具如图 3.6 所示。

① 支持工具。如羊角砧、双角砧、球面砧和花面砧等。

② 锻打工具。如各种大锤和手锤。大锤分为直头、横头、平头三种;手锤有圆头、直头、横头三种,以圆头用得最多。

③ 成形工具。如冲子、漏盘及各种型锤(方平锤、窄平锤、小平锤、摔锤等)。

④ 夹持工具。各种形状的钳子。

⑤ 切割工具。各种錾子及切刀。

⑥ 测量工具。钢直尺、内、外卡钳等。

2. 手工自由锻的基本动作

① 锻击姿势。手工自由锻时,操作者站在离铁砧约半步的位置,右脚在左脚后半步,上身稍向前倾,眼睛注视锻件的锻击点。左手握住钳杆的中部,右手握住手锤柄的端部,控制大锤的锤击。锻击过程,必须将锻件平稳地放置在铁砧上,并且按锻击变形需要,不断将锻件翻转或移动。

② 锻击方法。手工自由锻时,持锤锻击的方法可有:

手挥法:主要靠手腕的运动来挥锤锻击,锻击力较小,用于指挥大锤的打击点和打击轻重。

肘挥法:手腕与肘部同时作用,同时用力,锤击力度较大。

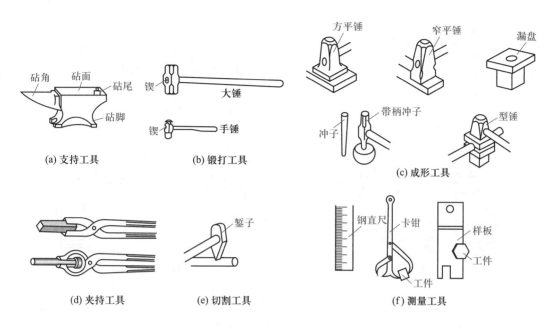

图 3.6 手工自由锻的工具

臂挥法:手腕、肘和臂部一起运动,作用力较大,可使锻件产生较大的变形量,但费力甚大。

③ 锻造过程严格注意做到"六不打"。低于终锻温度不打;锻件放置不平不打;冲子不垂直不打;剁刀、冲子、铁砧等工具上有油污不打;镦粗时工件弯曲不打;工具、料头易飞出的方向有人时不打。

3.2.3 机器自由锻的设备、工具及基本动作

使用机器设备,使坯料在设备上、下两砧之间受力变形,从而获得锻件的方法称机器自由锻。常用的机器自由锻设备有空气锤、蒸气-空气锤和水压机,其中空气锤使用灵活,操作方便,是生产小型锻件最常用的自由锻设备。空气锤的型号用汉语拼音字母和数字表示:

空气锤的规格是用落下部分的质量来表示,一般为 40~1 000 kg。

1. 空气锤的结构原理

空气锤是由锤身(单柱式)、双缸(压缩缸和工作缸)、传动机构、操纵机构、落下部分和锤砧等几个部分组成,如图 3.7(a)所示。空气锤是将电能转化为压缩空气的压力能来产生打击力的。空气锤的传动是由电动机经过一级带轮减速,通过曲轴连杆机构,使活塞在压缩缸内作往复运动产生压缩空气,进入工作缸使锤杆作上下运动以完成各项工作。空气锤的工作原理如图 3.7(b)所示。

扫一扫
空气锤
工作过程

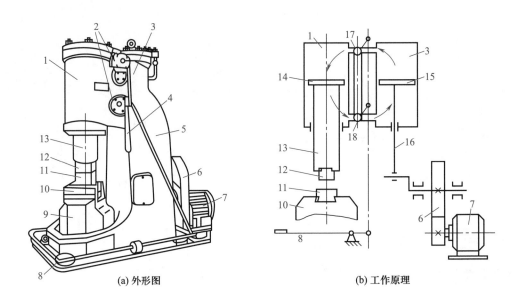

(a) 外形图　　　　　　　(b) 工作原理

1—工作缸;2—旋阀;3—压缩缸;4—手柄;5—锤身;6—减速机构;7—电动机;8—脚踏杆;9—砧座;10—砧垫;
11—下砧块;12—上砧块;13—锤杆;14—工作活塞;15—压缩活塞;16—连杆;17—上旋阀;18—下旋阀

图 3.7　空气锤

2. 机器自由锻的工具

机器自由锻与手工自由锻的工具类似,如夹持工具、测量工具等,但衬垫工具差别较大,如图 3.8 所示。

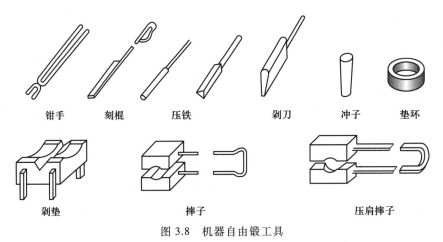

钳手　　刻棍　　压铁　　剁刀　　冲子　　垫环

剁垫　　　　　　　摔子　　　　　　　压肩摔子

图 3.8　机器自由锻工具

3. 机器自由锻的基本动作

接通电源,起动空气锤后通过手柄或脚踏杆,操纵上、下旋阀,可使空气锤实现空转、锤头悬空、压锤、连续打击和单次打击五种动作,以适应各种加工需要。

（1）空转（空行程）

如图 3.9(a)所示,当上、下阀操纵手柄在垂直位置,同时中阀操纵手柄在"空程"位置时,压缩缸上、下腔直接与大气连通,压力变成一致,由于没有压缩空气进入工作缸,因此锤头不工作。

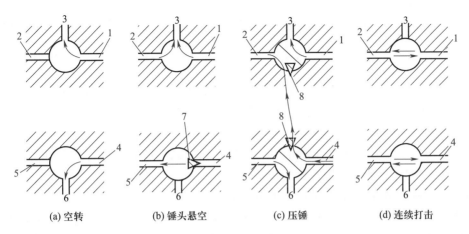

(a) 空转   (b) 锤头悬空   (c) 压锤   (d) 连续打击

1、2—接通压缩缸和工作缸的上气道;3、6—接通大气的气道;
4、5—接通压缩缸和工作缸的下气道;7、8—止回阀
图 3.9　空气锤压缩空气气路示意图

（2）锤头悬空

如图 3.9（b）所示,当上、下阀操纵手柄在垂直位置,将中阀操纵手柄由"空程"位置转至"工作"位置时,工作缸和压缩缸的上腔与大气相通。此时,压缩活塞上行,被压缩的空气进入大气;压缩活塞下行,被压缩的空气由空气室冲开止回阀进入工作缸的下腔,使锤头上升,置于悬空位置。

（3）压锤（压紧锻件）

如图 3.9（c）所示,当中阀操纵手柄在"工作"位置时,将上、下阀操纵手柄由垂直位置向顺时针方向旋转45°,此时工作缸的下腔及压缩缸的上腔和大气相连通。当压缩活塞下行时,压缩缸下腔的压缩空气由下阀进入空气室,并冲开止回阀经侧旁气道进入工作缸的上腔,使锤头压紧锻件。

（4）连续打击（轻打或重打）

如图 3.9（d）所示,中阀操纵手柄在"工作"位置时,驱动上、下阀操纵手柄（或脚踏杆）向逆时针方向旋转使压缩缸上、下腔与工作缸上、下腔互相连通。当压缩活塞向下或向上运动时,压缩缸下腔或上腔的压缩空气相应地进入工作缸的下腔或上腔,将锤头提升或落下。如此循环,锤头产生连续打击。打击能量的大小取决于上、下阀旋转角度的大小,旋转角度越大,打击能量越大。

（5）单次打击

单次打击是通过变换操纵手柄的操作位置实现的。单次打击开始前,锤处于锤头悬空位置（即中阀操纵手柄处于"工作"位置）,然后将上、下阀操纵手柄由垂直位置迅速地向逆时针方向旋转到某一位置再迅速地转到原来的垂直位置（或相应地改变脚踏杆的位置）,这时便得到单次打击。打击能量的大小随旋转角度而变化,转到45°时单次打击能量最大。如果将手柄或脚踏杆停留在倾斜位置（旋转角度≤45°）,则锤头作连续打击。故单次打击实际上只是连续打击的一种特殊情况。

• 3.2.4 自由锻的基本工序及操作

自由锻的基本工序有镦粗、拔长、冲孔、错移、切割、弯曲和扭转,前三种工序应用最多。

1. 镦粗

镦粗是使坯料的截面增大,高度减小的锻造工序。镦粗有完全镦粗、局部镦粗(图3.10)和垫环镦粗三种方式。局部镦粗按其镦粗的位置不同又可分为端部镦粗和中间镦粗两种。

镦粗主要用来锻造圆盘类(如齿轮坯)及法兰等锻件,在锻造空心锻件时,可作为冲孔前的预备工序,镦粗可作为提高锻造比的预备工序。

镦粗的一般规则、操作方法及注意事项如下:

① 被镦粗坯料的高度与直径(或边长)之比应小于2.5~3,否则会镦弯,如图3.11(a)所示。工件镦弯后应将其放平,轻轻锤击矫正,如图3.11(b)所示。局部镦粗时,镦粗部分坯料的高度与直径之比也应小于2.5~3。

② 镦粗的始锻温度采用坯料允许的最高始锻温度,并应烧透。坯料的加热要均匀,否则镦粗时工件变形不均匀,对某些材料还可能锻裂。

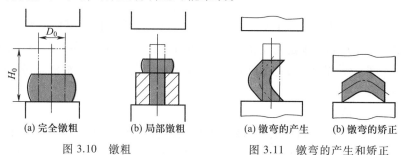

图 3.10 镦粗   图 3.11 镦弯的产生和矫正

③ 镦粗的两端面要平整且与轴线垂直,否则可能会产生镦歪现象。矫正镦歪的方法是将坯料斜立,轻打镦歪的斜角,然后放正,继续锻打,如图3.12所示。如果锤头或砧铁的工作面因磨损而变得不平直时,则锻打时要不断将坯料旋转,以便获得均匀的变形而不至镦歪。

④ 锤击应力量足够,否则就可能产生细腰形,如图3.13(a)所示。若不及时纠正,继续锻打下去,则可能产生夹层,使工件报废,如图3.13(b)所示。

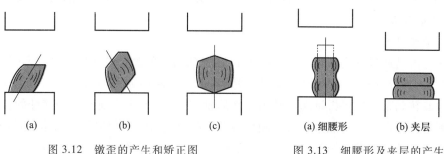

图 3.12 镦歪的产生和矫正图   图 3.13 细腰形及夹层的产生

2. 拔长

拔长是使坯料长度增加,横截面减少的锻造工序,又称延伸或引伸,如图 3.14 所示。拔长用于锻制长而截面小的工件,如轴类、杆类和长筒形零件。

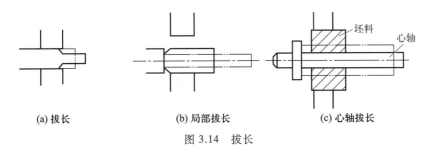

(a) 拔长   (b) 局部拔长   (c) 心轴拔长

图 3.14 拔长

拔长的一般规则、操作方法及注意事项:

① 拔长过程中要将毛坯料不断地反复左右翻转 90°,并沿轴向送进操作,如图 3.15(a)所示。螺旋式翻转拔长如图 3.15(b)所示,是将毛坯沿一个方向作 90°翻转,并沿轴向送进的操作。单面顺序拔长如图 3.15(c)所示,是将毛坯沿整个长度方向锻打一遍后,再翻转 90°,同样依次沿轴向送进操作,用这种方法拔长时,应注意工件的宽度和厚度之比不要超过 2.5,否则再次翻转继续拔长时容易产生折叠。

(a) 反复翻转拔长   (b) 螺旋式翻转拔长   (c) 单面顺序拔长

图 3.15 拔长时锻件的翻转方法

② 拔长时,坯料应沿砧铁的宽度方向送进,每次的送进量应为砧铁宽度的 30%~70%,如图 3.16(a)所示。送进量太大,金属主要向宽度方向流动,反而降低延伸效率,如图 3.16(b)所示。送进量太小,又容易产生夹层,如图 3.16(c)所示。另外,每次压下量也不要太大,压下量应等于或小于送进量,否则也容易产生夹层。

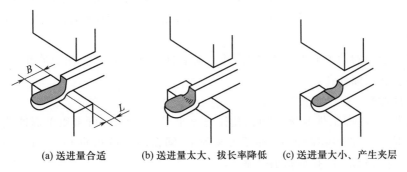

(a) 送进量合适   (b) 送进量太大、拔长率降低   (c) 送进量大小、产生夹层

图 3.16 拔长时的送进方向和进给量

③ 由大直径的坯料拔长到小直径的锻件时,应把坯料先锻成正方形,在正方形的截面下拔长,到接近锻件的直径时,再倒棱,滚打成圆形,这样锻造效率高,质量好,如图 3.17 所示。

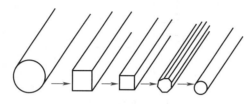

图 3.17　大直径坯料拔长时的变形过程

④ 锻制台阶轴或带台阶的方形、矩形截面的锻件时,在拔长前应先压肩。压肩后对一端进行局部拔长即可锻出台阶。如图 3.18 所示。

⑤ 锻件拔长后需进行修整,修整方形或矩形锻件时,应沿下砧铁的长度方向送进,如图 3.19(a)所示,以增加工件与下砧铁的接触长度。拔长过程中若产生翘曲应及时翻转180°轻打校平。圆形截面的锻件用型锤或摔子修整,如图 3.19(b)所示。

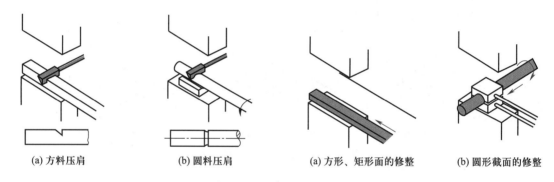

(a) 方料压肩　　　(b) 圆料压肩　　　(a) 方形、矩形面的修整　　(b) 圆形截面的修整

图 3.18　压肩图　　　　　　　图 3.19　拔长后的修整

3. 冲孔

冲孔是用冲子在坯料上冲出透孔或不透孔的锻造工序。

一般规定:锤的落下部分质量在 0.15~5 t 之间,最小冲孔直径相应为 $\phi30~\phi100$ mm;孔径小于 100 mm,而孔深大于 300 mm 的孔可不冲出;孔径小于 150 mm,而孔深大于 500 mm 的孔也不冲出。

根据冲孔所用的冲子的形状不同,冲孔分实心冲子冲孔和空心冲子冲孔。实心冲子冲孔分单面冲孔和双面冲孔。

(1) 单面冲孔

对于较薄工件,即工件厚度与冲孔孔径之比小于 0.125 时,可采用单面冲孔,如图 3.20 所示。冲孔时,将工件放在漏盘上,冲子大头朝下,漏盘的孔径和冲子的直径应有一定的间隙,冲孔时应仔细校正,冲孔后稍加平整。

(2) 双面冲孔

双面冲孔的操作过程为:镦粗;试冲(找正中心冲孔痕);撒煤粉;冲孔,即冲孔到锻件厚度的 2/3~3/4;翻转 180°,找正中心;冲除连皮;修整内孔;修整外圆,如图 3.21 所示。

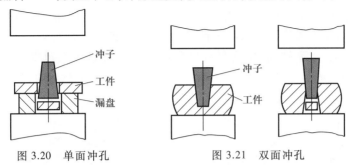

图 3.20 单面冲孔　　　　　图 3.21 双面冲孔

冲孔时应注意的事项:
① 冲孔必须与冲孔端面相垂直。
② 翻转冲孔时,必须对正孔的中心(可根据暗影找正)。
③ 冲子头部要经常浸水冷却,以免受热变软。

4. 错移

将毛坯的一部分相对另一部分上、下错开,但仍保持这两部分轴心线平行的锻造工序,错移常用来锻造曲轴。错移前,毛坯须先进行压肩等辅助工序,如图 3.22 所示。

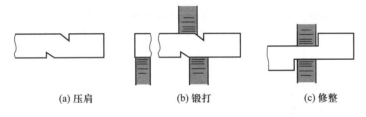

(a) 压肩　　　　　(b) 锻打　　　　　(c) 修整

图 3.22 错移

5. 切割

切割是使坯料分开的工序,如切去料头、下料和切割成一定形状等。用手工切割小毛坯时,把工件放在砧面上,錾子垂直于工件轴线,边錾边旋转工件,当快切断时,应将切口稍移至砧边处,轻轻将工件切断。大截面毛坯是在锻锤或压力机上切断的,方形截面的切割是先将剁刀垂直切入锻件,至快断开时,将工件翻转 180°,再用剁刀或克棍把工件截断,如图 3.23(a)所示。切割圆形截面锻件时,要将锻件放在带有圆凹槽的剁垫上,边切边旋转锻件,如图 3.23(b)所示。

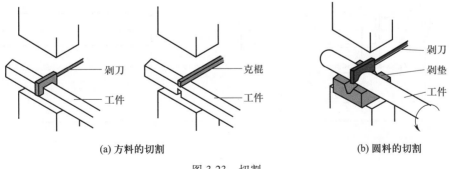

(a) 方料的切割　　　　　　　　(b) 圆料的切割

图 3.23 切割

6. 弯曲

使坯料弯成一定角度或形状的锻造工序称为弯曲。弯曲用于锻造吊钩、链环、弯板等锻件。弯曲时锻件的加热部分最好只限于被弯曲的一段,加热必须均匀。在空气锤上进行弯曲时,将坯料夹在上、下砧铁间,使欲弯曲的部分露出,用手锤或大锤将坯料打弯,如图3.24(a)所示。或借助于成形垫铁、成形压铁等辅助工具使其产生成形弯曲,如图3.24(b)所示。

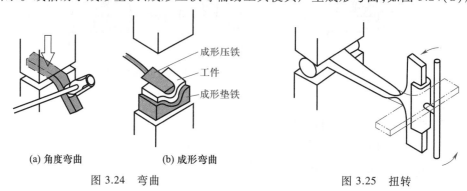

成形压铁
工件
成形垫铁

(a) 角度弯曲　　　　　(b) 成形弯曲

图 3.24　弯曲　　　　　　　　　　　图 3.25　扭转

7. 扭转

扭转是将毛坯的一部分相对于另一部分绕其轴心线旋转一定角度的锻造工序,如图3.25所示。锻造多拐曲轴、连杆、麻花钻等锻件和校直锻件时常用这种工序。

扭转前,应将整个坯料先在一个平面内锻造成形,并使受扭曲部分表面光滑,然后进行扭转。扭转时,由于金属变形剧烈,要求受扭部分加热到始锻温度,且均匀热透。扭转后,要注意缓慢冷却,以防出现扭裂。

3.2.5　典型工件自由锻工艺过程示例

齿轮轴自由锻工艺过程见表3.4。

表 3.4　齿轮轴自由锻工艺过程

锻件名称	齿轮轴毛坯	工艺类型	自由锻
材料	45 钢	设备	75 kg 空气锤
加热次数	2 次	锻造温度范围	800~1 200 ℃
锻件图		坯料图	

锻件图	坯料图
$\phi 40^{+1}_{-2}$　$\phi 50^{+1}_{-2}$　$\phi 40^{+1}_{-2}$ 71^{+1}_{-2}　$\phi 88^{+2}_{-3}$ 270^{+2}_{-4}	$\phi 50$ 215

续表

序号	工序名称	工序简图	使用工具	操作工艺
1	压肩		圆口钳 压肩揲子	边轻打,边旋转锻件
2	拔长		圆口钳	将压肩一端拔长至直径不小于 $\phi40$ mm
3	揲圆修整		圆口钳 揲圆揲子	将拔长部分揲圆至 $\phi40$ mm ± 1 mm
4	压肩		圆口钳 压肩揲子	截出中段长度 88 mm 后,将另一端压肩
5	拔长		尖口钳	将压肩一端拔长至直径不小于 $\phi40$ mm
6	揲圆修整		圆口钳 揲圆揲子	将拔长部分揲圆至 $\phi40$ mm ± 1 mm

3.3 模锻

　　将加热后的坯料放到锻模的模腔内,经过锻造,使其在模腔所限制的空间内产生塑性变形,从而获得锻件的锻造方法叫作模型锻造,简称模锻。与自由锻相比,模锻具有以下特点:

　　① 有较高的生产率。

　　② 锻件尺寸精确,加工余量小。

　　③ 可以锻出形状比较复杂的锻件。

　　④ 节省材料,减少切削加工工作量,降低零件成本。

　　⑤ 所需设备吨位大且较精密,锻模成本高,适宜在大批量生产条件下,锻造形状复杂的中、小型锻件。

3.3.1　锤上模锻

1. 设备

锤上模锻是将上模固定在锤头上,下模固定在模垫上,通过随锤头上下做往复运动的上模,对在于下模中的金属坯料施以直接锻击,来获取锻件的锻造方法。

锤上模锻使用的设备有蒸汽-空气模锻锤、无砧底锤、高速锤等。一般工厂企业中主要使用蒸汽-空气模锻锤,如图 3.26 所示。

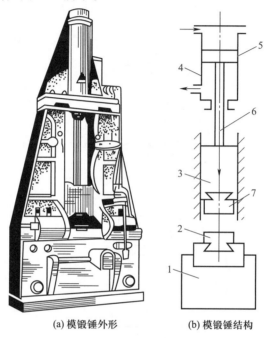

(a) 模锻锤外形　　　　(b) 模锻锤结构

1—砧座;2—下模;3—锤头;4—汽缸;5—活塞;6—锤杆;7—上模

图 3.26　蒸汽-空气模锻锤

2. 锻模

锤上模锻用的锻模是由带燕尾的上模 2 和下模 4 组成,如图 3.27 所示。下模 4 用紧固楔铁 7 固定在模垫 5 上,上模 2 通过紧固楔铁 10 固定在锤头 1 上一起做上下往复运动。

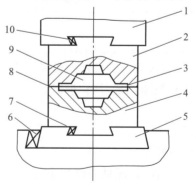

1—锤头;2—上模;3—飞边槽;4—下模;

5—模垫;6、7、10—紧固楔铁;8—分模面;9—模腔

图 3.27　锤上模锻

3.3.2 胎模锻

1. 胎膜锻的特点及应用

　　胎膜锻是在自由锻锤上使用胎膜生产锻件的方法,通常是用自由锻方法使坯料初步成形,然后在胎膜中终锻成形。胎膜是不固定在锤头和砧座上的,只是在使用时才放到锻锤的下砧铁上。胎模锻的模具制造简便,在自由锻锤上即可进行锻造,不需模锻锤。成批生产时,与自由锻相比较,锻件质量好,生产效率高,能锻造形状较复杂的锻件,在中小批生产中应用广泛。但是,胎膜锻件的机械加工余量及精度比锤上模锻件差,胎膜寿命低,劳动强度大,生产率低,因此,胎膜锻一般只适用于小型锻件的中、小批生产。

2. 胎膜的种类

　　胎膜的结构形式很多,如图 3.28 所示为几种常见的胎膜。

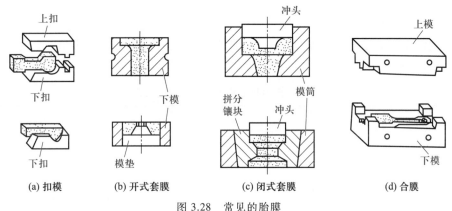

图 3.28　常见的胎膜

（1）扣模

　　如图 3.28(a)所示,扣模由上、下扣组成,或只有下扣,上扣用上砧铁代替。在扣模中锻造时,坯料不需要转动,扣形后翻转 90° 以平整侧面。扣模用于具有平直侧面的非回转体锻件的成形或为合模制坯。

（2）套膜

　　套膜有开式套膜和闭式套膜两种,如图 3.28(b)(c)所示。开式套膜只有下模,上模以上砧铁代替,用于回转体锻件(如齿轮、法兰盘等)的最终成形或制坯。另外还要说明的是,当用于最终成形时,锻件的端面必须是平面。闭式套膜主要用于端面有凸台或凹坑的回转体锻件的制坯或最终成形。

（3）合模

　　如图 3.28(d)所示,合模由上模、下模及导向装置组成,适用于各类锻件的最终成形,尤其适用于形状较复杂的非回转体锻件,如连杆、叉形件等。

3. 胎膜锻举例

　　如图 3.29 所示是一个法兰锻件图,其胎膜锻过程如图 3.30所示。坯料加热后,先用自由锻镦粗,然后在套膜中终锻成形。所用套膜为闭式套膜,由模筒、模垫和冲头三部分组成。锻造

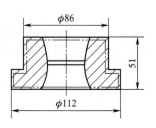

图 3.29　法兰锻件图

时,将模垫和模筒放在锻锤的下砧铁上,再将镦粗后的坯料放在模筒内,并将冲头放入终锻成形,最终将连皮切除。

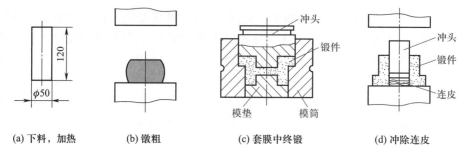

(a) 下料,加热　　(b) 镦粗　　(c) 套膜中终锻　　(d) 冲除连皮

图 3.30　法兰毛坯的胎膜锻过程

3.3.3　压力机上模锻

用于模锻生产的压力机有摩擦压力机、曲柄压力机、平锻机、水压机等。上述压力机上模锻工艺方法的特点见表 3.5。

表 3.5　压力机上模锻工艺方法的特点

锻造方法	设备类型		工艺特点	应用
	结构	特点		
摩擦压力机上模锻	摩擦压力机	滑块行程可控,速度为 0.5~1.0 m/s,带有顶料装置,机架受力,行程次数少,传动效率低	特别适合于锻造低塑性合金钢和非铁金属;简化了磨具设计与制造,同时可锻造更复杂的锻件;可实现轻、重打,能进行多次锻打,还可进行弯曲、精压、切飞边、冲连皮、校正等工序	中小型锻件的小批和中批生产
曲柄压力机上模锻	曲柄压力机	滑块行程固定,无振动、噪声小,合模准确,有顶杆装置,设备刚度好	金属在模膛中一次成型,氧化皮不易除掉,终锻前常采用预成型及预锻工步,不易拔长、滚挤,可进行局部镦粗,锻件精度较高,模锻斜度小,生产率高,适合轴类锻件	大批量生产
平锻机上模锻	平锻机	滑块水平运动,行程固定,具有互相垂直的两组分模面,无顶出装置,合模准确,设备刚度好	扩大了模锻适用范围,金属在模膛中一次成型,锻件精度较高,生产率高,材料利用率高,适合锻造带头的杆类和有孔的各种合金锻件,对非回转体及中心不对称锻件较难锻造	大批量生产
水压机上模锻	水压机	行程不固定,工作速度为 0.1~0.3 m/s,无振动,有顶杆装置	可一次压成,适合于锻造镁铝合金大锻件、深孔锻件,不太适合于锻造小尺寸锻件	大批量生产

案 例

齿轮坯自由锻工艺过程见表3.6。

表3.6 齿轮坯自由锻工艺过程

锻件名称	齿轮毛坯	工艺类型	自由锻
材料	45钢	设备	75 kg 空气锤
加热次数	1次	锻造温度范围	850~1 200 ℃

锻件图	坯料图
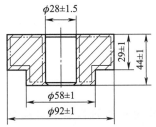	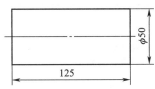

序号	工序名称	工序简图	使用工具	操作工艺
1	镦粗	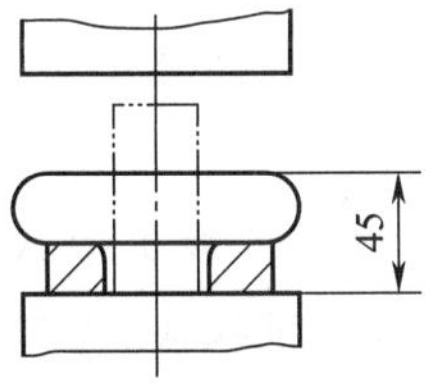	火钳 镦粗漏盘	控制镦粗后的高度为镦粗漏盘的45 mm
2	冲孔	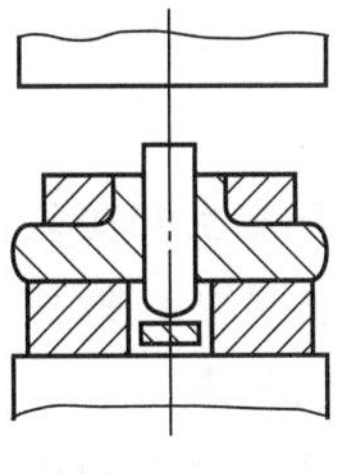	火钳 镦粗漏盘 冲子 冲子漏盘	注意冲子对中；采用双面冲孔，左图为工件翻转后将孔冲透的情况
3	修正外圆	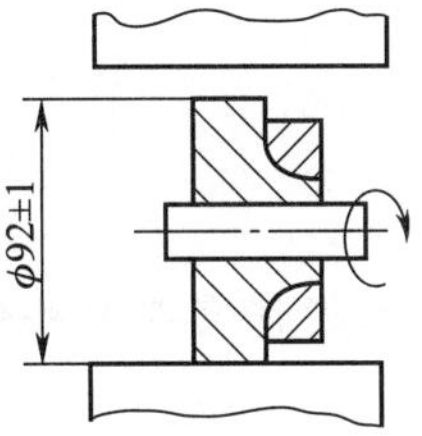	火钳 冲子	边轻打边旋转锻件，使外圆清除鼓形，并达到φ92 mm ±1 mm

续表

序号	工序名称	工序简图	使用工具	操作工艺
4	修整平面	44±1	火钳	轻打（如端面不平还要边打边转动锻件），使锻件厚度达到44 mm±1 mm

小 结

本单元主要介绍了锻压生产的基本知识，自由锻造、模型锻造的基本知识及自由锻造设备、工具、工艺过程。

① 各种锻造工艺过程都包括加热、成形和冷却三个阶段。

② 自由锻造变形阻力相对较小，故设备所需吨位较模锻小。但锻件的尺寸精度低，生产率低，对操作者技术水平要求较高。适合于形状较简单的单件或小批生产件和大型锻件的生产。

③ 模型锻造变形阻力较大，故设备所需吨位较大。可锻出形状比较复杂的锻件，锻件尺寸精度、表面质量及力学性能较高，材料利用率、生产率较高，但模具费用较高，主要用于中、小件的大批量生产。

思考题

3.1 锻压的概念？锻压安全技术有哪些主要内容？

3.2 锻造前坯料加热的目的是什么？加热不当会产生哪些缺陷？

3.3 自由锻造的基本工序有哪些？各自用于哪些类型的锻件？

3.4 什么是模型锻造？与自由锻造相比有哪些优缺点？

3.5 过热和过烧对锻件质量有什么影响？如何防止过热和过烧？

3.6 工件镦歪是怎样产生的？应如何纠正？

3.7 胎膜的结构形式有哪些？各用于什么场合？

拓展题

结合下面齿轮坯锻件成品图（图3.31），试说明此锻件需要哪些锻造设备、锻造工具，并写出锻造工艺过程。

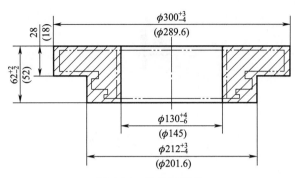

图 3.31 齿轮坯锻件

53

焊 接 实 训

4.1 焊接工艺基础

焊接是通过加热或加压或两者并用，使被焊工件（同种或异种）原子间结合而形成永久性连接的工艺过程，如图 4.1 所示。

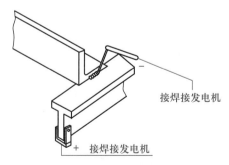

接焊接发电机

＋ 接焊接发电机

图 4.1 焊接示意图

焊接在现代工业生产中具有十分重要的作用，在制造大型结构或复杂的机器部件时，更显优越，因为它可以用化大为小，化复杂为简单的方法准备坯料，然后用逐次装配焊接的方法拼小成大,这是其他工艺方法难以做到的。焊接已成为现代工业中一种不可缺少,而且日益重要的加工工艺方法。目前焊接主要用于制造金属结构件,如锅炉、压力容器、船舶、桥梁、管道、汽车车身、海洋钢结构、高架吊车、水压机、大型机床机架、冶金设备等。焊接产品比铆接件、铸件和锻件质量轻,对于交通运输工具来说可以减轻自重,节约能量。焊接的密封性好,适于制造各类容器。发展联合加工工艺,使焊接与锻造、铸造相结合,可以制成大型、经济合理的铸焊结构和锻焊结构,经济效益很高。采用焊接工艺能有效利用材料,焊接结构可以在不同部位采用不同性能的材料,充分发挥各种材料的特长,达到经济、优质的效果。

焊接时,被连接工件的接头叫作焊接接头。焊接接头由母材、焊缝(焊接时由液体金属凝固而成的)、熔合区(即焊缝与金属母材之间的过渡层)和热影响区(在焊接热循环作用下,焊缝两侧处于固态的母材发生明显的组织和性能变化的区域)四部分组成,如图 4.2 所示。

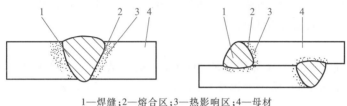

1—焊缝;2—熔合区;3—热影响区;4—母材

图 4.2 焊接接头示意图

4.1.1 焊接方法分类

按照焊接过程金属所处的状态不同,可分为熔焊、压力焊、钎焊三大类,如图 4.3 所示,

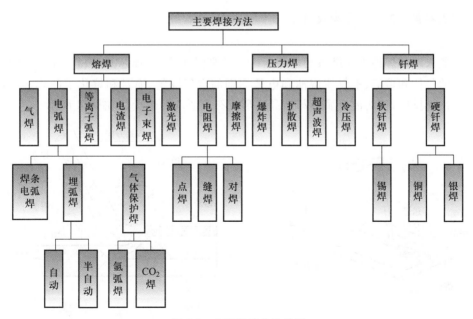

图 4.3 主要焊接方法分类

① 熔焊。将待焊处母材金属熔化以形成焊缝的焊接方法称为熔焊。

② 压力焊。焊接过程中,必须对焊件施加压力(加热或不加热),以完成焊接的方法称为压焊。

③ 钎焊。钎焊是硬钎焊和软钎焊的总称。采用比母材金属熔点低的金属材料作钎料,将焊件和钎料加热到高于钎料熔点、低于母材熔化温度,利用液态钎料润湿母材,填充接头间隙并与母材相互扩散实现连接焊件的方法。

4.1.2　焊接特点

1. 优点

① 节省材料,减轻质量,简化复杂零件和大型零件的制造。

② 适应性好,可实现特殊结构的生产。

③ 满足特殊连接要求,可实现不同材料间的连接成形。

④ 降低劳动强度,改善劳动条件,焊接结构外形平稳,加工余量少。

⑤ 焊接过程易实现机械化和自动化。

2. 缺点

① 焊接会产生焊接应力及焊接变形,影响结构的承载能力;加工精度和尺寸稳定性差。

② 焊接结构不可拆卸,易产生焊接缺陷,如裂纹、未焊透、未熔合、夹渣、气孔等。

③ 焊接过程会产生高温、强光以及一些有毒气体,对人体有一定损害。

4.2　焊条电弧焊

焊条电弧焊(旧称手工电弧焊)是利用焊条与焊件之间产生的电弧热,将焊件和焊条熔化,冷却凝固后获得牢固的焊接接头的一种手工焊接方法。

4.2.1　焊条电弧焊的工作原理及特点

1. 工作原理

在焊条末端和焊件之间维持的电弧所产生的高温使药皮、焊芯及母材熔化,药皮熔化过程中产生的气体和熔渣,不仅使熔池和电弧周围的空气隔绝,而且和熔化了的焊芯、母材发生一系列冶金反应,使熔池金属冷却结晶后形成符合要求的焊缝,如图 4.4 所示。

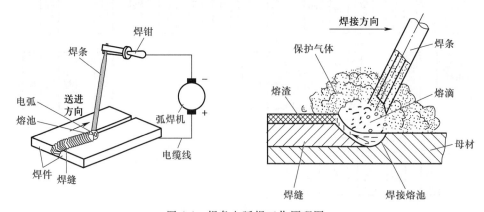

图 4.4　焊条电弧焊工作原理图

2. 特点

① 工艺简单,操作灵活。只要焊条能够达到的位置均能施焊,对大型、不规则的焊缝尤为灵活。

② 可焊接多种金属,适应性广,可实现低碳钢、低合金钢、不锈钢、耐热钢、铸铁、高合金钢、有色金属以及异种钢焊接。

③ 设备简单,成本低。常用的交流焊机和直流焊机结构简单,价格低,易于移动,不需气体保护,投资少。

④ 生产效率低,劳动强度大,质量不稳定。

4.2.2 焊条电弧焊设备

焊条电弧焊主要设备是弧焊电源,也就是常说的电焊机,指的是为电弧焊提供电能,并实现焊接过程稳定的电气设备,可分为交流弧焊电源(弧焊变压器)、直流弧焊电源(弧焊整流器)。其中常用的焊接电源如图 4.5、图 4.6 所示。

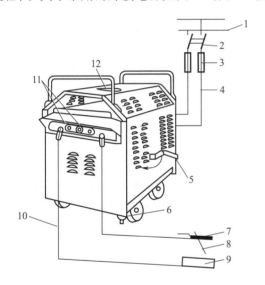

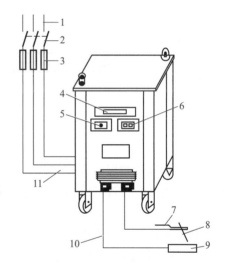

1—外电源;2—刀开关;3—熔体;4—电源电缆线;
5—调节手柄;6—地线接头;7—焊钳;8—焊条;9—焊件;
10—焊接电缆线;11—粗调电流接线板;12—电流指示表

图 4.5 交流弧焊电源

1—外电源;2—刀开关;3—熔体;4—电流指示表;
5—电流调节器;6—电源开关;7—焊钳;8—焊条;
9—焊件;10—焊接电缆线;11—电源电缆线

图 4.6 直流弧焊电源

直流弧焊机输出端有正、负极之分,弧焊机正、负两极与焊条、焊件有两种不同的接线法:将焊件接到弧焊机正极,焊条接至负极,这种接法称正接;反之,将焊件接到负极,焊条接至正极,称为反接,如图 4.7 所示。焊接厚板时,一般采用直流正接,这是因为电弧正极的温度和热量比负极的高,采用正接能获得较大的熔深。焊接薄板时,为了防止烧穿,常采用反接,但如果使用碱性焊条,均采用直流反接。

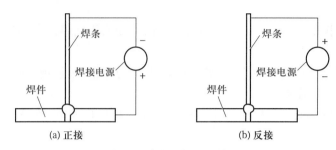

(a) 正接　　　　　　　　　　　(b) 反接

图 4.7　直流弧焊电源接法

4.2.3　焊条

焊条是供焊条电弧焊使用的焊接材料,结构如图 4.8 所示。焊条由焊芯和药皮组成。焊条既作电极,熔化后又作为填充金属与母材熔合形成焊缝。焊条的规格以焊芯的直径表示。常用的有 $\phi2$、$\phi2.5$、$\phi3.2$、$\phi4$、$\phi5$,长度一般在 $250\sim450$ mm 之间。

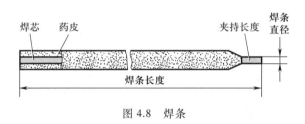

图 4.8　焊条

1. 焊芯

焊条中被药皮包覆的金属芯称为焊芯。焊接时,焊芯一方面导电,产生电弧,同时本身熔化作填充金属。以焊条电弧焊为例,焊缝金属中的 $50\%\sim70\%$ 由焊芯组成。

2. 药皮

焊接时药皮具有如下作用:

① 稳弧—提高电弧稳定性。

② 造气—提供保护性气氛,防止有害气体进入熔池。

③ 造渣—保护焊缝免受氧化,同时减缓焊缝金属的冷却,有利于气体逸出。

④ 渗合金—改变、控制焊缝金属化学成分。

⑤ 套筒保护—焊接时形成套筒,俗称"喇叭口"。有利于金属熔滴过渡,有利于全位置焊接。

⑥ 脱氧、脱硫、脱磷,提高焊缝质量。

3. 分类

① 按用途可分为碳钢焊条、低合金钢焊条、不锈钢焊条、堆焊焊条、铸铁焊条、铜及铜合金焊条、铝及铝合金焊条、镍及镍合金焊条、特殊用途焊条。

② 按焊接熔渣的碱度可分为酸性焊条和碱性焊条。

酸性焊条的药皮中含有较多的酸性氧化物(TiO_2、SiO_2等),其工艺性能好,引弧容易,焊缝成形美观,波纹细密;氧化性强,稳弧性好,可用于交、直两种焊接电流,适合全位置焊接操作。但脱氢效果差,焊缝力学性能差,抗裂性差,主要用于一般低碳钢及不重要的低合金钢结构,价格便宜,应用广泛。

碱性焊条的药皮中含有较多的碱性氧化物(CaO 等),其脱氧、脱硫、脱磷能力强,药皮中含有较多大理石、萤石等成分,脱氢好;焊缝力学性能好,有较高的塑性、冲击韧性、抗裂性能好,用于承受较大动载荷或刚性较大的重要结构。但焊接工艺性差,对油污、水分等敏感,且稳弧性差,烟尘较大、成本高。

4. 焊条的表示方法

国家标准分别规定各类焊条的型号编制方法。如标准规定碳钢焊条型号为"E××××",其中,字母"E"表示焊条;前两位数字表示熔敷金属抗拉强度的最小值,单位为 MPa;第三位数字表示焊接位置,如"0"及"1"表示焊条适用于全位置(平焊、立焊、横焊、仰焊)焊接,"2"为平焊及平角焊,"4"表示焊条适用于向下立焊;第三位和第四位数字组合时表示焊接电流种类及药皮类型。举例如下:

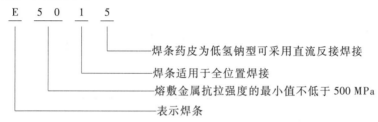

E 5 0 1 5

— 焊条药皮为低氢钠型可采用直流反接焊接
— 焊条适用于全位置焊接
— 熔敷金属抗拉强度的最小值不低于 500 MPa
— 表示焊条

焊接行业标准规定,结构钢焊条牌号的表示方法是:汉字拼音字首加三位数字。举例如下:

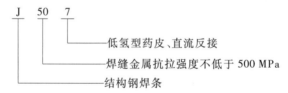

J 50 7

— 低氢型药皮、直流反接
— 焊缝金属抗拉强度不低于 500 MPa
— 结构钢焊条

4.2.4 焊条电弧焊常用工具

进行焊条电弧焊时必需的工具有夹持焊条的焊钳,保护操作者皮肤、眼睛免于灼伤的手套和面罩,清除焊缝表面渣壳用的清渣锤和钢丝刷。如图 4.9 所示为焊钳与面罩的外形图。

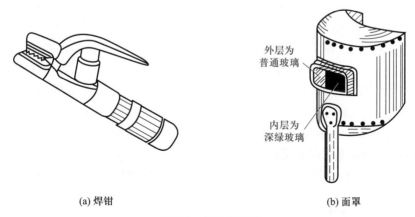

外层为
普通玻璃

内层为
深绿玻璃

(a) 焊钳   (b) 面罩

图 4.9 焊钳与面罩

4.2.5　焊接工艺参数

① 焊条种类和牌号。主要依据母材的性能、接头的刚性和工作条件选择焊条,焊接一般碳钢和低合金钢主要是按等强原则选择焊条的强度级别,对一般结构选用酸性焊条,重要结构选用碱性焊条。

② 焊接电源种类和极性。通常酸性焊条可同时采用交、直流两种电源,一般优先选用交流弧焊机,采用直流电源时,通常采用正接。碱性焊条由于电弧稳定性差,所以必须使用直流弧焊机,常采用反接。

③ 焊条直径。根据焊件的厚度进行选择,见表 4.1。厚度越大,焊条直径应越粗。另外,还要综合考虑接头形式、焊缝空间位置等。如 T 形接头应比对接接头使用的焊条粗些,立焊、横焊等空间位置比平焊时所选的应细些。立焊最大直径不超过 5 mm,仰焊直径不超过 4 mm。

表 4.1　焊条直径与焊件厚度的关系　　　　　　　　　　　mm

焊件厚度	2	3	4~5	6~12	≥13
焊条直径	2	3.2	3.2~4	4~5	4~6

④ 焊接电流。其他工艺参数不变时,增加焊接电流,则焊缝厚度和余高都增加,而焊缝宽度几乎保持不变。

焊接电流的选择应考虑焊条直径的大小,见表 4.2。还可根据下面的经验公式选择焊接电流。

$$I = (30 \sim 55)d$$

式中:I——焊接电流,A;

　　　d——焊条直径,mm。

表 4.2　各种焊条直径与电流参考值

焊条直径/mm	1.6	2.0	2.5	3.2	4.0	5.0	6.0
焊接电流/A	25~40	40~65	50~80	100~130	160~210	260~270	260~300

需要注意的是,电流强度是决定焊缝厚度的主要因素,在实际生产中,还要根据焊件厚度、接头形式、焊接位置、焊条种类等因素,通过试焊来调整和确定焊接电流的具体取值。

⑤ 电弧电压。焊条电弧焊时,电弧电压主要取决于弧长。电弧长,电弧电压高。在焊接时应使弧长始终保持一致,并尽可能采用短弧焊接(弧长不超过焊条直径的 1 倍)。

⑥ 焊接速度。焊接速度是单位时间内完成的焊缝长度。焊接速度增加时,焊缝厚度和焊缝宽度都明显下降。这是因为焊接速度增加时,焊缝中单位时间内输入的热量减少了。焊条电弧焊时,焊接速度由焊工凭经验掌握。

⑦ 焊接层数。厚板焊接时,必须采用多层焊或多层多道焊。每层焊道厚度≤4~5 mm。

4.2.6　焊接接头形式及坡口

1. 焊接接头形式

焊缝、熔合区、热影响区统称为焊接接头。一个焊接结构是由若干个焊接接头组成。对接接头、搭接接头、角接接头、T形接头是应用最广的四种接头,如图 4.10 所示。

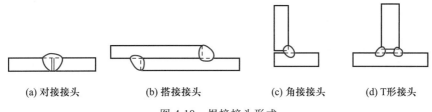

(a) 对接接头　　　(b) 搭接接头　　　(c) 角接接头　　　(d) T形接头

图 4.10　焊接接头形式

2. 坡口

焊件较厚时,根据设计或工艺需要,在两个焊件的待焊部位加工成一定的几何形状的沟槽称为坡口。坡口的作用是为了保证焊缝根部焊透,使焊接电源能深入接头根部,以保证接头质量。同时,还能起到调节基体金属与填充金属比例的作用。

常见的坡口可分为 I 形、V 形、X 形、U 形等,如图 4.11 所示。

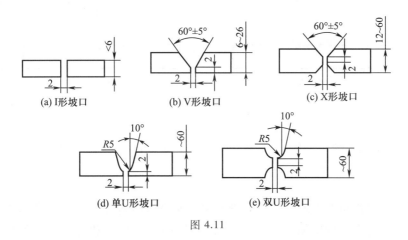

(a) I形坡口　　　(b) V形坡口　　　(c) X形坡口

(d) 单U形坡口　　　(e) 双U形坡口

图 4.11

4.2.7　焊接的空间位置

按照焊缝在空间的位置不同,可分为平焊、立焊、横焊和仰焊,如图 4.12 所示。

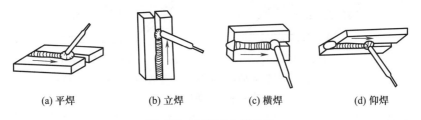

(a) 平焊　　　(b) 立焊　　　(c) 横焊　　　(d) 仰焊

图 4.12　焊缝的空间位置

平焊是在水平面上任何方向进行焊接的一种操作方法。由于焊缝处在水平位置,操作技术比较容易掌握,可以选用较大直径焊条和较大焊接电流,以提高生产率,因此在生产中应用较普遍。立焊是在垂直方向进行焊接的一种操作方法。横焊是在垂直面上焊接水平焊缝的一种操作方法。仰焊是焊缝位于燃烧电弧的上方而进行焊接的一种方式,即焊工在仰视位置进行焊接。仰焊劳动强度大,是最难焊的一种焊接位置,熔池形状和大小不易控制,容易出现夹渣、未焊透、凹陷现象,同时运条困难,焊缝表面不易平整,所以应尽可能选择平焊。

4.2.8　焊条电弧焊操作技术

1. 引弧

引弧就是使焊条和焊件之间产生稳定的电弧。引弧时,首先将焊条末端与焊件表面接触形成短路,然后迅速将焊条向上提起 2~4 mm 的距离,电弧即引燃。引弧方法有划擦法和敲击法两种,如图 4.13 所示。

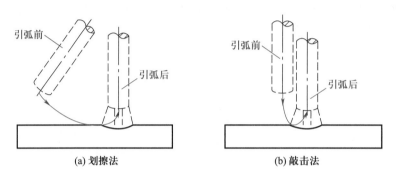

(a) 划擦法　　　　　　　　　(b) 敲击法

图 4.13　引弧方法

引弧时,焊条提起动作要快,否则容易粘在工件上。摩擦法不易粘条,适用于初学者采用。如发生粘条,可将焊条左右摇动后拉开。

2. 焊接

焊接就是在平焊位置上堆焊焊缝。操作关键是掌握好焊条角度和运条基本动作,如图 4.14 所示。需保持合适的电弧长度(即向下送进焊条速度合适)和均匀的焊接速度。

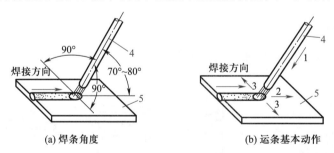

(a) 焊条角度　　　　　　　　(b) 运条基本动作

1—向下送进;2—沿焊接方向移动;3—横向移动;4—焊条;5—焊件

图 4.14　焊条的运动

在焊接操作中,应注意保持电弧的长度,电弧的长度大约等于焊条的直径;同时焊条与焊缝平面两侧的夹角应保持相等;焊条的送进速度要均匀。

常用的运条方法有直线形、锯齿形、圆圈形运条方法,如图 4.15 所示。

① 直线形运条法。焊接时焊条不做横向摆动,沿焊接方向直线运动。适合于不开坡口的对接平焊、多层焊的第一层焊道和多层多道焊。

| (a) 直线形运条法 | (b) 锯齿形运条法 | (c) 圆圈形运条法 |

图 4.15　运条方法

②锯齿形运条法。焊接时焊条末端做锯齿形横向摆动,并在焊缝两侧边缘的适当位置稍作停留,这种方法易掌握,生产中应用较广,对厚板平焊、仰焊、立焊的对接接头均可采用。

③圆圈形运条法。焊接时焊条末端做连续的圆圈形横向摆动并不断向前移动。其中斜圆圈形运条法适用于角接接头的平焊、仰焊、对接接头的横焊;正圆圈形运条法适用于较厚焊件的平焊。

3. 焊缝收尾

焊缝收尾时由于操作不当往往会形成弧坑,弧坑会降低焊缝的强度,产生应力集中或裂纹。为了防止和减少弧坑的出现,焊接时通常采用三种方法:

①划圈收弧法,适合于厚板焊接的收尾。

②反复断弧收尾法,适合于薄板和大电流焊接的收尾,不适于碱性焊条。

③回焊收弧法,适合于碱性焊条的收尾。

4. 焊后清理

用钢丝刷把熔渣和飞溅物等清理干净。

4.2.9　对接平焊的操作步骤

材料:Q235A 碳素结构钢板两块。规格:200 mm×50 mm×5 mm,焊缝长 200 mm。具体操作步骤及说明见表 4.3。

表 4.3　钢板对接平焊操作步骤

步骤	附图	操作说明
1. 备料		划线,用剪切或切割等方法下料并校正
2. 选择及加工坡口		板厚为 5 mm,可不用加工坡口
3. 焊前清理	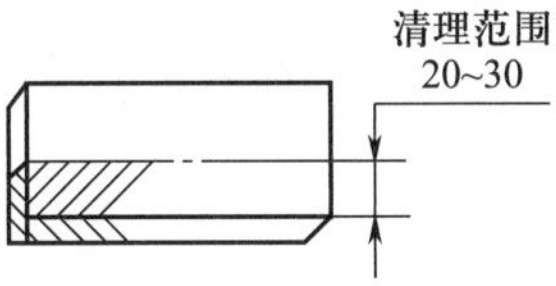 清理范围 20~30	清除焊缝周围的铁锈和油污
4. 装配、定位焊	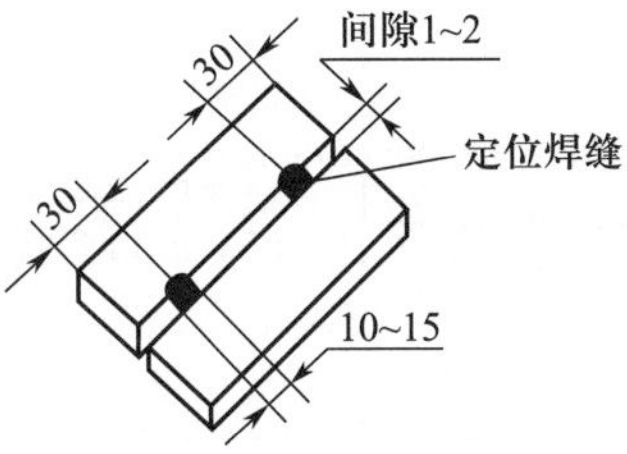 间隙1~2　定位焊缝　30　30　10~15	将两板放平、对齐,留 1~2 mm 间隙,在图示位置进行定位焊固定后清渣

续表

步骤	附图	操作说明
5. 焊接		焊条型号:E4303 焊条直径:ϕ3.2 mm 焊接电流:选用 120 A
6. 焊后清理		用钢丝刷、清渣锤等工具把熔渣和飞溅物等清理干净

4.2.10　常见的焊接缺陷

焊接生产中由于材料选择不当,焊前准备工作不充分,施焊工艺或操作技术欠佳等原因,会使焊接接头产生各种缺陷。表 4.4 给出了常见焊接缺陷的特征及形成原因。

表 4.4　常见焊接缺陷的特征及形成原因

缺陷名称	图例	特征	形成原因
焊缝外形尺寸不符合要求		焊缝过窄、凹陷、余高过大	(1) 焊件坡口尺寸不当或装配间隙不均匀; (2) 焊接电流过大或过小; (3) 运条不正确
咬边		焊缝与焊件交界处凹陷	(1) 电流过大; (2) 焊条角度、运条速度或电弧长度不适当
气孔		在焊缝内部或表面存在空穴	(1) 焊条、焊件受潮; (2) 焊条、焊件表面有油、锈; (3) 保护效果不好。药皮脱落、电弧过长、手法不稳
夹渣		焊缝内部存在非金属夹杂物	(1) 焊道之间清理不干净; (2) 电流过小; (3) 运条方法不当
未焊透		焊缝金属与焊件之间或焊缝金属之间的局部未熔合	(1) 电流过小,焊接速度太快; (2) 坡口角度太小,钝边太厚,间隙太小

续表

缺陷名称	图例	特征	形成原因
裂纹	裂纹 裂纹	焊缝、热影响区内部或表面因开裂而形成的缝隙	（1）焊条、材料中含氢、磷、硫含量过多； （2）冷却速度过快； （3）应力过大
焊瘤	焊瘤 焊瘤	熔化金属流淌到未熔化的焊件或凝固的焊缝上所形成的金属瘤	（1）电流过大，电弧过长； （2）运条不当，焊接速度太慢
焊穿及塌陷	烧穿 下塌	液态金属从焊缝背面漏出凝成疙瘩或在焊缝上形成穿孔	（1）电流过大，速度太慢； （2）焊件装配间隙太大

4.3 气焊和气割

气焊是利用气体火焰作热源，来熔化母材和填充金属的一种焊接方法，如图 4.16 所示。

气焊最常用的是氧乙炔焊，即利用乙炔（C_2H_2，可燃气体）和氧气（助燃气体）混合燃烧时所产生氧乙炔焰，来加热熔化工件与焊丝，冷凝后形成焊缝的焊接的方法。

气焊主要优点是设备简单、使用灵活，对铸铁及某些有色金属的焊接有较好的适应性，在电力供应不足的地方需要焊接时，气焊可以发挥更大的作用。

气焊的主要缺点是生产效率较低，焊接后工件变形和热影响区较大，较难实现自动化。

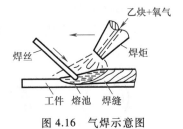

图 4.16 气焊示意图

4.3.1 气焊设备

气焊所用设备及管路的连接方式如图 4.17 所示。

1. 乙炔瓶

乙炔瓶是一种储存和运输乙炔的容器，如图 4.18 所示。外形与氧气瓶相似，但它的构造比氧气瓶复杂。乙炔瓶的主要部分是用优质碳素钢或低合金钢轧制而成的圆柱形无缝瓶体。外表漆成白色，并红漆有"乙炔"字样。在瓶体内装有浸满丙酮的多孔性填料，能使乙炔稳定而安全地储存在瓶内。使用时，溶解在丙酮内的乙炔就分解出来，通过乙炔瓶阀流出，而丙酮仍留在瓶内,以便溶解再次压入乙炔。乙炔瓶阀下面的填料中心部分的长孔内放着石棉,其作用是帮助乙炔从多孔性填料中分解出来。

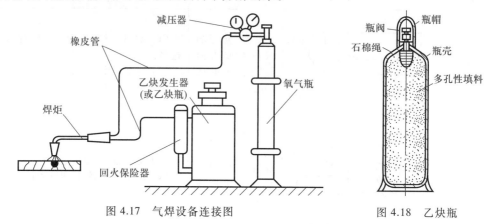

图 4.17　气焊设备连接图　　　　　图 4.18　乙炔瓶

2. 氧气瓶

　　氧气瓶是储存高压氧气的容器,容积为 40 L,常规氧气瓶的压力上限为 15 MPa,常规充装的钢瓶内压力应在 12~15 MPa 左右。氧气瓶外表呈天蓝色,并用黑漆写上"氧气"字样。

　　氧气瓶助燃作用很大,且瓶内气体不能全部用尽,应保留不少于 0.05 MPa 的剩余压力。氧气瓶与明火距离应该不小于 5 m,不得靠近热源,不得受日光暴晒,宜存放在干燥阴凉处,气瓶不得撞击。氧气瓶嘴、吸入器、压力表及接口螺纹严禁沾染油脂。

3. 减压器

　　由于气瓶内压力较高,而气焊和气割使用所需的压力却较小,所以需要用减压器来把储存在气瓶内的较高压力的气体降为低压气体,并应保证所需的工作压力自始至终保持稳定状态。总之,减压器是将高压气体降为低压气体、并保持输出气体的压力和流量稳定不变的调节装置,如图 4.19 所示。使用减压器时,先缓慢打开氧气瓶(或乙炔瓶)阀门,然后旋转减压器调压手柄,待压力达到所需值为止。停止工作时,先松开调压螺钉,再关闭氧气瓶(或乙炔瓶)阀门。

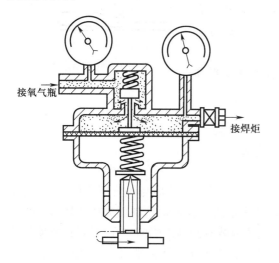
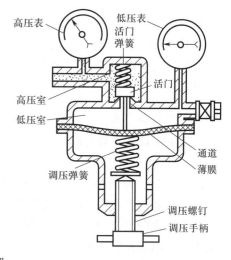

图 4.19　减压器

4. 焊炬

　　焊炬又称焊枪,是利用氧气和中低压乙炔作为热源,焊接或预热黑色金属或有色金属工件的工具,如图 4.20 所示,是气焊操作的主要工具。点火时先打开氧气调节阀,后打开乙炔调节阀,两种气体在管内均匀混合,并从焊嘴喷出,点火后即可燃烧。控制各调节阀大小,可调节氧气和乙炔的混合比例。各种型号的焊炬均备有 3~5 个大小不同的喷嘴,以便焊接不同厚度的焊件。

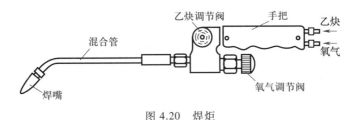

图 4.20　焊炬

4.3.2　焊丝与焊剂

1. 焊丝

　　气焊时,焊丝是焊缝的填充材料,其化学成分应与被焊材料基本相同。常用的焊丝有 H08、H08A、H08Mn2SiA 等,直径为 2~4 mm。焊丝的直径与焊件的厚度相适应。

2. 焊剂

　　气焊过程中,为了防止金属的氧化及消除已经形成的氧化物,增加液态金属的流动性,在焊接有色金属、铸铁以及不锈钢等材料时必须采用焊剂。焊接低碳钢时,由于中性焰本身具有相当的保护作用,可不用焊剂。我国气焊焊剂主要牌号有 CJ101(用于焊接不锈钢、耐热钢)、CJ201(用于焊接铸铁)、CJ301(用于焊接铜合金)、CJ401(用于焊接铝合金)。焊剂的主要成分有硼酸(H_3BO_3)、硼砂($Na_2B_4O_7$)、碳酸钠(Na_2CO_3)等。

4.3.3　气焊火焰

　　改变氧气和乙炔的混合比例,可获得三种不同性质的火焰,如图 4.21 所示。

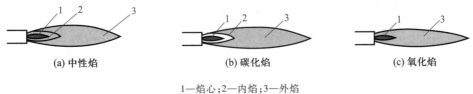

(a) 中性焰　　　　　(b) 碳化焰　　　　　(c) 氧化焰

1—焰心;2—内焰;3—外焰

图 4.21　气焊火焰

1. 中性焰

　　如图 4.21(a)所示,氧气和乙炔的体积混合比为 1~1.2 时燃烧所形成的火焰称为中性焰,又称为正常焰。它由焰心、内焰和外焰三部分构成。中性焰在距离焰心前面 2~4 mm 处温度最高,可达 3 150 ℃。中性焰适用于焊接低碳钢、中碳钢、普通低合金钢、不锈钢、紫铜、铝及铝合金等金属材料。

2. 碳化焰

如图 4.21(b)所示,碳化焰是指氧和乙炔的体积混合比小于 1 时燃烧所形成的火焰。由于氧气较少,燃烧不完全,过量的乙炔分解为碳和氢,其中碳会渗到熔池中造成焊缝增碳。碳化焰比中性焰的火焰长,也由焰心、内焰和外焰构成,其明显特征是内焰呈乳白色。碳化焰最高温度为 2 700～3 000 ℃。碳化焰适用于焊接高碳钢、铸铁和硬质合金等材料。

3. 氧化焰

如图 4.21(c)所示,氧和乙炔的体积混合比大于 1.2 时燃烧所形成的火焰称为氧化焰。氧化焰比中性焰短,分为焰心和外焰两部分。由于火焰中有过量的氧,故对熔池金属有强烈的氧化作用,一般气焊时不宜采用。只有在气焊黄铜、镀锌铁板时才采用轻微氧化焰,以利用其氧化性,在熔池表面形成一层氧化物薄膜,减少低沸点的锌蒸发。氧化焰的最高温度为 3 100～3 300 ℃。

4.3.4　气焊基本操作方法

① 点火、调节火焰与灭火。点火时,先微开氧气阀门,再打开乙炔阀门,然后点燃火焰。这时的火焰为碳化焰。随后逐渐开大氧气阀门,将碳化焰调节成中性焰。同时按需要把火焰大小也调整合适。灭火时,应先关乙炔阀门,再关氧气阀门,以免发生回火。

② 焊接。左手拿焊丝,右手拿焊炬,两手动作协调,沿焊缝向左或右焊接。焊嘴轴线的投影应与焊缝重合,同时要掌握好焊嘴与焊件的夹角。焊炬向前移动的速度应能保持焊件熔化并保持熔池具有一定的大小。焊件熔化形成熔池后,再将焊丝适量地点入熔池内熔化。

4.3.5　气割

氧气切割(简称气割)是指利用气体火焰的热能将工件切割处预热到一定温度后,喷出高速切割氧流,使其燃烧并放出热量实行切割的方法,如图 4.22 所示。

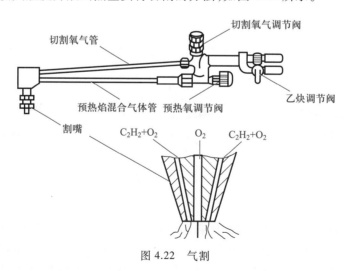

图 4.22　气割

1. 氧气切割金属材料必须具有的条件

① 金属材料的燃点必须低于其熔点,这是保证切割是在燃烧过程中进行的基本条件。

否则金属将先熔化,变为熔割过程,使割口过宽不整齐。

② 燃烧生成的金属氧化物的熔点应低于金属本身的熔点,同时流动性要好,若不具备这一条件,就会在表面形成固态氧化物,阻碍氧流与下层金属的接触,使切割过程不能正常运行。

③ 金属燃烧时能放出大量的热,而且金属本身的导热性要低,这是为了保证下层金属有足够的预热程度,使切割过程能继续进行。

2. 气割设备

气割设备与气焊基本相同,只需把焊炬换成割炬即可,如图4.23所示。

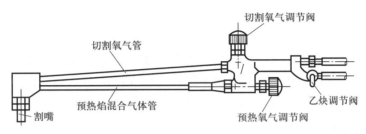

图 4.23 割炬

3. 气割的基本操作

① 气割前的准备。气割前要认真检查整个气割系统的设备和工具是否正常,检查乙炔瓶、回火防止器工作状态是否正常。开启乙炔瓶阀和氧气瓶阀,调节减压器,将压力调至需要的压力。

② 工件的准备及其放置。去除工件表面污垢、油漆、氧化皮等。工件应垫平、垫高,距离地面一定高度,有利于熔渣吹除。工件下的地面应为非水泥地面,以防水泥爆溅伤人、烧毁地面,否则应在水泥地面上遮盖石棉板等。

③ 点火。开始点火并调整好火焰性质(中性焰)及火焰长度,开启切割氧气调节阀,增大氧气流量,使切割氧流的形状为笔直的圆柱体,并有适当的长度,关闭切割氧气开关,准备起割。

④ 气割。气割时,先点燃割炬,调整好预热火焰,然后进行气割。操作时,双脚里八字形蹲在工件一侧右臂靠住右膝,左臂空在两脚之间,以便在切割时移动方便,右手把住割炬手把,并以大拇指和食指把住氧气预热调节阀,以便于调整预热火焰和当回火时及时切断预热氧气。左手的拇指和食指把住开关切割氧气调节阀,其余三指平稳托住射吸管,掌握方向。开始气割时,首先用预热火焰在工件边缘预热,待呈亮红色时(即达到燃烧温度),慢慢开启切割氧气调节阀。若看到铁水被氧气流吹掉时,再加大切割氧气流,待听到工件下面发出"噗、噗"的声音时,则说明已被割透。这时应按工件的厚度,灵活掌握气割速度,沿着割线向前切割。

气割操作姿势因个人习惯而不同。初学者可按基本的"抱切法"练习,如图4.24所示,手势如图4.25所示。

图 4.24 "抱切法"姿势

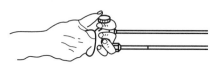

图 4.25 气割时的手势

⑤ 停割。气割要结束时,割嘴应向气割方向后倾一定角度,使钢板下部提前割开,并注意余料的下落位置,这样可使收尾的割缝平整。气割结束后,应迅速关闭切割氧气调节阀,并将割炬抬高,再关闭乙炔调节阀,最后关闭预热氧调节阀。

案 例

钢板组焊 H 形钢,该钢板材质为 Q235B 钢,主要制作过程见表 4.5。

表 4.5 钢板组焊 H 形钢主要制作过程

焊件名称	H 形钢	工艺类型		焊接
材料	Q235B	设备		焊条电弧焊机
焊件成品图	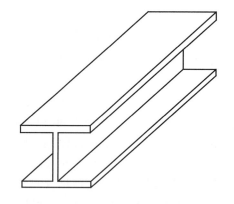			

序号	工序名称	工序简图	使用工具	操作工艺
1	下料	火焰式割嘴	切割小车	主材切割时,确保火焰切割嘴头的平行度及整条板的两面同时受热

续表

序号	工序名称	工序简图	使用工具	操作工艺
2	钢板对焊		焊条电弧焊机	对于 $\delta \geqslant 6$ mm 厚的板要开坡口,坡口反侧碳弧气刨清根。焊材:E4303;电流:120~200 A;直径 $\phi3.2,\phi4$
3	钢板拼焊		焊条电弧焊机	正、反面均用焊条电弧焊焊接,在坡口面打底一道,盖面一道;在非坡口面碳弧气刨清根后,再焊接角焊缝一道。焊材:E4303;电流:120~200 A;直径 $\phi3.2,\phi4$
4	H 形钢长度对接		焊条电弧焊机	对于 $\delta \geqslant 6$ mm 厚的翼板、腹钢板要开坡口,如图中有要求,则按要求开坡口,如图中无要求则按序号 2 执行。翼板坡口均开在型钢内侧,外侧碳弧气刨清根,开外侧坡口。腹板坡口开在任意侧。 焊材:E4303;电流:120~200 A

小 结

本单元主要介绍了焊接工艺基础,包括焊接的特点和焊接方法的分类,焊条电弧焊的基本知识以及焊条电弧焊工艺过程示例。简单介绍了气焊与气割的工艺特点及应用。

① 焊接是一种不可拆的连接方式,主要应用在金属结构的制造上。

② 焊条电弧焊设备简单,操作灵活,对空间不同位置、不同接头形式的工件都能进行焊接,是焊接生产中应用最广泛的一种焊接方法。

③ 气焊具有设备简单、不需要电源、操作灵活方便、成本低、适用性好等特点,因此在工业生产、建筑施工中得到了广泛的应用,尤其适用于没有电源的野外焊接。

思考题

4.1 焊接的概念? 焊接安全技术有哪些主要内容?

4.2 焊条电弧焊焊机有哪几种? 说明实训中使用的电弧焊机的种类、型号和主要技术参数的意义。

4.3 焊条由几部分组成？各部分有何作用？

4.4 酸性焊条和碱性焊条各有何特点？

4.5 引弧方法有哪几种？运条动作有哪些？焊缝如何收尾？

4.6 常见的焊接缺陷有哪些？

4.7 气焊有哪些优缺点？说明其主要用途。

4.8 气焊设备由哪几部分组成？各有何作用？

4.9 气焊火焰有哪几种？如何区别？用低碳钢、低合金钢、高碳钢、铸铁、铝合金、黄铜等材料焊接时，各采用哪种火焰？

4.10 说明气割的原理及被切割金属应具备的条件，哪些材料不适合切割？

拓展题

卸船机箱型梁上下翼缘板、腹板、隔板焊接时的焊接顺序如何控制？

5

热处理实训

观察与思考

家中使用的菜刀为什么很锋利？它采用的是什么材质和热处理工艺？

知识目标

1. 热处理的生产安全技术。

2. 钢的整体热处理工艺。

3. 钢的表面热处理工艺。

4. 常用的热处理设备。

能力目标

掌握：

1. 典型零件的热处理方法。

2. 电阻炉的操作方法,能严格按照工艺规程进行操作。

3. 退火、正火、淬火和回火的操作要领。

了解：

1. 盐浴炉的操作方法。

2. 不同钢件淬火介质的选择。

5.1 热处理基本知识

热处理是将金属材料在固态下通过加热、保温和不同的冷却方式,改变其表面或内部组织结构,从而获得所需性能的一种工艺方法。

5.1.1 热处理的作用与分类

热处理是强化金属、提高产品质量和使用寿命的主要途径之一,通过热处理可以使金属获得优良的力学性能,具备理想的强度、硬度、塑性和韧性,能更好地发挥材料的性能潜力,延长零件的使用寿命,因而广泛地应用在机械制造领域中。例如:在机床制造中,60%～70%的零件需要经过热处理;在汽车、拖拉机制造中,70%～80%的零件需要热处理;在工模具及滚动轴承制造中,几乎所有的零件都需要热处理。

热处理虽然种类很多,但其基本过程都是由加热、保温和冷却三个阶段组成。如图5.1所示为热处理工艺示意图。通过改变加热温度、保温时间和冷却速度等参数,金属的组织结构就会在一定程度上按预期规律发生变化,从而改变金属的性能,满足生产和使用要求。

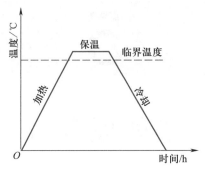

图 5.1 热处理工艺示意图

根据目的、加热及冷却方式的不同,热处理的分类大致如下:

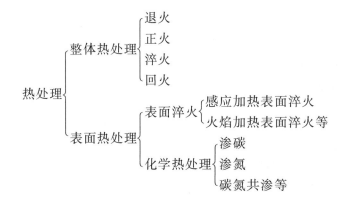

5.1.2 热处理的生产安全技术

① 操作前应穿戴防护用品,如工作服、手套、防护眼镜等,禁止穿高跟鞋、凉鞋、短裤,以免发生烫伤。

② 操作前应熟悉热处理设备的操作规程,严格按照工艺规程操作设备。

③ 场地内应配备必要的消防器材,操作人员应具备防火、防爆、防毒和防触电的基本知识。

④ 工作中不得随意离开工作岗位,临时离开应向代管人交代清楚。

⑤ 在使用电阻炉装炉和出炉时,应先切断电源再进行操作,以免工件与电阻丝相接触而发生触电事故。

⑥ 处理后的工件要堆放整齐,应保持场地通道畅通,地面整洁。

5.2 钢的整体热处理工艺

对工件整体进行穿透加热的热处理称为整体热处理。钢的整体热处理工艺有退火、正火、淬火和回火,即常说的"四把火"。

5.2.1 退火与正火

退火与正火均属于钢的预备热处理工艺,一般安排在铸、锻、焊之后或粗加工之前,用于改善组织缺陷和消除内应力,并为后续的切削加工或进一步热处理做好准备。

1. 退火

退火是将钢件加热到适当温度(碳钢的加热温度为 740~880 ℃,视碳钢中的碳含量而定),保温一定时间,然后随炉缓慢冷却的热处理工艺。

(1) 退火的目的

① 降低硬度,提高韧性,改善切削性能。当工件的硬度较高,难以切削加工时,通过退火处理可以降低工件的硬度,便于切削加工。

② 细化晶粒,改善组织。退火处理可以使铸钢件的晶粒变细,锻钢件的组织均匀,有利于提高工件的力学性能。

③ 消除或减少内应力,防止工件变形。工件在铸、锻、焊后会产生内应力,而内应力会造成工件变形甚至开裂。退火处理,可以消除或减少内应力,防止工件变形。

(2) 退火的种类

常用的退火种类包括完全退火、等温退火、球化退火、扩散退火、去应力退火等。

2. 正火

正火是将钢件加热到适当温度(碳钢为 760~920℃),保温一定时间,然后在空气中冷却的热处理工艺。

正火与退火同属于钢的预备热处理,其目的基本相似。但正火的冷却速度比退火更快,所得到的组织更细密,材料的硬度、强度稍高,而塑性、韧性略低,此外内应力消除不如退火彻底。

3. 正火与退火的选择

根据工件的大小、形状、材质及性能要求的不同,按照以下处理方案正确选择正火处理或退火处理。

① 对于低碳钢件、低碳合金钢件,正火处理后的硬度略高于退火处理,具有更好的切削加工性能(实践证明,钢的硬度为 170~230 HBW 时,切削加工性能较好),因而宜采用正火处理。而对于中碳钢件和高碳钢件,因为正火处理后的硬度偏高,使得工件的切削性能变差,因而宜采用退火处理。

② 对于力学性能要求不高的工件,可用正火处理代替调质处理(淬火加高温回火)作为最终热处理。

③ 对于形状复杂或尺寸较大的工件,若采用正火,工件的外层和尖角处冷却速度太快,而内部则冷却较慢,因而产生较大的内应力,容易造成变形甚至开裂,而退火冷却慢,内应力小,不容易造成变形。因此,推荐采用退火处理。

④ 与退火相比,正火具有生产周期短,效率高,成本低,操作简便的优势,因此,在保证质量的前提下应尽量采用正火。

5.2.2　淬火与回火

淬火和回火均是重要的热处理工艺,一般安排在半精加工后、磨削加工(精加工)之前进行,是热处理的最后一道工序,因此,常把淬火和回火作为最终热处理。

1. 淬火

淬火是将钢件加热到适当温度(碳钢为 770~870 ℃),保温一定时间,然后快速冷却的热处理工艺。

（1）淬火的目的

淬火的目的是提高钢件的硬度和耐磨性。淬火后必须进行回火处理,以提高钢件的强度、韧性等综合力学性能,满足钢件在不同环境中的使用要求。

（2）影响淬火质量的因素

影响淬火质量的主要因素包括淬火的加热温度及保温时间,淬火介质的选择和工件浸入淬火介质的方式等。

① 淬火的加热温度及保温时间。淬火加热温度会影响淬火后工件的组织和性能,不同钢种的淬火加热温度不同,因此在加热过程中应严格控制加热温度。保温时间是指工件装炉后,从炉温升到淬火温度算起到出炉为止,在恒定温度下保持的时间。它与钢的成分、工件的形状及尺寸等有关。过长的保温时间,会增加钢的氧化、脱碳,而过短的保温时间又会使组织转变不充分。因此保温时间的长短应视具体情况严格控制。

② 淬火介质的选择。淬火介质是工件淬火冷却所使用的介质。由于不同钢种所要求的冷却速度不同,故应采用不同的淬火介质来调整工件的冷却速度。最常用的淬火介质是水、盐水和油。水的冷却效果较好,且价格便宜,但容易引起工件变形或开裂,适用于一些尺寸不大、形状简单的碳钢件的淬火;盐水（浓度为 10% ~ 15%）中的盐能在工件表面析出和爆裂,破坏工件表面上的蒸汽膜,使冷却加速,因此具有更好的冷却效果,适用于厚大碳钢工件的淬火;油（锭子油、机油、柴油等）的冷却效果虽然较差,但其变形或开裂的倾向性较小,一般用于合金钢件或形状复杂且厚度在 5 ~ 6 mm 以下的碳钢工件的淬火。

③ 工件浸入淬火介质的方式。工件浸入淬火介质的方式对淬火质量有着重要的影响,如果浸入方式选择不当,会使工件各部分冷却不一致,造成较大的内应力,从而引起严重的变形、开裂或局部淬火硬度不够等缺陷。

2. 回火

回火是将淬火后的钢件重新加热到适当温度,保温一定时间,然后在空气中冷却的热处理工艺。

（1）回火的目的

① 降低脆性,消除或减少内应力。工件淬火后存在很大的内应力,为了防止工件发生变形甚至开裂,应及时进行回火。

② 获得工件所需的力学性能。淬火后,工件具有较高的硬度和较大的脆性,为了满足工件不同的性能需求,可通过适当的回火来调整工件的硬度、强度和韧性,从而获得理想的力学性能。

③ 稳定组织和尺寸。提高组织稳定性,使工件在使用过程中不再发生组织转变,从而稳定工件的几何尺寸。

（2）回火的种类

回火处理的关键是控制回火温度。回火温度越高,工件韧性越好,内应力越小,但硬度、强度下降得越多。根据回火温度的不同,回火可分为低温回火、中温回火和高温回火。常用的回火种类及应用范围见表5.1。

表 5.1 常用的回火种类及应用范围

回火种类	加热温度/℃	力学性能特点	应用范围
低温回火	150～250	具有高的硬度和耐磨性	用于量具、刃具、冷冲模具、滚动轴承等
中温回火	350～500	具有足够的硬度,高的弹性及适当的韧性	用于各种弹簧、热锻模具等
高温回火	500～650	具有硬度、强度和韧性都较好的综合力学性能	用于受力复杂的重要结构件,如轴、齿轮、连杆等

5.3 钢的表面热处理工艺

某些在冲击载荷、交变载荷和强烈摩擦条件下工作的零件,如曲轴、凸轮轴、齿轮等,其表面和心部受力不同,由于表面承受较高的应力,因此要求零件表面应具有高的硬度和耐磨性,而心部则具有足够的塑性和韧性。为了达到上述性能要求,除了对零件进行整体热处理外,还需要利用表面热处理工艺对其表面进行强化处理。

钢的常用表面热处理工艺有表面淬火和化学热处理。

5.3.1 表面淬火

表面淬火是将钢件表面快速加热到淬火温度,在热量尚未充分传到钢件心部时就被快速冷却的热处理工艺。

1. 表面淬火的目的

满足某些钢件"表硬心韧"的性能要求。

2. 表面淬火的种类

常用的表面淬火方法有感应加热表面淬火和火焰加热表面淬火。

（1）感应加热表面淬火

感应加热表面淬火是利用感应电流通过工件所产生的热效应,使工件表层加热到淬火温度,而后快速冷却的淬火工艺。

感应加热表面淬火示意图如图 5.2 所示。当感应线圈通以一定频率的交流电时,即在其内部和周围产生与电流频率相同的交变磁场。若将工件置于该磁场中,则在工件内部产生频率相同,方向相反的感应电流,由趋肤效应可知,感应电流在工件截面上的分布是不均匀的,越靠近工件的表面电流越大,而中心则几乎为零,依靠电流在工件内部的电阻热效应,工件表面在几秒钟内即被加热到淬火温度,随后迅速喷水冷却,使工件表面淬硬。

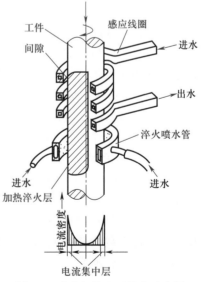

图 5.2 感应加热表面淬火示意图

工件淬硬层的厚度取决于通入感应线圈的电流频率,通入电流频率越高,感应电流集中的表层越薄,加热层也越薄,淬硬层的深度就越浅。

感应加热表面淬火的特点:生产效率高,质量稳定,表面氧化、脱碳少,容易操作和控制,便于实现机械化和自动化,但设备复杂,成本高,故适用于大批量生产。

（2）火焰加热表面淬火

火焰加热表面淬火是利用氧-乙炔（或其他可燃气体）火焰对工件表面进行快速加热,然后迅速冷却的淬火工艺。

火焰加热表面淬火的特点:生产率低、加热温度及淬硬层深度不易控制,易产生过热和加热不均的现象,质量不稳定,但设备简单、成本低,故适用于单件或小批量生产。火焰加热表面淬火示意图如图 5.3 所示。

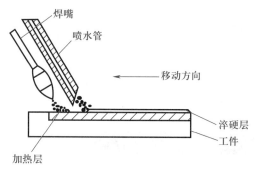

图 5.3　火焰加热表面淬火示意图

5.3.2　化学热处理

化学热处理是将钢件置于一定温度的活性介质中保温,使一种或几种元素的原子渗入钢件表层,以改变其化学成分、组织和性能的热处理工艺。

1. 化学热处理的目的

化学热处理的目的是提高钢件表面的硬度、耐磨性、耐腐蚀性和耐热性,同时保持心部原有的性能。

2. 化学热处理的种类

常用的化学热处理方法有渗碳、渗氮和碳氮共渗。

（1）渗碳

渗碳是将工件置于渗碳介质中加热并保温,使碳原子渗入工件表面,增加其表面碳含量和形成一定的碳浓度梯度的化学热处理工艺。

渗碳可分为固体渗碳、液体渗碳和气体渗碳。气体渗碳如图 5.4 所示,将挂好的工件置于密封的井式渗碳炉内,加热至 900～950 ℃,滴入煤油、丙酮、甲醇等渗碳剂,渗碳剂在高温下分解,产生出的活性碳原子渗入工件表面并向内扩散,形成表面厚度为 0.5～2.5 mm 的渗碳层。为了提高工件表面的硬度和耐磨性,同时改善心部的塑性和韧性,渗碳后还需对工件进行淬火加低温回火处理。

常用的渗碳材料是低碳钢和低碳合金钢。主要用于承受冲击载荷并在强烈摩擦条件下工作的零件,如齿轮、凸轮轴等。

（2）渗氮

渗氮是在一定温度下将工件置于渗氮介质中

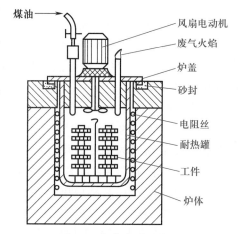

图 5.4　气体渗碳示意图

加热并保温,使活性氮原子渗入工件表面,形成富氮硬化层的化学热处理工艺。

目前常用的气体渗氮方法是将工件加热到 550~570 ℃,通入氨气,分解出的活性氮原子被工件表面吸收并扩散,形成厚度为 0.3~0.5 mm 的渗氮层。渗氮后的工件表面不需淬火就具有高的硬度、耐磨性、耐热性、耐腐蚀性和抗疲劳性,而且变形很小。

典型的渗氮材料是 38CrMoAl、35CrMo 等。渗氮加热温度低,但成本高,生产周期长,主要用于处理耐磨精密工件,如精密机床丝杠、镗床刀杆、精密机床主轴等。

5.4　热处理设备

热处理设备主要包括加热设备、冷却设备和辅助设备,其中加热设备包括热处理炉和热处理加热装置(感应加热装置、电接触加热装置等);冷却设备包括淬火冷却槽、淬火压床、风冷装置等;辅助设备包括清洗和清理设备、质量检测设备、起重运输设备等。

5.4.1　加热设备

热处理炉是热处理车间的主要设备,其按能量来源可分为电阻炉、燃料炉等;按工作温度可分为高温炉(>1 000 ℃)、中温炉(650~1 000 ℃)和低温炉(<650 ℃);按炉膛形状可分为箱式炉、井式炉等;按加热介质可分为空气炉、浴炉、真空炉等。

常用的热处理炉有箱式电阻炉、井式电阻炉和盐浴炉。

1. 箱式电阻炉

箱式电阻炉如图 5.5 所示,因其形状像一个矩形箱体而得名。其炉膛由耐火砖砌成,电热元件(镍铬合金电阻丝)放置在炉膛两侧及炉底上,炉底电热元件的上方是用耐热合金制成的炉底板,炉门由铸铁制成并设有观察孔,炉壳用钢板及型钢焊接而成,热电偶从炉顶小孔处插入炉膛。

通电后,电热元件将电能转换为热能,通过对流和辐射对工件进行加热。

中温箱式电阻炉应用最为广泛,具有操作简单,控温准确,劳动条件好等优点。常用于碳素钢、合金钢工件的退火、正火、淬火及渗碳等热处理。

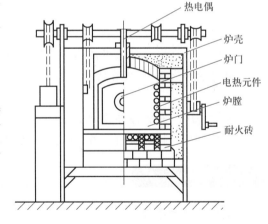

图 5.5　箱式电阻炉

2. 井式电阻炉

井式电阻炉如图 5.6 所示,因其炉口向上,形如井状而得名。其外壳由钢板及型钢焊接而成,螺旋状的电热元件(电阻丝)分布炉膛内壁搁砖上,炉盖上装有升降机构。

井式电阻炉的工作原理和箱式电阻炉相同。

井式电阻炉采用吊车起吊工件,能降低劳动强度,适宜于工件的垂直悬挂加热,可有效减少工件弯曲变形。常用于长轴类工件的退火、正火、淬火等热处理。

3. 盐浴炉

盐浴炉是利用液态的熔盐作为加热介质的热处理设备。

插入式电极盐浴炉如图 5.7 所示。将低压、大电流的交流电接在插入炉膛的电极上,借助熔盐的电阻产生热能以加热熔盐中的工件,达到对工件热处理的目的。

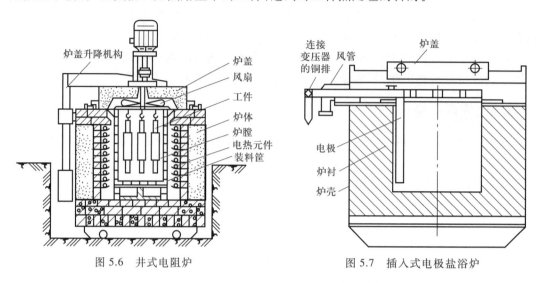

图 5.6　井式电阻炉　　　　　　图 5.7　插入式电极盐浴炉

盐浴炉结构简单,制造容易,加热速度快而均匀,被加热工件不与空气接触,工件氧化、脱碳轻,工件变形小,适宜于细长工件悬挂加热或局部加热。常用于中、小型且表面质量要求高的工件的正火、淬火、回火、局部淬火等热处理。

5.4.2　冷却设备及其他设备

1. 冷却设备

冷却设备包括淬火冷却槽、淬火压床、风冷装置等,其中淬火冷却槽是主要的冷却设备,其淬火介质有自来水、盐水、机油等。为了使淬火介质保持在一个变化不大的温度范围内,以获得良好的淬火效果,可在淬火冷却槽中加装循环冷却系统。

2. 辅助设备

辅助设备用于完成各种辅助工序、生产操作、动力供应等任务。主要包括清洗和清理设备、质量检测设备、起重运输设备、动力输送管路及辅助设备、生产安全设备等。

5.5　热处理操作技术

5.5.1　热处理操作要领

1. 退火

　① 操作前应根据工件的材料、形状、尺寸及技术要求等制订工艺并安排生产。

　② 检查设备、仪表运行是否正常。

　③ 入炉工件应放在预先设置的有效加热区内,以保证工件能均匀地加热、冷却。

　④ 为减小工件变形,细长工件应垂直吊装,薄板工件应尽量垫平。

2. 正火

　① 通电前,检查设备、仪表运行是否正常。

　② 入炉工件应均匀地放置在炉膛的有效加热区内。

　③ 对表面质量要求高的工件应在加热前采取防止氧化、脱碳的保护措施。

④ 正火后,工件应在空气中散开冷却,不允许堆放或置于潮湿有水的地方。

3. 淬火

（1）淬火设备的选择

① 不易变形且留有加工余量的调质工件,应在箱式炉中加热。

② 成批加热的工件宜在连续加热炉中加热。

③ 细长轴类零件宜在井式炉或盐浴炉中加热,以减小变形。

④ 对表面不允许氧化、脱碳的工件,应选用保护气氛炉（一种通入高纯度氮气、氩气等保护气体,防止工件在热处理过程中氧化、脱碳的加热炉）、盐浴炉或真空炉加热。如条件不具备时,可以在电阻炉中加热,但需采取涂抹涂料或包装密封等保护措施。

（2）淬火前的准备

① 了解工件的技术要求,如硬度、局部淬火范围等,制订淬火工艺。

② 对工件进行适当的绑扎。检查工件表面有无碰伤、裂纹等缺陷。在易产生裂纹的部位采取预防措施,如在尖角靠边的孔塞入石棉、耐火泥等。

③ 大批工件热处理前必须做单件或小批量试淬,合格后方可进行批量淬火。

（3）装炉

① 入炉工件必须干燥、无油污,应有规律地摆放在炉架或炉底板上,用钩子、钳子或专用工具堆放,不得将工件直接抛入炉内,以免碰伤工件或损坏设备。

② 截面大小不同的工件装入同一炉中时,小件应放在炉膛外端,大、小工件分别计时,小件先出炉。

③ 工件应放在有效加热区内,以使各工件在加热时能均匀升温。

④ 工件在箱式炉中加热时,一般为单层排列,保持 10~30 mm 间隙。小件允许适当堆放,但保温时间应适当延长。

⑤ 细长工件宜垂直吊挂加热,以减少变形,如在箱式炉内加热,应尽量放平。

（4）冷却

针对不同类型的工件,应采取不同的浸入方法,以保证工件的淬火质量。浸入操作应遵循以下基本原则:

① 形状复杂的易变形工件,应在空气中预冷数秒后再浸入淬火介质。

② 工件浸入淬火介质时,应尽可能使工件得到最均匀的冷却。

③ 保证工件以最小阻力方向浸入。

④ 考虑工件重心的稳定。

具体的操作方法如图 5.8 所示。

① 长轴类工件如麻花钻、丝锥等应沿轴向垂直浸入淬火介质内,并上下移动。

② 有凹面或盲孔的工件应将开口面朝上浸入淬火介质中,以利于排出孔内的气泡。

③ 薄壁环形工件应沿轴向垂直浸入淬火介质中。

④ 薄片工件应垂直快速浸入淬火介质中,使薄片两面同时冷却。

⑤ 薄厚不均的工件应倾斜浸入淬火介质中,以使各部分冷却速度接近。

4. 回火

① 检查设备、仪表运行是否正常。

② 检验淬火工件的硬度等性能指标,检查工件是否有碰伤、裂纹等缺陷。

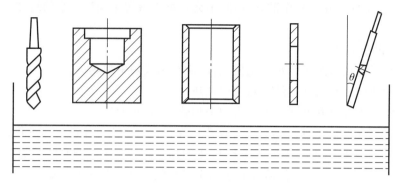

图 5.8　工件浸入淬火介质的操作方法

③ 工件应清理干净,保持表面洁净,不得有盐渍、污秽之物。

④ 采取适当的措施对工件进行绑扎,并将其置于装料筐内。

⑤ 工件入炉时应轻拿轻放,尤其是对高硬度带尖角的工件更应该注意,避免碰伤。

⑥ 一般工件出炉后可空冷,但有回火脆性的工件出炉后,则需采用油冷或水冷,要防止变形和开裂。

5.5.2　各类热处理设备操作举例

1. 箱式电阻炉的操作

① 设备检查。检查设备、仪表运行是否正常,是否有断电、漏电现象。

② 设备清理。戴好手套,检查炉膛内是否有其他物品,如存在应及时清理。

③ 装炉。将工件放置在预先设置的有效加热区内,以保证工件能均匀地加热、冷却。

④ 加热。调整仪表温度到工艺所要求的温度,接通加热电源。

⑤ 出炉。按工艺要求充分保温后即可出炉。出炉前要切断加热器电源,取出炉内工件时要防止灼伤等安全事故。

⑥ 停炉。切断总电源。

⑦ 整理场地。工作完毕后,整理并清理工作场地。

2. 井式电阻炉的操作

① 设备检查。检查仪表、炉盖升降机构、风扇等运行是否正常,电气设备接地是否安全。

② 设备清理。打开炉盖,检查炉膛内是否有其他物品,如存在应及时清理。

③ 装炉。把工件放入装料筐内,用铁钩将其吊入炉膛。

④ 加热。关闭炉盖,调整仪表温度,打开风扇,接通加热电源。

⑤ 出炉。充分保温后,切断加热电源,关闭风扇,打开炉盖,吊出装料筐。

⑥ 停炉。关闭炉盖,切断总电源。

⑦ 整理场地。清理炉体,保持周围环境的整洁、整齐。

3. 盐浴炉的操作

① 设备检查。检查炉体、仪器仪表、排风系统、冷却系统等是否正常,电气设备接地是否安全、可靠。

② 安装辅助电极。

③ 启动冷却系统和排风系统。

④ 加热。接通辅助电极电源,熔盐缓慢升温,待其熔化后,再取出辅助电极,随后接通主电极电源,炉温随即迅速升高到工艺温度。

⑤ 装炉。装入已提前预热或烘干的工件,要求工件与炉壁、炉底、电极、浴面以及工件之间保持适当的距离,防止爆炸伤人。

⑥ 停炉。停炉时应切断电源,在盐液凝固前将已烤干的辅助电极安装好,以便下次开炉时使用。

⑦ 整理场地。清理炉体,保持周围环境的整洁、整齐。

案 例

依据材料及技术要求,制订如图 5.9 所示锤头的热处理工艺,并简述操作要点。

材料:45 钢

技术要求:两头锤击部位硬度为 50~55 HRC

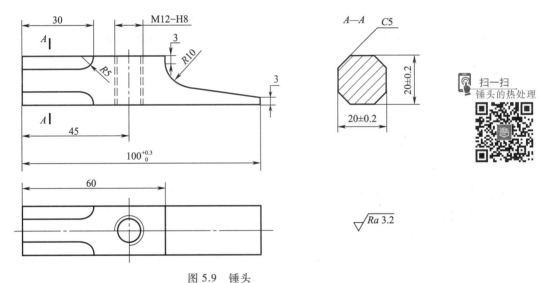

扫一扫
锤头的热处理

图 5.9 锤头

热处理工艺及操作要点如下表所示。

序号	工艺名称	工艺内容	操作要点
1	工艺准备	1. 加热设备:箱式电阻炉。 2. 淬火工夹具:钳子、手套、钩子等	检查电阻炉、测温仪表等设备,确保其能安全稳定地运行
2	淬火	1. 加热。 2. 冷却。	1. 将锤头放入电阻炉中加热至 830~850 ℃,保温 25 min。 2. 将锤头从炉中取出后,垂直浸入水槽中并连续掉头淬火,浸入深度为 12 mm。待工件呈暗黑色后全部浸入水中

续表

序号	工艺名称	工艺内容	操作要点
3	硬度检验 1	检验淬火硬度	正确操作洛氏硬度计检测锤击部位硬度,硬度>55 HRC
4	回火	1. 加热。 2. 冷却	1. 将锤头放入电阻炉中加热至 220～240 ℃,保温 60 min。 2. 空冷至室温
5	硬度检验 2	检验回火硬度	正确操作洛氏硬度计检测锤击部位硬度,硬度为 50～55 HRC

小 结

热处理基本过程都是由加热、保温和冷却三个阶段组成。通过改变加热温度、保温时间和冷却速度等参数,金属的组织结构就会在一定程度上按预期规律发生变化,从而改变金属的性能,满足生产和使用的要求。

本单元主要介绍了热处理的基本知识、钢的整体热处理工艺、钢的表面热处理工艺、热处理设备和热处理操作技术,并列举了典型零件的热处理案例,以利于学生实训和教师指导。

思考题

5.1 什么是热处理?按其加热、冷却方法的不同可分为哪几类?

5.2 如何选择退火与正火?

5.3 淬火的目的是什么?

5.4 回火的目的是什么?根据回火温度的不同,回火可分为哪几类?各自的应用范围是什么?

5.5 表面淬火的目的是什么?简述感应加热表面淬火的原理及特点。

5.6 化学热处理的目的是什么?渗碳处理的基本原理是什么?

5.7 分别简述箱式电阻炉和井式电阻炉的操作步骤。

拓展题

依据材料及技术要求,制订如图 5.10 所示上护套的热处理工艺,并简述操作要点。

材料:45 钢

技术要求:硬度为 22～26 HRC

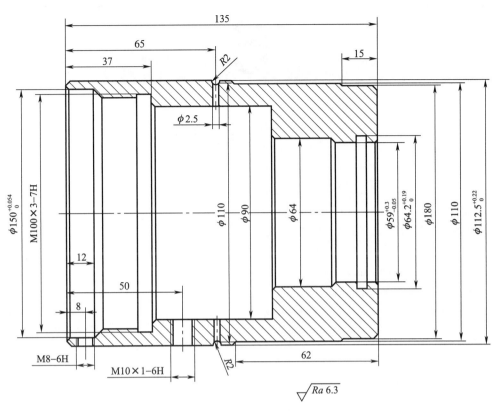

图 5.10　上护套零件图

6

钳 工 实 训

观察与思考

精美的金属手工艺制品是由什么加工方法完成的?

知识目标

1. 正确佩戴、使用防护用品。

2. 熟知钳工安全操作注意事项。

3. 了解各种钳工工具与设备的组成、运动及用途。

能力目标

掌握:

1. 各种钳工工具的使用方法。

2. 划线、锯割、錾削、锉削、钻孔、攻螺纹和套螺纹、刮削加工、装配等的加工方法。

了解:

1. 台钻的传动系统、型号、含义及主要附件。

2. 钻孔时工件的主要装卡方法。

6.1 概述

6.1.1 钳工工作台

钳工工作台也称为钳台,有单人用和多人用两种,一般用木材或钢材做成。要求平稳、结实,其高度为 800~900 mm,长和宽依工作需要而定。钳口高度恰好齐人手肘为宜,如图6.1所示。钳台上必须装防护网,其抽屉用来放置工具。

6.1.2 台虎钳

台虎钳,又称虎钳。台虎钳是用来加持工件的通用夹具。装置在工作台上,用以夹稳工件,为钳工车间必备工具,如图 6.2 所示。其规格以宽度表示,常用的有 100 mm、125 mm、150 mm三种。

使用台虎钳时应注意的事项如下:

① 工件尽量夹持在台虎钳口中部,以使受力均匀。

② 夹紧后的工件应稳固可靠,便于加工,并且不产生变形。

③ 只能用手扳摇动夹紧手柄夹紧工件,不准用套管接长手柄或用手锤敲击夹紧手柄,

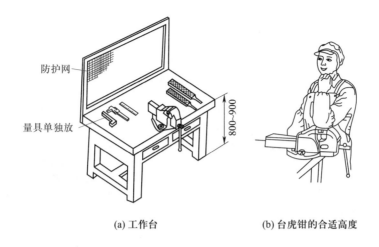

(a) 工作台　　　　　　　(b) 台虎钳的合适高度

图 6.1　工作台及台虎钳的合适高度

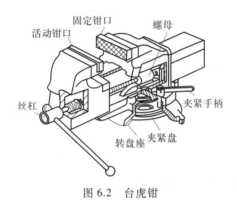

图 6.2　台虎钳

以免损坏台虎钳螺母。

④ 不要在活动钳口的光滑表面进行敲击作业,以保证其与固定钳口的配合性能。

⑤ 加工时用力方向最好是朝向固定钳口。

6.2　划线

根据图纸或实物的尺寸,准确地在毛坯或已加工表面上划出加工界线的操作叫作划线。它是钳工的一项基本操作。

1. 划线的作用

① 确定工件上各加工面的加工位置或加工余量。

② 全面检查毛坯的形状和尺寸是否符合图纸,并满足加工要求。

③ 当毛坯误差不大时,可依靠划线时“借料”的方法予以补救。

划线是一项复杂、细致的重压工作,如果将线划错,就会造成加工后的工件报废。因此,对划线的要求是尺寸准确、位置正确、线条清晰、样冲均匀。划线精度一般在 0.25～0.5 mm,划线精度直接关系到产品质量。

2. 划线的分类

划线方法分为平面划线和立体划线。

● 6.2.1 平面划线

1. 平面划线

只需在工件一个平面上划线即可满足加工要求的称为平面划线,如图 6.3 所示。平面划线与平面作图方法类似,即用划针、划规、直角尺、钢直尺等在工件表面上划出几何图形的线条。

平面划线步骤如下:

① 分析图样,查明要划哪些线,选定划线基准。

② 检查毛坯并在划线表面上涂料。

③ 划线基准和加工时在机床上安装找正用的辅助线。

④ 划其他直线、垂直线。

⑤ 划圆、连接圆弧、斜线等。

⑥ 检查核对尺寸。

⑦ 打样冲眼。

图 6.3 平面划线

2. 划线工具

划线工具按照用途可分为以下几类:基准工具、量具、直接划线工具、夹持工具等。

（1）基准工具

划线平台是划线的主要基准工具,如图 6.4 所示,其安放要平稳牢固,上平面应保持水平。划线平台的平面各处要均匀使用,以免局部磨凹。其表面不要碰撞,且要保持清洁。划线平台长期不用时,应涂油防锈,并加盖保护。

（2）量具

量具有钢直尺、直角尺、高度游标卡尺等。高度游标卡尺能直接表示出高度尺寸,其读数精度一般为 0.02 mm,可作为精密划线工具,如图 6.5 所示。

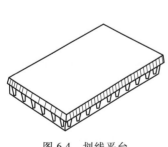

图 6.4 划线平台

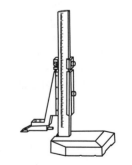

图 6.5 高度游标卡尺

（3）直接划线工具

直接划线工具有划针、划规、划卡、划线盘和样冲等。

① 划针。划针是在工件表面划线用的工具,如图 6.6(a)所示。常用 $\phi 3 \sim \phi 6$ mm 的工具钢或弹簧钢丝制成,并经淬火处理,其尖端磨成 10°~20° 的尖角。有的划针在尖端部位焊有

硬质合金,这样划针更锐利,耐磨性更好。划线时,划针要依靠钢直尺或直角尺等导向工具而移动,并向外倾斜 15°~20°,向划线方向倾斜 45°~75°。划线时,要做到尽可能一次划成,使线条清晰、准确,用法如图 6.6(b)所示。

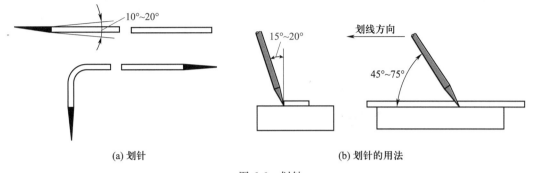

(a) 划针　　　　　　　　　　　　(b) 划针的用法

图 6.6　划针

② 划规。划规是圆弧、弧线、等分线段及量取尺寸等使用的工具,它的用法与制图用的圆规相同。划规类型如图 6.7 所示。

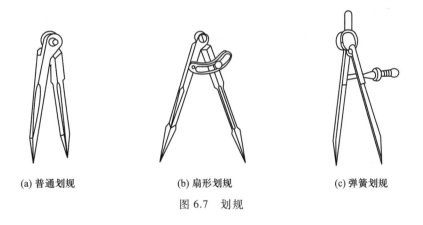

(a) 普通划规　　　　　　(b) 扇形划规　　　　　　(c) 弹簧划规

图 6.7　划规

③ 划卡。划卡(单脚划规)主要用来确定轴和孔的中心位置,其使用方法如图 6.8 所示。

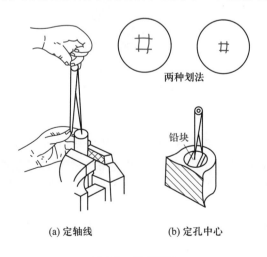

两种划法

铅块

(a) 定轴线　　　　　　(b) 定孔中心

图 6.8　划卡用法

④ 划线盘。划线盘主要用于立体划线和校正工件位置。用划线盘划线时,要注意划线装夹应牢固,伸出长度要小,以免抖动。其底座要与划线平台紧贴,不要摇晃和跳动。划线盘如图 6.9 所示。

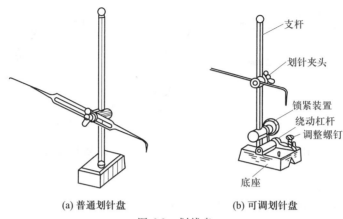

(a) 普通划针盘   (b) 可调划针盘

图 6.9　划线盘

⑤ 样冲。样冲是在划好的线上打样冲眼时使用的工具。样冲眼是为了强化显示用划针划出的加工界线,也是使划出的线条具有永久的位置标记。另外,也可以作为划圆弧作定心脚点使用。样冲用工具钢制成,尖端处磨成45°~60°角并经淬火硬化。

打样冲眼时要注意以下几点:样冲眼位置要准确,中心不能偏离线条;样冲眼间的距离要以划线的形状和长短而定,直线可稀,曲线则稍密,转折交叉点处需要打样冲眼;样冲眼的大小要根据工件材料、表面情况而定,薄的可浅些,粗糙的应深些,软的应轻些,而精加工表面一般不允许打样冲眼;钻孔时圆心处的样冲眼应打的大些,便于钻头定位、对中。样冲及使用如图 6.10 所示。

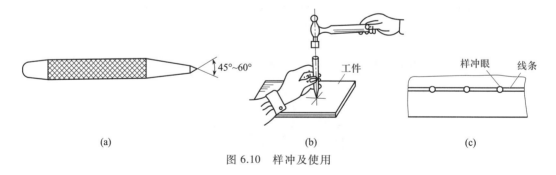

(a)   (b)   (c)

图 6.10　样冲及使用

（4）夹持工具

夹持工具有方箱(图 6.11)、千斤顶(图 6.12)、V 形架(图 6.13)等。

① 方箱。方箱是用铸铁制成的空心立方体,它的 6 个面都经过精加工,其相邻各面互相垂直。方箱用于夹持、支承尺寸较小而加工面较多的工件。通过翻转方箱,可在工件的表面上划出互相垂直的线条。

② 千斤顶。千斤顶是在平板上做支承工件划线使用的工具,其高度可以调整,通常用三个千斤顶组成一组,用于不规则或较大工件的找正。

③ V 形架。V 形架用于支承圆柱形工件,使工件轴心线与平台平面(划线的基准)平行,一般两个 V 形架为一组。

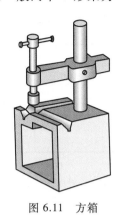
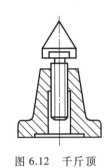
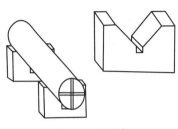

图 6.11　方箱　　　　　　图 6.12　千斤顶　　　　　　图 6.13　V 形架

6.2.2　立体划线

立体划线(图 6.14)是平面划线的复合运用,它和平面划线有许多相同之处,其不同之处是在两个或两个以上的面上划线。划线基准一经确定,其后的划线步骤与平面划线大致相同。立体划线的常用方法有两种:一种是工件固定不动,该方法适用于大型工件,划线精度较高,但生产率较低;另一种是工件翻转移动,该方法适用于中、小件,划线精度较低,而生产效率较高;而实际工作中,特别是中、小件的划线,有时也采用中间方法,即将工件固定在可以翻转的方箱上,这样便可兼得两种划线方法的优点。

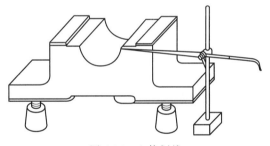

图 6.14　立体划线

6.2.3　划线基准的选择

基准是工件上用来确定其他点、线、面位置的依据。它包括设计基准和划线基准。

① 设计基准。图纸上用来确定其他点、线、面位置的依据。

② 划线基准。工件上用来确定其他点、线、面位置的依据。

1. 选择划线基准的原则

根据图纸尺寸标准。尽量使设计基准与划线基准一致,并从基准开始,依次划其他的形状线和位置线,以减少不必要的尺寸换算。

① 根据工件的形状。如盘类零件,轴类零件应以中心线为基准。

② 根据加工情况。如已加工过的工件划线,应以已加工过的线或面为基准。

③ 平面划线选择两个划线基准,立体划线选择三个划线基准。

2. 划线基准的形式

一般情况下,确定了两条互相垂直的线条为基准线,就能把平面上所有的点、线、面的位置确定下来。通常情况下,组成平面上相互垂直的基准线有三种类型:

① 以两个互相垂直的平面或直线为基准,如图 6.15(a)所示。

② 以一个平面和一个对称平面或直线为基准,如图 6.15(b)所示。

③ 以两个互相垂直的中心平面或直线为基准,如图 6.15(c)所示。

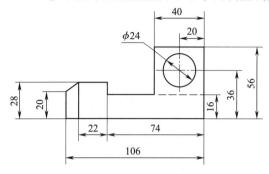

(a) 以两个互相垂直的平面或直线为基准

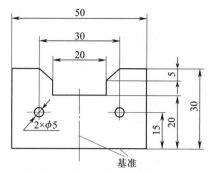

(b) 以一个平面和一个对称平面或直线为基准

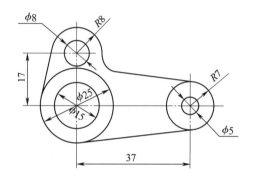

(c) 以两个互相垂直的中心平面或直线为基准

图 6.15 划线基准的形式

6.2.4 基本线条的划线方法

1. 平行线的划法

用钢直尺或钢直尺与划规配合划平行线,如图 6.16 所示。

划已知直线的平行线时,用钢直尺或划规按两线距离在不同两处的同侧划一短直线或弧线,再用钢直尺将两直线相连,或作两弧线的切线,即得平行线,如图 6.17 所示。

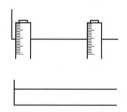

图 6.16 用钢直尺划平行线

图 6.17 用钢直尺和划规划平行线

用单脚规的一脚靠住工件已知直边,在工件直边的两端以相同距离用另一脚各划一短线,再用钢直尺连接两短线即成,如图 6.18 所示。

如图 6.19 所示,用钢直尺与直角尺配合划平行线时,为防止钢直尺松动,常用夹头夹住钢直尺。当钢直尺与工件表面能较好地贴合时,可不用夹头。

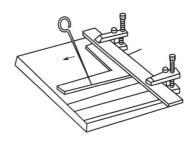

图 6.18　用单脚规和钢直尺划平行线　　　图 6.19　用钢直尺与直角尺划平行线

若工件可垂直放在划线平台上,可用划线盘或高度游标卡尺度量尺寸后,沿平台移动,划出平行线,如图 6.20、图 6.21 所示。

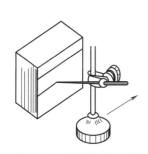
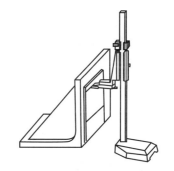

图 6.20　用划线盘划平行线　　　　　图 6.21　用高度游标卡尺划平行线

2. 垂直线的划法

① 直角尺的一边对准或紧靠工件已知边,划针沿尺的另一边垂直划出的线即为所需垂直线,如图 6.22 所示。

② 先将工件和已知直线调整到垂直位置,再用划线盘或高度游标尺划出已知直线的垂直线。

③ 根据几何作图知识划垂直线。

图 6.22　用直角尺划垂直线

3. 圆弧线划法

划圆弧线前要先划中心线,确定中心点,在中心点打样冲眼,然后用划规以一定的半径划圆弧。

① 将单脚规两脚尖的距离调到大于或等于圆的半径,如图 6.23(a)所示,然后把划规的一只脚靠在工件侧面,用左手大拇指按住,划规另一脚在圆心附近划一小段圆弧。划出一段圆弧后再转动工件,每转 1/4 周就依次划出一段圆弧,如图 6.23(b)所示,当划出第四段后,就可在四段弧的包围圈内由目测确定圆心位置,如图 6.23(c)所示。

② 把工件放在 V 形架上,如图 6.24 所示,将划针尖调到略高或略低于工件圆心的高度。左手按住工件,右手移动划线盘,使划针在工件端面上划出一短线。再依次转动工件,每转

过 1/4 周,便划一短线,共划出 4 根短线,再在这个"井"形线内目测出圆心位置。

在掌握了以上划线的基本方法及划线工具的使用方法后,结合几何作图知识,可以划出各种平面图形,如划圆的内接或外切正多边形、圆弧连接等。

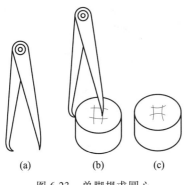

(a)　　　(b)　　　(c)

图 6.23　单脚规求圆心

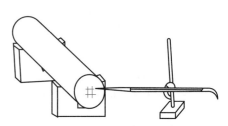

图 6.24　划线盘求圆心

6.2.5　划线实例

平面划线实例:书立的划线。

书立(图 6.25)的划线方法:

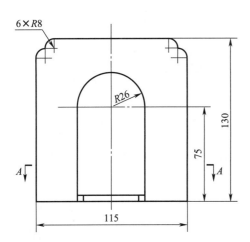

图 6.25　书立

① 确定划线基准,工具为直角尺。

方法:用直角尺量出一个互相垂直的直角作为基准(直角的两个边)。

② 初步检查毛坯情况,保证书立的外形尺寸为 130 mm×115 mm。

③ 划平行线(30 mm,105 mm)。

④ 划垂直线(中心线和轮廓线)。

⑤ 划圆弧线,连接垂直线(R26,R22)。

⑥ 划 6×R8 圆弧线。

⑦ 检验划线精度,以及线条有无漏划。

⑧ 打样冲眼。

6.3 锯割

6.3.1 基本知识

1. 锯割的作用

锯割是用手锯对工件或材料进行分割加工的一种切削加工。锯割的工作范围包括分割各种材料及半用品,锯掉工件上多余部分,在工件上锯槽等,如图 6.26 所示。

2. 锯割的工具——手锯

手锯由锯弓和锯条两部分组成。

(1) 锯弓

锯弓是用来夹持和拉紧锯条的工具。有固定式和可调式两种,如图 6.27 所示。固定式锯弓的弓架是整体的,只能装一种长度规格的锯条。可调式锯弓的弓架分成前后两段,由于前段在后段套内可以伸宿,因此可以安装几种长度规格的锯条。

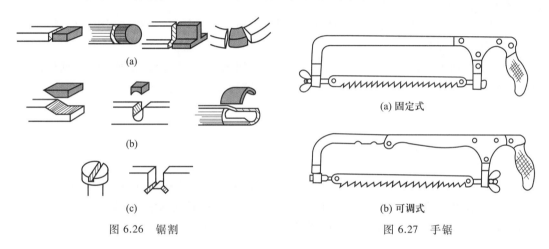

图 6.26 锯割   图 6.27 手锯

(2) 锯条

锯条的材料用碳素工具钢(如 T10 或 T12)或合金工具钢,并经热处理制成;锯条的规格以锯条两端安装孔间的距离来表示(长度为 150~400 mm)。常用的锯条长度为 399 mm、宽度为 12 mm、厚度为 0.8 mm。

锯条的切削部分由许多锯齿组成,每个齿相当于一把錾子起切割作用。常用锯条的前角为 0,后角为 $40°~50°$,楔角为 $45°~50°$。

锯条的锯齿(图 6.28)按一定形状左右错开,排列成一定形状称为锯路。锯路有交叉、波浪等不同排列形状。锯路的作用是使锯缩宽度大于锯条背部的厚度,防止锯割时锯条卡在锯缝中,并减少锯条与锯缝的摩擦阻力,使排屑顺利,锯割省力。

锯齿的粗细是按锯条上每 25 mm 长度内的齿数表示的。14~18 齿为粗齿,24 齿为中齿,32 齿为细齿。锯齿的粗细也可按齿距的大小来划分:粗齿的齿距 = 1.6 mm,中齿的齿距 = 1.2 mm,细齿的齿距 = 0.8 mm。

(3) 锯条粗细的选择

锯条的粗细应根据加工材料的硬度和厚薄来选择。

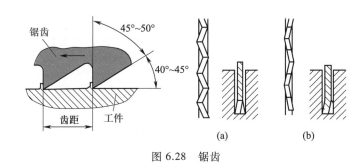

图 6.28　锯齿

锯割软的材料(如铜、铝合金等)或厚材料时,应选用粗齿锯条,因为锯屑较多,要求较大的容屑空间。

锯割硬材料(如合金钢等)或薄板、薄管时、应选用细齿锯条,因为材料硬,锯齿不易切入,锯屑量少,不需要大的容屑空间;锯薄材料时,锯齿易被工件勾住而崩断,需要同时工作的齿数多,使锯齿承受的力量减少。

锯割中等硬度材料(如普通钢、铸铁等)和中等硬度的工件时,一般选用中齿锯条。

(4)锯条的安装

手锯是向前推时进行切割,在向后返回时不起切削作用,因此安装锯条时应锯齿向前;锯条的松紧要适当,太紧失去了应有的弹性,锯条容易崩断;太松会使锯条扭曲,锯缝歪斜,锯条也容易崩断。

6.3.2　锯割的基本操作

1. 工件的夹持

工件的夹持要牢固,不可有抖动,以防锯割时工件移动而使锯条折断。同时也要防止夹坏已加工表面和工件变形。工件尽可能夹持在虎钳的左面,以方便操作;锯割线应与钳口垂直,以防锯斜;锯割线离钳口不应太远,以防锯割时产生抖动。

2. 起锯

如图 6.29 所示,起锯的方式有远边起锯和近边起锯两种,一般情况采用远边起锯。因为此时锯齿是逐步切入材料,不易卡住,起锯比较方便。起锯角 α 以 15°左右为宜。为了起锯的位置正确和平稳,可用左手大拇指挡住锯条来定位。起锯时压力要小,往返行程要短,速度要慢,这样可使起锯平稳。

3. 锯割的姿势

锯割时,手握锯弓要舒展自然,人体重量均匀分布在两条腿上,右手握稳锯柄,左手扶在锯弓前端,稍加压力,锯割时推力和压力主要由右手控制(图 6.30)。

推锯时锯弓运动方式有两种:一种是直线运动,适用于锯缝底面要求平直的槽和薄壁工件的锯割;另一种锯弓上下摆动,这样操作自然,两手不易疲劳。手锯在回程中因不进行切削,故不要施加压力,以免锯齿磨损。锯割到材料快断时,用力要轻,以防碰伤手臂或折断锯条。在锯割过程中锯齿崩落后,应将邻近几个齿都磨成圆弧,才可继续使用,否则会连续崩齿直到锯条报废(图 6.31)。

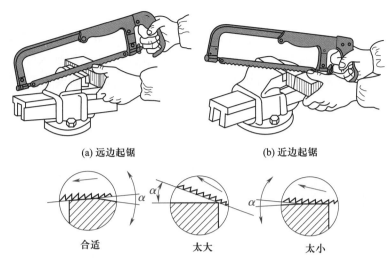

(a) 远边起锯　　　　　　(b) 近边起锯

(c) 起锯角太大或太小

合适　　　　太大　　　　太小

图 6.29　起锯方法

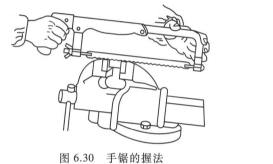

图 6.30　手锯的握法

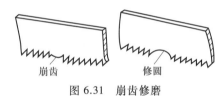

崩齿　　　　修圆

图 6.31　崩齿修磨

4. 锯割操作注意事项

　　① 锯割前要检查锯条的装夹方向和松紧程度。

　　② 锯割时压力不可过大,速度不宜过快,以免锯条折断伤人。

　　③ 锯割将完成时,用力不可太大,用左手扶住被锯下的部分,以免该部分落下时砸脚。

6.3.3　锯割操作实例

1. 锯圆钢

　　锯割圆钢时,为了得到整齐的锯缝,应从起锯开始以一个方向锯以结束。如果对断面要求不高,可逐渐变更起锯方向,以减少抗力,便于切入。

2. 锯扁钢

　　锯割扁钢时,应在宽面下锯,这样锯缝浅且易平整,如图 6.32 所示。

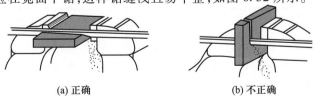

(a) 正确　　　　　　(b) 不正确

图 6.32　锯扁钢

3. 锯圆管

如图 6.33 所示,锯割圆管时,一般把圆管水平地夹持在台虎钳内,对于薄管或精加工过的圆管,应夹在木垫之间。锯割圆管不宜从一个方向锯到底,应该锯到圆管内壁时停止,然后把圆管向推锯方向旋转一些,仍按原有锯缝锯下去,这样不断转据,到锯断为止(图6.34)。

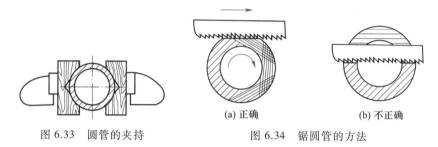

图 6.33 圆管的夹持   (a) 正确   (b) 不正确

图 6.34 锯圆管的方法

4. 锯薄板

如图 6.35 所示,锯割薄板时,应尽可能从宽面锯下去,如果只能在板料的窄面锯下去,可用木板夹住薄板两侧进行锯割,这样可避免锯齿勾住,同时还可以增加板的刚性。当板料太宽,不便用台虎钳装夹时,应采用横向斜推锯削。

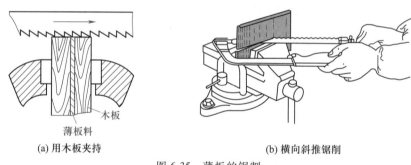

木板

薄板料

(a) 用木板夹持   (b) 横向斜推锯削

图 6.35 薄板的锯割

5. 锯角钢和槽钢

锯角钢和槽钢的方法如图 6.36 所示,与锯扁钢基本相同,但工件应不断改变夹持位置。

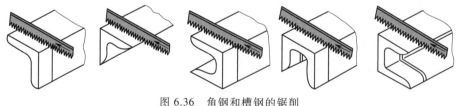

图 6.36 角钢和槽钢的锯削

6. 锯深缝

当锯缝深度超过锯弓高度时,应将锯条转过 90°重新安装,把锯弓转到工件旁边。锯弓横下来后锯弓的高度仍然不够时,可将锯条转过 180°,把锯条锯齿安装在锯弓内进行锯割。深缝的锯割方法如图 6.37 所示。

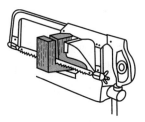
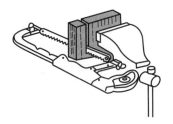
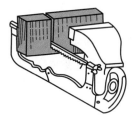

| (a) 锯缝深度超过锯弓高度 | (b) 将锯条转过90°安装 | (c) 将锯条转过180°安装 |

图 6.37 深缝的锯割方法

6.4 錾削

6.4.1 錾削基本知识

錾削是用手锤打击錾子对金属工件进行切削加工的方法,是钳工工作中一项较重要的基本操作。錾削加工具有很大的灵活性,它不受设备、场地的限制,可以在其他设备无法完成加工的情况下进行操作。目前,一般用在凿油槽、刻模具和錾断板料等方面。它是钳工需要掌握的基本操作技能之一。錾削的工具主要是錾子和手锤。

1. 錾子

（1）錾子的材料

錾子一般由碳素工具钢 T7 或 T8,经过锻造后,再进行刃磨和热处理而制成。其硬度要求是切削部分为 52~57 HRC,头部为 32~42 HRC。

（2）錾子的构造

錾子由切削刃、斜面、柄部、头部四个部分组成,如图 6.38 所示。柄部一般做成八棱形,头部近似为球面形,全长 170 mm 左右,直径为 18~20 mm。

（3）錾子的种类

常用的錾子有扁錾、尖錾和油槽錾,如图 6.39 所示。

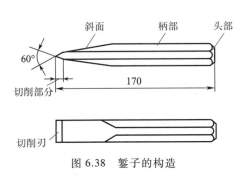

图 6.38 錾子的构造

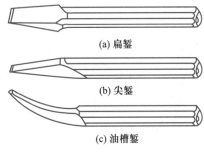

(a) 扁錾

(b) 尖錾

(c) 油槽錾

图 6.39 錾子的种类

① 扁錾。切削刃较长,切削部分扁平,用于平面錾削、去除凸缘、毛刺、飞边、切断材料,应用最广。

② 尖錾。切削刃较短,一般为 2~20 mm,用于錾削槽和配合扁錾錾削宽的平面。

③ 油槽錾。切削刃制造成圆弧形且很短,切削部分制成弯曲形状,可用于錾削轴瓦和

机床润滑面上的油槽等。

（4）錾子的楔角

前面与后面所夹的锐角是楔角 β。楔角 β 大小决定了切削部分的强度及切削阻力大小。楔角越大,刃部的强度越高,受到的切削阻力也越大,因此应在满足强度的前提条件下,刃磨出尽量小的楔角。一般来说根据工具材料的硬度来选择:一般硬材料,如碳素工具钢,楔角取 $60° \sim 70°$;錾削碳素钢和中等硬度材料,楔角取 $50° \sim 60°$;錾削铜、铝软材料,楔角取 $30° \sim 50°$。

2. 手锤

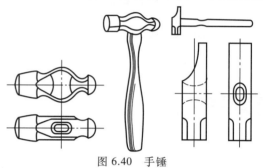

图 6.40 手锤

手锤如图 6.40,是钳工常用的敲击工具,由锤头、木柄和楔子组成。

手锤的规格以锤头的重量来表示,有 0.25 kg、0.5 kg、0.69 kg、1.0 kg 等。锤头用 T7 钢制成,经热处理淬硬。木柄用较坚韧的木材制成,常用 0.69kg 手锤的柄长约 350mm,木柄装在锤头中,必须稳固可靠,要防止脱落造成事故。为此,装木柄的孔做成椭圆形,两端大中间小。木柄敲紧在孔中,端部再打入楔子可防松动。木柄做成椭圆形防止锤头孔发生转动,握在手中也不易转动,便于进行准确敲击。

6.4.2 錾削的基本操作

1. 手锤的握法

① 紧握法。如图 6.41 所示,用右手五指紧握锤柄,大拇指合在食指上,虎口对准锤头方向（木柄椭圆的长轴方向）,木柄尾部露出 15~30 mm。在挥锤和锤击过程中,五指始终紧握。

② 松握法。如图 6.42 所示,只用大拇指和食指始终握紧手柄。在挥锤时,小拇指、无名指、中指依次放松;在锤击时,又以相反的方向依次收拢握紧。这种握法手不易疲劳,且锤击力大。

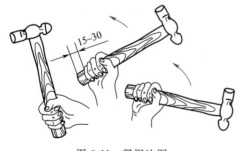

图 6.41 紧握法图

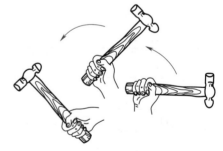

图 6.42 松握法

2. 錾子的握法

① 正握法。如图 6.43(a)所示,手心向下,腕部伸直,用中指、无名指握住錾子,小拇指自然合拢,食指和大拇指自然伸直地松靠,錾子头部伸出约 20 mm。

② 反握法。如图 6.43(b)所示,手心向上,手指自然捏住錾子,手掌悬空。

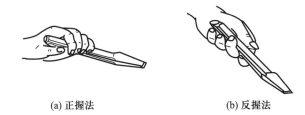

(a) 正握法   (b) 反握法   (c) 立握法

图 6.43　鏨子的握法

③ 立握法。如图 6.43(c)所示,虎口向上,大拇指放在鏨子的一侧,其余四指放在另一侧捏住鏨子。这种握法适于垂直鏨切工,如在铁砧上鏨断材料等。

3. 站立姿势

身体与台虎钳中心线大致成 45°角,且略向前倾,左脚跨前半步,膝盖处稍有弯曲,保持自然,右脚站稳伸直,不要过于用力,如图 6.44 所示。

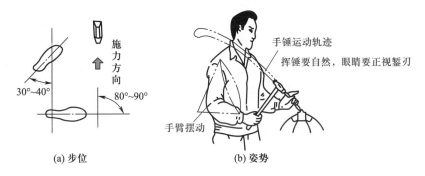

(a) 步位   (b) 姿势

图 6.44　站立姿势

4. 挥锤方法

① 腕挥。如图 6.45(a)所示,是仅用手腕的动作来进行锤击运动,采用紧握法握锤,一般仅用于鏨削余量较少及鏨削开始或结尾。

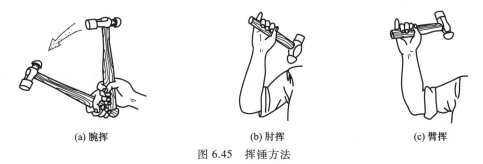

(a) 腕挥   (b) 肘挥   (c) 臂挥

图 6.45　挥锤方法

② 肘挥。如图 6.45(b)所示,是用手腕与肘部一起挥动作锤击运动,采用松握法握锤,因挥动幅度较大,锤击力大,应用最广。

③ 臂挥。如图 6.45(c)所示,是手腕、肘和全臂一起挥动,其锤击力最大,用于需大力鏨削的工件。

5. 锤击速度

鏨削时的锤击稳、准、狠,其动作要一下一下有节奏地进行,一般肘挥时约 40 次/min,腕挥50次/min。手锤敲下去应具有加速度,以增加锤击的力量(4倍以上)。

6. 锤击要领

① 挥锤。肘收臂提,举锤过肩,手腕后弓,三指微松,锤面朝天,稍停瞬间。

② 锤击。目视錾刃,臂肘齐下,收紧三指,手腕加劲,锤錾一线,锤走弧形,左脚着力,右腿伸直。

③ 要求。稳:速度节奏40次/min;准:命中率高;狠:锤击有力。

7. 锤击安全技术

① 练习件在台虎钳中央必须夹紧,伸出高度一般以离钳口10~15 mm为宜,同时下面要加木衬垫。

② 发现手锤木柄有松动或损坏时,要立即更换或装牢;木柄上不应沾有油,以免使用时滑出。

③ 錾子头部有明显毛刺时,应及时磨去。

④ 手锤应放置在台虎钳右边,柄不可露在钳台外面,以免掉下伤脚,錾子应放在台虎钳左边。

●6.4.3　錾削的操作实例

1. 錾削平面的方法

錾削平面用扁錾。每次錾削的余量为0.5~2 mm,錾削时要掌握好起錾的方法。起錾时从工件的边缘的尖角处入手,用锤子轻敲錾子,錾子便容易切入材料。因为尖角处与切削刃接触面小,阻力小,易切入,能较好地控制加工余量,而不致产生滑移及弹跳现象。起錾后把錾子逐渐移向中间,使切削刃的全宽参与切削如图6.46所示。

当錾削快到尽头,与尽头相距10 mm时,应调头錾削,否则尽头的材料会崩裂。对铸铁、青铜等脆性材料尤应如此。

錾削较宽平面时,应在平面上先用窄錾在工件上錾上若干条平行槽,再用扁錾将剩余的部分除去,这样能避免錾子的切削部分两侧受工件的卡阻。

錾削较窄平面时,应选用扁錾,并使切削刃与錾削的方向倾斜一定角度。其作用是易稳住錾子,防止錾子左右晃动而使錾出的表面不平。

注意:錾削余量一般为每次0.5~2 mm。余量太小,錾子容易滑出,而余量太大又使錾削太费力,且不易将工件表面錾平。

2. 錾削油槽的方法

錾削油槽时,要先选与油槽同宽的油槽錾錾削。必须使油槽錾得深浅均匀,表面平滑,如图6.47所示。

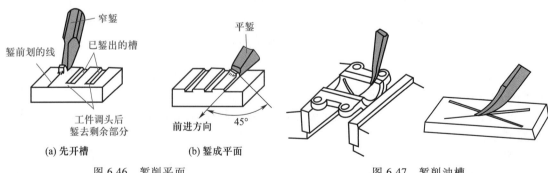

(a) 先开槽　　　　(b) 錾成平面

图6.46　錾削平面　　　　　　图6.47　錾削油槽

3. 錾断

錾断 4 mm 以下的薄板和小直径棒料可以在台虎钳上进行,如图 6.48(a)所示,对于较大或较长的板材,可在铁砧上錾断,如图 6.48(b)所示。

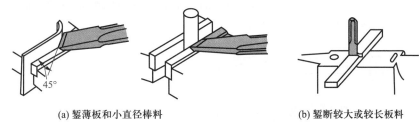

(a) 錾薄板和小直径棒料　　　　(b) 錾断较大或较长板料

图 6.48　錾断

6.5　锉削

6.5.1　锉削的基本知识

用锉刀对工件进行切削加工,使工件达到所要求的尺寸、形状和表面粗糙度,这种加工方法称为锉削。

锉削加工简便,应用范围广,多用于錾削、锯削之后。可对工件上的平面、曲面、内外圆弧、沟槽,以及其他复杂表面进行加工。其最高加工精度可达 IT8~IT7 级,表面粗糙度可达 $Ra0.8\ \mu m$。

锉削用到的工具为锉刀。锉刀常用的材料为碳素工具钢 T12、T12A、T13A,淬火后硬度可达 62HRC 以上。

1. 锉刀的构造

锉刀由锉刀身和锉刀柄两部分组成。如图 6.49 所示,锉刀面是锉削的主要工作面,一般在锉刀面的前端做成凸弧形,便于锉削工件平面的局部。锉刀边是指锉刀的两侧面,有的其中一边有齿,另一边无齿(称为光边),这样在锉削内直角工件时,可保护另一相邻的面。锉刀舌用来装锉刀柄。

锉刀的齿纹分单齿纹(图 6.49a)和双齿纹(图 6.49b)两种。一般锉刀边做成单齿纹,锉刀面做成双齿纹,底齿角为 45°,面齿角为 65°。

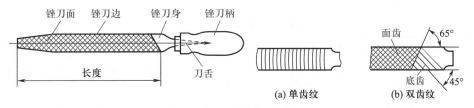

(a) 单齿纹　　　　(b) 双齿纹

图 6.49　锉刀的构造

2. 锉刀的种类

锉刀按用途的不同可分为普通锉刀、异形锉刀和整形锉刀。

① 普通锉刀。如图 6.50(a)所示,按其断面形状分为扁锉(平锉)、半圆锉、方锉、三角锉

和圆锉五种。

②异形锉刀。如图6.50(b)所示,用来加工工件特殊表面,有刀口锉、菱形锉、扁三角锉、椭圆锉、圆肚锉等几种。

③整形锉刀。如图6.50(c)所示,又叫什锦锉或组锉,因分组配备各种断面形状的小锉而得名,主要用于修整工件上的细小部分。

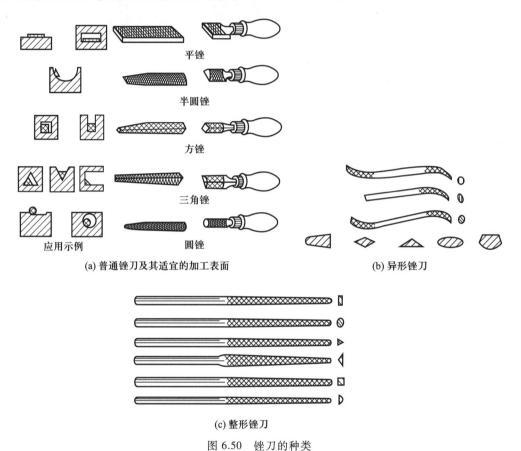

平锉

半圆锉

方锉

三角锉

应用示例　　　　圆锉

(a) 普通锉刀及其适宜的加工表面

(b) 异形锉刀

(c) 整形锉刀

图6.50　锉刀的种类

3. 锉刀的规格

表6.1是常用锉刀的规格。

表6.1　常用锉刀的规格

规格/mm	主要锉纹条数(10 mm 内)					辅锉纹条数	边锉纹条数
	锉纹号						
	1	2	3	4	5		
100	14	20	28	40	56	为主锉纹条数的 75%~95%	为主锉纹条数的 100%~120%
125	12	18	25	36	50		
150	11	16	22	32	45		

续表

规格/mm	主要锉纹条数(10 mm 内)					辅锉纹条数	边锉纹条数
	锉纹号						
	1	2	3	4	5		
200	10	14	20	28	40	为主锉纹条数的 75%~95%	为主锉纹条数的 100%~120%
250	9	12	18	25	36		
300	8	11	16	22	32		
350	7	10	14	20	—		
400	6	9	12	—	—		
450	5.5	8	11	—	—		
公差	±5%(其公差值不是 0.5 条时可圆整为 0.5 条)					±8%	±20%

4. 锉刀的选择

每种锉刀都有一定的功用,如选择不合理,非但不能充分发挥它的效能,还将直接影响锉削的质量。选择锉刀主要依据下面两个原则:

(1)锉刀形状的选择

如图 6.51 所示,锉刀截面形状的选择应根据工件加工表面的形状来选择。锉内圆弧面选用圆锉或半圆锉,锉内角表面选用三角锉,锉内直角表面用扁锉或方锉等。

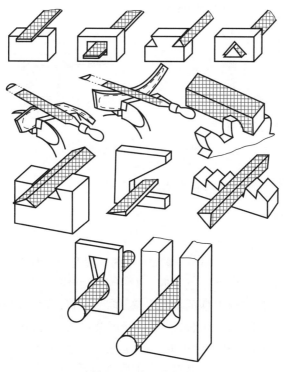

图 6.51 锉刀的选择

（2）锉齿粗细的选择

锉刀的粗细规格选择应根据工件加工余量的多少、加工精度和表面粗糙度要求的高低，工件的材质来选择。一般材料软、余量大、精度和粗糙度要求低的工件选用粗齿，反之选用细齿。锉刀锉齿的粗细选用见表6.2。

表6.2　锉刀锉齿的粗细选用

锉刀齿纹	号数	齿纹齿距/mm	齿数/mm	适用场合		
				锉刀余量/mm	尺寸精度/mm	表面粗糙度 Ra/μm
粗齿	1号	0.8~2.3	4.5~12	0.5~1	0.2~0.5	50~12.5
中锉	2号	0.42~0.77	13~24	0.2~0.5	0.05~0.20	6.3~3.2
细锉	3号	0.25~0.33	30~40	0.02~0.05	0.02~0.05	6.3~1.6
双细齿锉	4号	0.2~0.25	40~50	0.03~0.05	0.01~0.02	3.2~0.8
油光锉	5号	0.16~0.2	50~63	0.03以下	0.01	0.8~0.4

5. 锉刀柄的装卸

① 装法。如图6.52所示，刀舌自然插入锉刀柄的孔中，然后用右手把锉刀柄轻轻镦紧，或用手锤轻轻击打，直至插入锉刀柄的长度为3/4为止。

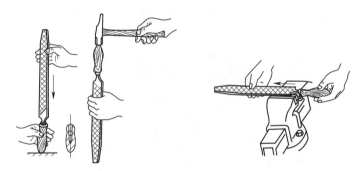

图6.52　锉刀柄的装卸

② 拆卸。锉刀柄轻轻敲击台虎钳即可。

6.5.2　锉削的基本操作

1. 锉刀的握法

锉刀握法的正确与否，对锉削质量、锉削力量的发挥及疲劳程度都有一定的影响。由于锉刀的形状和大小不同，锉刀的握法也不同。对于较大的锉刀（250 mm以上），锉刀柄的圆头端顶在右手心，大拇指压在锉刀柄的上部位置，自然伸直，其余四指向手心弯曲紧握锉刀柄。左手放在锉刀的另一端，当使用长锉刀，且锉削余量较大时，用左手掌压在锉刀的另一端部，四指自然向下弯，用中指和无名指握住锉刀，协同右手引导锉刀，使锉刀平直运行。而对于中、小型锉刀，由于其尺寸较小，锉刀本身的强度较低，锉削加工时所施加的压力和推力应小于大锉刀，常见的握法如图6.53所示。

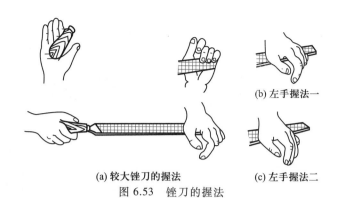

(b) 左手握法一

(a) 较大锉刀的握法　　　　(c) 左手握法二

图 6.53　锉刀的握法

2. 工件的装夹

　　① 工件尽量夹持在钳口宽度方向的中间,锉削面靠近钳口,以防锉削时产生振动。

　　② 装夹要稳固,但用力不可太大,以防工件变形。

　　③ 装夹已加工表面和精密工件时,应在台虎钳钳口上衬上紫铜皮或铝皮等软的衬垫,以防夹坏工件。

3. 锉削的姿势

　　正确的锉削姿势能够减轻疲劳,提高锉削质量和效率。锉削姿势与锉刀的大小有关。锉削时站立要自然,左手、锉刀、右手形成的水平直线称为锉削轴线。右脚掌心在锉削轴线上,右脚掌长度方向与轴线成75°;左脚略在台虎钳前左下方,与轴线成30°,如图 6.54 所示。两脚跟之间距离因人而异,通常为操作者的肩宽;身体平面与轴线成45°;身体重心大部分落在左脚,左膝呈弯曲状态,并随锉刀往复运动作相应屈伸,右膝伸直。

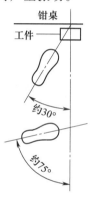

图 6.54　锉削站立位置

6.5.3　锉削的操作实例

1. 平面的锉削

　　（1）普通锉削法

　　锉削时向前推压,后拉时稍把锉刀提起并沿工件横向移动,锉刀的运动方向是单向的,锉削速度快,但不易锉平,要求操作者有较好的基本功,一般用于较大工作面的粗加工、封闭面或半封闭面的锉削。锉削的姿势如图 6.55 所示。

　　（2）顺向锉

　　顺向锉如图 6.56 所示,是最基本的锉削方法,不大的平面和最后锉光都用这种方法,以得到正直的刀痕。

　　（3）交叉锉

　　交叉锉如图 6.57 所示,交叉锉时锉刀与工件接触面较大,锉刀容易掌握得平稳,且能从交叉的刀痕上判断出锉削面的凹凸情况。锉削余量大时,一般可以在锉削的前阶段用交叉锉,以提高工作效率。当余量不多时,再改用顺向锉使锉纹方向一致,得到较光滑的表面。

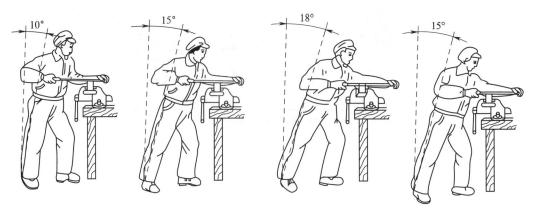

图 6.55 锉削的姿势

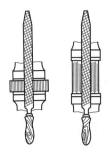

图 6.56 顺向锉图

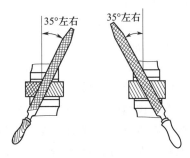

图 6.57 交叉锉

2. 平面锉削时常用的量具和使用方法

（1）刀口形直尺的结构

刀口形直尺是用透光法来检测平面零件直线度和平面度的常用量具，其结构如图 6.58 所示。刀口形直尺有 0 级和 1 级精度两种，常用的规格有 75 mm、125 mm、175 mm 等。

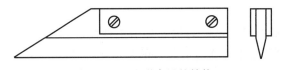

图 6.58 刀口形直尺的结构

（2）平面度的检测方法

通常采用刀口形直尺通过透光法来检查锉削面的平面度，如图 6.59 所示。在工件检测面上，迎着亮光，观察刀口形直尺与工件表面间的缝隙，若较均匀，微弱的光线通过，则平面平直。如图 6.59（b）所示，若两端光线极微弱，中间光线很强，则工件表面中间凹，误差值取检测部位中的最大直线度误差值计。

如图 6.59（c）所示，若中间光线极弱，两端处光线较强，则工件表面中间凸，其误差值应取两端检测部位中最大直线度的误差值计，检测有一定的宽度的平面度时，要使其检查位置合理、全面，通常采用"米"字形逐一检测整个平面，如图 6.59（d）所示。另外，也可以采用在标准平板上用塞尺检查的方法，如图 6.59（e）所示。

（3）垂直度的检测方法

测量垂直度前，先用锉刀将工件的锐边去毛刺、倒钝，如图6.60所示。测量时，先将角尺的测量面紧贴工件基准面，逐步从上向下轻轻移动至角尺的测量面与工件被测量面接触，眼光平视观察其透光情况，检测时角尺不可斜放，否则得不到正确的测量结果。

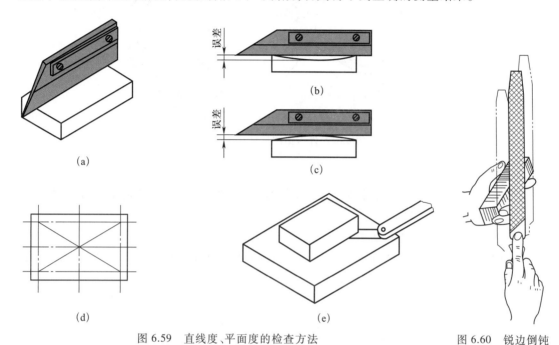

图 6.59　直线度、平面度的检查方法　　　　图 6.60　锐边倒钝

（4）刀口形直尺的使用要点

刀口形直尺的工作刃口极易碰损，使用和存放要特别小心。欲改变工件检测表面位置时，一定要抬起刀口形直尺，使其离开工件表面，然后移到其他位置轻轻放下，严禁在工件表面上推拉移位，以免损伤精度。使用时手握持隔热板，以免体温影响测量和直接握持金属表面后清洗不净产生锈蚀。

（5）外卡钳测量

外卡钳是一种间接量具，用作测量尺寸时，应先在工件上度量，再在带读数的量具上度量出必要的尺寸后，才能去量工件。当工件误差较大作粗测量时，可用透光法来判断其尺寸差值的大小。测量的外卡钳一卡脚测量面要始终抵住工件基准面，观察另一卡脚测量面与被测表面的透光情况，当工件误差较小时，可利用外卡钳的自重由上向下垂直测量，以便于控制测量力。外卡钳测量面的长度尺寸，应保证在测量时靠外卡钳自重通过工件，但应有一定的摩擦。两卡脚的测量面与工件的接触要正确，使卡脚处于测量时感觉最松的位置。

如图6.61所示，外卡钳在钢直尺上量取尺寸时，一个卡脚的测量面要紧靠刚直尺的端面，另一个卡脚的测量面调节到所取尺寸的刻线且两测量面的连线应与钢直尺边平行，视线要垂直于钢直尺的刻线面。外卡钳在标准量规上量取尺寸时，应调节到外卡钳在稍有摩擦感觉的情况下通过。

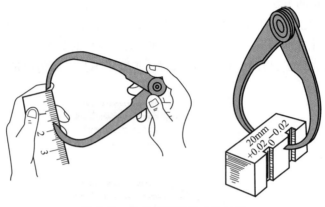

图 6.61　外卡钳测量尺寸的量取

3. 锉削平面的练习要领

　　用锉刀锉削平面的技能技巧必须通过反复的、多样性的刻苦练习才能形成,而掌握要领的练习,可加快技巧的掌握。

　　① 掌握好正确的姿势和动作。

　　② 做到锉刀的正确和熟练运用,使锉削时保持锉刀的直线平衡运动,因此在操作时注意力要集中,练习过程中要用心研究。

　　③ 练习前了解几种造成锉面不平的具体因素,见表 6.3,便于练习中分析改进。

表 6.3　平面不平的形式和原因

形式	产生的原因
平面中凸	1. 锉削时双手的用力不能使锉刀保持平衡; 2. 锉刀开始推出时,右手压力太大,锉刀被压下,锉刀推到前面,左手压力太大,锉刀被压下,形成前、后面多锉; 3. 锉削姿势不正确; 4. 锉刀本身中凹
对角扭曲或塌角	1. 左手或右手施加压力的中心偏在锉刀的一侧; 2. 工件未夹持正确; 3. 锉刀本身扭曲
平面横向中凸或中凹	锉刀在锉削时左右移动不均匀

4. 曲面的锉削

　　(1) 凸圆弧面的锉削方法

　　① 顺向滚锉法。如图 6.62(a)所示,锉削时,锉刀需要同时完成两个运动,即锉刀的前进运动和锉刀绕工件圆弧中心的转动。锉削开始时,一般选用小锉纹号的平锉,用左手将锉刀置于工件的左侧,右手握柄抬高,接着右手下压推进锉刀,左手随着上提且仍施加压力。如此往复,直到圆弧面基本成形。顺着圆弧锉能得到较光洁的圆弧面。

　　② 横向滚锉法。如图 6.62(b)所示,锉刀的主要运动是沿着圆弧的轴线方向做直线运动,同时锉刀不断地沿着圆弧面摆动。用这种方法,锉削效率高,便于按划线均匀地锉近弧

线,但只能锉成近似弧面的多棱形面,故多用于圆弧面的粗锉。

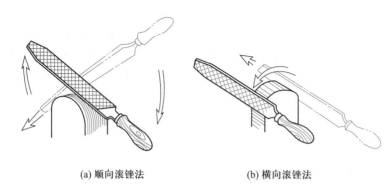

(a) 顺向滚锉法   (b) 横向滚锉法

图 6.62   凸圆弧面的锉削方法

（2）凹圆弧面的锉削方法

如图 6.63 所示,沿着轴向做前进运动,以保证沿轴向方向全程切削;向左或向右移动半
个至一个锉刀直径,以避免加工表面出现棱
角;绕锉刀轴线旋转,若只有前面两个运动
而没有后面这一转动,锉刀的工作面仍不是
沿着工件圆弧的切线方向运动。

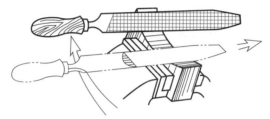

（3）平面与圆弧的连接方法

一般情况下,应先加工平面再加工圆
弧,以使圆弧与平面连接圆滑。若先加工圆
弧面再加工平面,则在加工平面时,由于锉

图 6.63   凹圆弧面的锉削方法

刀左右移动容易使圆弧面损伤,且连接处不易锉圆滑或不相切。

5. 圆弧面锉削的检验

圆弧面质量包括轮廓尺寸精度、形状精度和表面粗糙度等内容。如图 6.64 所示,圆弧
面线轮廓度检测时,用半径样板。如图 6.65 所示,半径样板与工件圆弧面间的缝隙均匀、透
光微弱,则圆弧面轮廓尺寸、形状精度合格,否则达不到要求。

图 6.64   半径样板

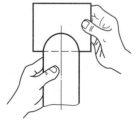

图 6.65   圆弧测量

6. 锉刀的正确使用和保养

① 为防止锉刀过快的磨损,不要用锉刀锉削毛坯件的硬皮或工件的淬硬表面,而应先
用其他工具或用锉刀的前端、边齿加工。

② 锉削时应先用锉刀的一面,待这个面用钝后再用另外一面。

③ 锉削时要充分地利用锉刀的有效工作面,避免局部磨损。

④ 不能用锉刀作为装拆、敲击和撬物的工具,防止因锉刀材质较脆而折断。

⑤ 用整形锉和小锉时,用力不能太大,防止把锉刀折断。

⑥ 锉刀要防水、防油。沾水后锉刀易生锈。沾油后锉刀在工作时易打滑。

⑦ 锉削过程中,若发现锉纹上嵌有切屑,要及时将其除去,以免切屑刮伤加工表面。锉刀用完后,要用锉刷或铜片顺着锉纹刷掉残留下的切屑,以防生锈。千万不能用嘴吹切屑,以防止切屑飞入眼内。

6.6 钻孔

6.6.1 钻孔的基本知识

钻孔是利用装夹在钻床上的钻头,在实心材料上加工出孔称为钻孔。用锪钻把已有的孔扩大和在孔的端面或边缘上加工成各种形状的浅孔,叫作锪孔;为了提高孔的表面光洁度,用铰刀对孔进行精加工,叫作铰孔。

钻孔在机器制造业中是一项很普遍而又重要的操作。

1. 钻孔的工艺知识

① 切削运动(主运动)。钻头围绕本身轴线做旋转运动,起切削作用。

② 进给运动(辅助运动)。钻头对着工件做直线前进运动。

由于这两种运动是同时连续进行的,因而,钻头上每一点的工作轨迹呈螺旋线,钻出的切屑也成螺旋形,如图 6.66 所示。

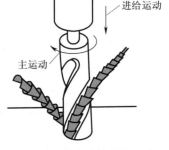

图 6.66 钻孔时钻头的运动

2. 钻孔的设备

① 台式钻床。如图 6.67 所示,钻孔直径一般为 12 mm 以下,特点小巧灵活,主要加工小型零件上的小孔。

② 立式钻床。如图 6.68 所示,主要由主轴、主轴变速箱、电动机、进给箱、立柱、工作台和底座组成,其规格用最大钻孔直径表示,如 25、35、40、50 等。立式钻床可以完成钻孔、扩孔、铰孔、锪孔、攻丝等加工,在立式钻床上,钻完一个孔后需移动工件,钻另一个孔,对较大的工件移动很困难,因此立式钻床适于加工中小型零件上的孔。

③ 摇臂钻床。如图 6.69 所示,它有一个能绕立柱旋转 360°的摇臂,摇臂带着主轴箱可沿立柱垂直移动,同时主轴箱等还能在摇臂上做横向移动,由于摇臂钻的结构特点是能方便地调整刀具的位置,因此适用于加工大型笨重零件及多孔零件上的孔。

④ 手电钻。如图 6.70 所示,在其他钻床不方便钻孔时,可用手电钻钻孔。

另外,现在市场有许多先进的钻孔设备,如数控钻床,可以减少钻孔划线及钻孔偏移的问题,还有磁力钻床等。

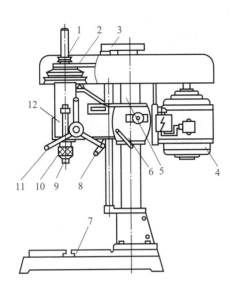

1—塔轮;2—V带;3—丝杠;

4—电动机;5—立柱;6—锁紧手柄;

7—工作台 8—升降手柄;9—钻夹头;

10—主轴;11—进给手柄;12—头架

图 6.67　台式钻床

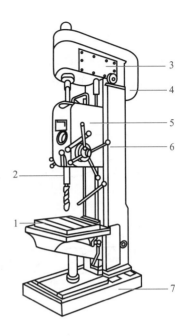

1—工作台;2—主轴;

3—主轴变速箱;4—电动机;

5—进给箱;6—立柱;7—底座

图 6.68　立式钻床

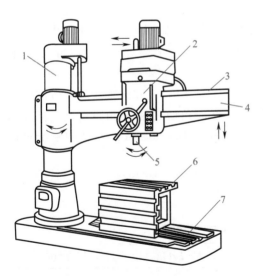

1—立柱;2—主轴箱;3—摇臂轨;4—摇臂;

5—主轴;6—工作台;7—底座

图 6.69　摇臂钻床

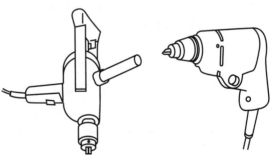

图 6.70　手电钻

3. 刀具和附件

（1）麻花钻头

麻花钻头有直柄和锥柄两种。它由柄部、颈部和工作部分组成,它有两个前面,两个后面,两个主切削刃,两个副切削刃,一个横刃,两个刃带,如图 6.71 所示。

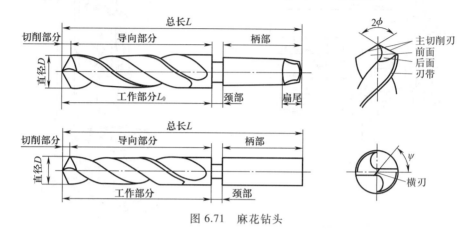

图 6.71 麻花钻头

（2）麻花钻的主要几何参数和它与加工材料的关系

① 顶角（2ϕ）。两切削刃之间的夹角叫顶角。顶角的大小与被加工工件的材质有着密切的关系。我们必须按照具体的情况正确地选择顶角,才能使钻头既容易钻入工件,又减少动力消耗。一般来说,标准麻花钻的顶角为 $118°\pm2°$,常用顶角值见表 6.4。

② 前角（γ）。即前面的切面与垂直切削平面的垂线所夹的角。钻头上的前角是变化的,越近外径,前角就越大,一般钻头的外径前角为 $18°\sim30°$。

③ 后角（α）。即切削平面与后面的切面所夹的角。后角的作用是为了减小钻头的后隙面和孔壁间的摩擦,它在切削刃的各个不同点上,数值也各有不同,靠近外圆处后角最小,靠近钻心部分的后角最大。

④ 螺旋角（ω）。即钻头的轴线和切削刃带的切线间的夹角,或钻头轴线和刃带的展开螺旋线间的夹角。它与边缘上的前角是相互关联的。当 ω 角增大时,γ 角也增大。标准麻花钻的螺旋角按不同的钻头直径分别做成 $18°\sim30°$。直径 $10\sim80$ mm 麻花钻的螺旋角均为 $30°$。

⑤ 横刃斜角（ψ）。即横刃与切削刃之间的夹角。横刃斜角一般为 $55°$,它的大小影响横刃的长短并可判断后角的刃磨是否正确。

表 6.4 麻花钻头几何形状和加工材料的关系

加工材料	顶角/（°）	后角/（°）	横刃斜角/（°）	螺旋角/（°）
一般材料	116~118	12~15	45~55	20~32
一般硬材料	116~118	0~9	25~35	20~32
铝合金（通孔）	90~120	12	35~45	17~20
铝合金（深孔）	118~130	12	35~45	32~45

加工材料	顶角/(°)	后角/(°)	横刃斜角/(°)	螺旋角/(°)
软黄铜和青铜	118	12~15	35~45	10~30
硬青铜	118	5~7	25~35	10~30
铜和铜合金	110~130	10~15	35~45	30~40
软铸铁	90~118	12~15	30~45	20~32
硬(冷)铸铁	118~135	5~7	25~35	20~32
淬火钢	118~125	12~15	35~45	20~32
铸钢	118	12~15	35~45	20~32
锰钢(7%~13%锰)	150	10	25~35	20~32
高速钢	135	5~7	25~35	20~32
镍钢(250~400 HBW)	130~150	5~7	25~35	20~32
木料	70	12	35~45	30~40
硬橡皮	60~90	12~15	35~45	10~20

⑥ 横刃长度(b)。麻花钻由于钻心的存在而产生横刃,标准麻花钻的横刃长度 $b=0.18$ d(d 为钻头直径)。

⑦ 副后角。副切削刃上副后面与孔壁切线之间的夹角叫副后角,标准麻花钻副后角为 0°。

(3)麻花钻的刃磨

在切削过程中钻头也逐渐被磨损。刃磨钻头的目的就是把钻头磨损了的切削部分恢复正确的几何形状,以保持良好的切削性能;或者为了适应加工不同性质的材料,而相应地改变钻头的几何形状。生产实践告诉我们:钻头的刃磨质量直接地关系到钻孔质量(精度和光洁度)和切削效率,因此,必须十分重视钻头的刃磨。

钻头的刃磨部分和要求:

① 顶角大小。顶角的大小应视被加工材料的性质而定。顶角大,容易出现钻孔歪斜,既多耗动力而切削效率又低;如果顶角过小,切削刃强度不够,钻头就容易磨钝或折断。所以,最好用样板检验大小。

② 切削刃的长度应相等并成直线形。两个切削刃的长度和钻头中心轴线组成的两个角度必须相等,否则将出现单刃切削,钻出的孔不但会大于钻头直径,而且容易折断钻头。

③ 横刃斜角的大小。后角刃磨的大小可以决定横刃斜角的大小。从测量横刃斜角的大小就可以判断出后角是否正确。横刃斜角一般为 55°。

手工刃磨钻头的方法:

刃磨钻头的时候,钻头的顶角、后角和横刃斜角是同时磨出来的 。刃磨前应检查砂轮,如发现砂轮表面不平整或跳动厉害,必须进行修整,以保证钻头刃磨质量。选择砂轮的粒度为 F46~F80,砂轮粒度的粗细可以影响磨削快慢。同样的转速,在粗砂轮上磨,钻头磨得深,磨屑掉得快;细砂轮上磨,钻头磨得浅,磨屑掉得较慢。

用一手握住钻柄,钻心放在另一手上,如图 6.72 所示,用握钻心的手掌在砂轮搁架上以支持钻身,钻头和砂轮斜交约 59°。在搁架比砂轮中心线低的情况下钻尖要更朝上。刃磨时钻尾不能高出砂轮水平面,否则磨出负后角,钻头正转便会钻不进工件。

钻头的主切削刃应在水平方向上摆平,使主切削刃平行或略高于砂轮表面,钻尾做上下运动的同时,应使钻头绕轴线做微量转动。

刃磨时,必须要经常把钻头浸入冷却液中冷却,以防止切削部分过热退火。

刃磨完毕,应仔细检查钻头两主切削刃是否对称、长度是否等长,并用标准样板检查钻头的各个角度。

（4）几种特殊钻头的使用

① 中心钻。用长的钻头在小平面钻孔或在圆柱外表面上钻孔时,即使对准冲眼,钻头还可能偏离钻孔中心。用定心工具对中心夹紧后,先换上中心钻,转速在 600 r/min 以上,钻出一个深度约 2 mm 的浅坑,再换上长钻头钻孔,即可有效消除钻头偏离钻孔中心的隐患。

② 沉头座钻。锪钻连接零件的沉头座可采用如图 6.73 所示的沉头座钻,钻头角度可磨成 90°。

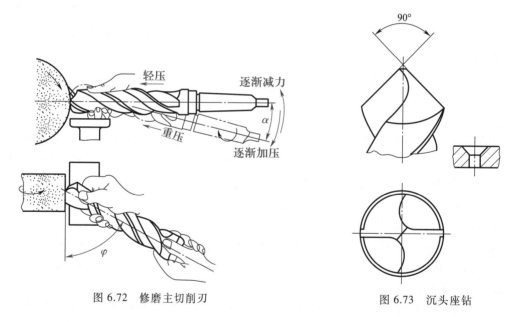

图 6.72　修磨主切削刃　　　　　　　　图 6.73　沉头座钻

③ 薄板钻。用一般的钻头在薄板上钻孔,常因铁屑卡死而造成薄板跟钻头一起旋转,这样既不安全,钻出的孔也不光洁。如图 6.74 所示,采用薄板钻来钻孔,可获得较满意的效果。薄板钻的特点是以钻心尖定中心,外两尖切圈,因而压力减轻。钻孔时,薄板变形小,钻出的孔较理想。

④ 盲孔平底一次钻。加工盲孔平底的工件时,一般是先用顶角 118°的普通麻花钻钻孔,然后再换平底钻或铣刀把底面锪平,这样耗用工时多,如采用图 6.75 所示的盲孔平底一

次钻,可以一次完成加工任务。

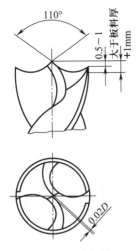

图 6.74 薄板钻

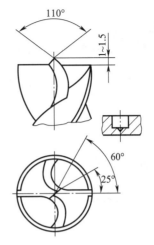

图 6.75 盲孔平底一次钻

(5) 附件(图 6.76、图 6.77)

① 钻夹头。装夹直柄钻头。

② 钻套。连接锥柄钻头。

③ 螺旋压板。装夹大型工件。

④ V 形块。装夹圆棒料在圆周上钻孔。

⑤ 平口钳。装夹加工过而平行的工件。

⑥ 角铁。装夹异形零件。

⑦ 手虎钳。装夹小而薄的工件。

⑧ 三爪自定心卡盘。装夹圆棒料在断面上钻孔。

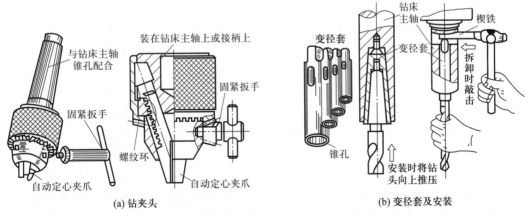

图 6.76 钻夹头及钻套

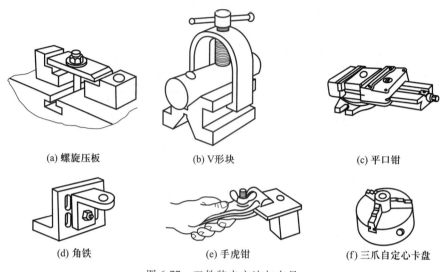

| (a) 螺旋压板 | (b) V形块 | (c) 平口钳 |

| (d) 角铁 | (e) 手虎钳 | (f) 三爪自定心卡盘 |

图 6.77　工件装夹方法与夹具

6.6.2　钻孔、扩孔、锪孔、铰孔的基本操作

1. 钻孔前的准备工作

① 钻孔前,要划出孔径的圆圈,并在圆圈和中心处冲出样冲眼。

② 检查钻床传动部分的润滑情况,准备好工具和安装工件用的工夹具等。安装工件和刀具时要结实牢固,不能有松动现象。

③ 选择切削量,确定好冷却液。

④ 试车(空转)。检查各部分运转是否良好和刀具安装是否正确。操作时禁止戴手套。

2. 钻通孔

试钻浅坑,观察是否对中,如发现偏心,应该及时校正,如图 6.78 所示。

开放冷却液进行钻孔,钻孔时要注意:

① 当材料较硬或要钻较深的孔时,在钻孔过程中要经常将钻头退出孔外排除切屑,以防止切屑卡死、扭断钻头。

② 即将钻透孔时,必须减小进刀量,使用自动进给的,应改为手动进给。

③ 要钻的孔直径超过 30 mm 时应分两次钻削。先用直径较小的钻头钻一小孔,然后再扩孔,这样可避免横刃的损坏和减小轴向力。

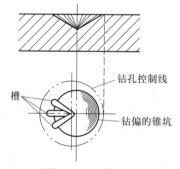

图 6.78　钻偏修正

3. 在斜面上钻孔

先在钻孔的斜面上用机械削平或用錾子錾一个和钻头垂直的平面,如图 6.79 所示,然后用中心钻或小直径钻头在小平面上钻出一个浅坑或锥坑,再进行钻孔。

4. 钻半圆孔

把两个工件要钻半圆孔的平面合起来,如图 6.80(a)所示,或者用同样材料的物体和工件对合在一起,如图 6.80(b)所示,在接合处找出中心,钻孔后去掉加入物体,工件上即留下半圆孔。

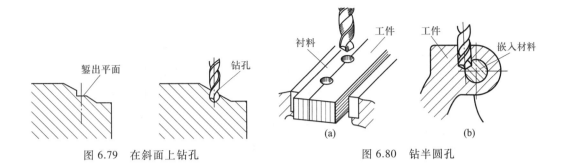

图 6.79　在斜面上钻孔　　　　　　　　图 6.80　钻半圆孔

5. 扩孔

　　扩孔用以扩大已加工出的孔(铸出、锻出或钻出的孔),使其获得较正确的几何形状和较小的表面粗糙度值,加工精度一般为 IT10～IT9 级,表面粗糙度 Ra 值为 6.3～3.2 μm。扩孔可作为要求不高的孔的最终加工,也可作为精加工(如铰孔)前的预加工,扩孔加工余量为 0.5～4 mm。

　　一般用麻花钻作扩孔钻。在扩孔精度要求较高或生产批量较大时,采用专用的扩孔钻扩孔。扩孔钻和麻花钻相似,所不同的是它有 3～4 条切削刃,但无横刃,其顶端是平的,螺旋槽较浅,故钻心粗实、刚性好,不易变形,导向性能好。扩孔钻切削平稳,扩孔后的孔的加工质量可提高,如图 6.81 所示为扩孔钻及用扩孔钻的情形。

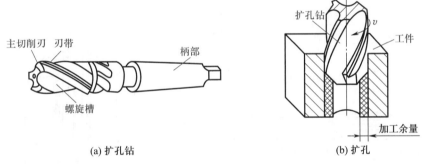

(a) 扩孔钻　　　　　　　　(b) 扩孔

图 6.81　扩孔钻与扩孔

6. 锪孔

　　锪孔是用锪钻对工件上的已有孔进行孔口形面的加工,其目的是为了保证孔端面与孔中心线的垂直度,以便使与孔连接的零件位置正确,连接可靠。常用的锪孔工具有柱形锪钻(锪柱孔)、锥形锪钻(锪锥孔)和端面锪钻(锪端面)三种,如图 6.82 所示。

　　圆柱形埋头锪钻的端刃起切削作用,其周刃作为副切削刃起修光作用。为保证原孔与埋头孔同心,锪钻前端带有导柱,与已有孔配合起定心作用。导柱和锪钻本体可制成整体也可分开制造,然后装配成一体。

　　锥形锪钻用来锪圆锥形沉头孔。锪钻顶角有 60°、75°、90° 和 120° 等 4 种,其中以顶角为 90° 的锪钻应用最为广泛。

　　端面锪钻用来锪与孔轴线垂直的孔口端面,如图 6.82(c) 所示。

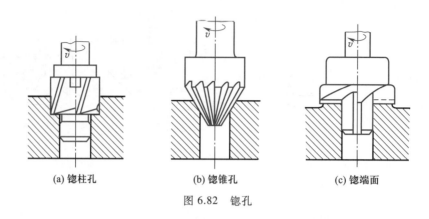

(a) 锪柱孔　　　　　(b) 锪锥孔　　　　　(c) 锪端面

图 6.82　锪孔

7. 铰孔

铰孔是用铰刀从工件壁上切除微量金属层,以提高其尺寸精度和表面质量的加工方法。铰孔的加工精度可高达 IT7~IT6 级,铰孔的表面粗糙度 Ra 值为 0.8~0.4 μm。

铰刀是多刃切削工具,有 6~12 个切削刃,铰孔时导向性好。由于刀齿的齿槽很浅,铰刀横截面大,因此铰刀刚性好。铰刀按使用方法分为手用和机用两种,按所铰孔的形状分为圆柱形和圆锥形两种,如图 6.83 所示。

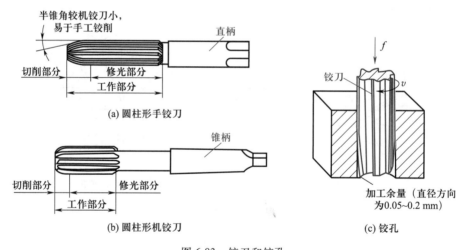

(a) 圆柱形手铰刀

(b) 圆柱形机铰刀

(c) 铰孔

图 6.83　铰刀和铰孔

铰孔因余量很小,而且切削刃的前角 $\gamma = 0$,所以铰削实际上是修刮过程。特别是手工铰孔时,由于切削速度很低,不会受到切削热和振动的影响,故铰孔是对孔进行精加工的一种方法。

铰孔时铰刀不能倒转,否则切屑会卡在孔壁和切削刃之间,从而使孔壁划伤或切削刃崩裂。铰削时如采用切削液,孔壁表面粗糙度值将更小。

钳工常遇到锥销孔铰削,一般采用相应孔径的圆锥手用铰刀进行。

6.6.3 操作实例

1. 钻孔练习

（1）工件划线

如图 6.84 所示,按钻孔时的位置尺寸要求,划出孔位的十字中心线,并打上样冲眼(样冲眼要小,位置要准),按孔的大小划出孔的圆周线。钻直径较大的孔时,还应划出几个大小不等的检查圆,以便钻孔时检查和纠正钻孔位置。钻孔的位置尺寸要求较高时,为了避免打中心样冲眼时产生偏差,也可直接划出以孔中心线为对称中心的几个大小不等的方框作为钻孔时的检查线,如图 6.85 所示,然后将中心样冲眼冲大,以便准确落钻定心。

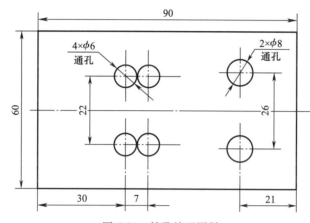

图 6.84 钻孔练习图样

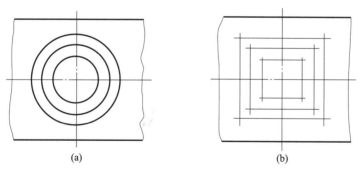

图 6.85 孔位置检查线形式

（2）选择钻床转速

选择钻床转速时,首先要确定钻头的允许切削速度 v。用高速钢钻头钻铸铁时,$v = 14 \sim 21$ m/min;钻钢件时,$v = 16 \sim 24$ m/min;钻青铜或黄铜时,$v = 30 \sim 60$ m/min。当工件材料的硬度和强度较高时,钻头的切削速度取较小值(铸铁以 200 HBW 为中值,钢以 $R_m = 700$ MPa 为中值);钻头直径小时,钻头的切削速度也取较小值(以 $\phi16$ mm 为中值);钻孔深度 $L > 3d$ 时,还应将钻头的切削速度取值乘以 $0.7 \sim 0.8$ 的修正系数。

综上所述,钻床转速 n 为

$$n = \frac{1\ 000\ v}{\pi d}$$

式中:d——钻头直径,mm。

例如,在铸铁(200 HBW)上钻 $\phi 8$ mm 的孔,钻头材料为高速钢,钻孔深度为 25 mm。则应选用的钻床转速为

$$n = \frac{1\ 000\ v}{\pi d} = \frac{1\ 000 \times 15}{3.14 \times 8} \text{r/min} = 600\ \text{r/min}$$

（3）起钻

钻孔时,先使钻头对准钻孔中心起钻出一浅坑,观察钻孔位置是否正确,并要不断校正,使起钻浅坑与划线圆同轴。如果钻孔位置较少,可在起钻的同时用力将工件向偏位的反方向推移,达到逐步校正;如果偏位较多,可在校正方向上打上几个中心样冲眼或用油槽錾錾削出几条槽,减少此处的切削阻力,达到校正目的,如图 6.86 所示。校正必须在锥坑外圆小于钻头直径之前完成,以确保达到钻孔位置精度。

（4）钻孔

起钻达到孔的中心线位置要求后,即可压紧工件钻孔。用手动进给时,不可用力过大,以免钻头产生弯曲,钻孔轴线歪斜,如图 6.87 所示。钻直径较小的孔或深孔时,进给力要小,并需经常退钻排屑(一般在钻孔深度达到钻孔直径的 3 倍时,必须退钻排屑),以免因切屑阻塞而扭断钻头。孔即将钻穿时,进给力必须减小,以防进给量突然加大,增大切削抗力,导致钻头折断,或使工件随着钻头一起转动而造成事故。用机动进给时,需调整好钻头的转速和进给量,钻头开始切入工件或孔即将钻穿时,应改为手动进给。

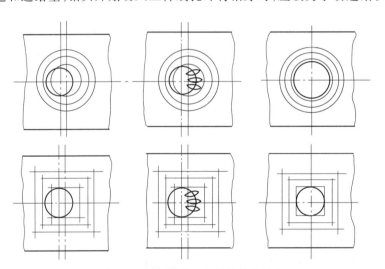

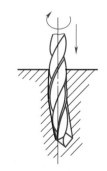

图 6.86 用錾槽校正起钻钻偏位的孔　　　　图 6.87 钻孔时轴线歪斜

（5）钻孔时的冷却和润滑

为了使钻头散热冷却,减少钻削时钻头的与工件、切屑之间的摩擦,消除黏附在钻头和工件表面上的积屑瘤,降低切削抗力,提高钻头寿命和改善加工孔的表面质量,钻孔时要加注足够的切削液。钻钢件时,可用 3.5% 的乳化液,钻铸铁时,一般可不加或用 5%~8% 的乳化液连续加注。

（6）用电钻钻孔

用电钻钻孔时，完全靠操作者体力使钻头进给切削，因此正确的钻孔姿势和借力方法是保证钻孔质量和提高钻孔效率的前提。首先需要双手握紧电钻，并尽可能利用手臂紧靠胸部、腰部或腿部，以防电钻摇晃，同时依靠这些部位借力进给。

当钻削高于腰部的孔时，胸部应前倾，双手握电钻并紧靠胸部，靠上身前倾产生的力使钻头进给；钻削高度位于腰部或稍低于腰部的孔时，两腿呈弓步，左手握电钻上部，右手握柄端，并使钻头、电钻与左小臂成一直线，靠腰部力量使钻头进给；钻削高度较低的孔时，应稍下蹲，两腿仍成弓步，双手仍同上述方法握电钻，同样使电钻柄部处于水平位置，左手用膝盖顶住，靠腿部的力量使钻头进给；用电钻垂直向下钻孔时，左手用力压电钻上部使钻头进给，右手握柄端，防止电钻摇晃，并使钻头与加工面保持垂直。

用电钻钻孔时，钻头的顶角可以修磨得稍小些（约100°），后角略大，并将横刃修短，以减少切削阻力。手感觉到钻头发生振动或听到声音异样时，表示孔即将钻穿，应立即减小或停止进给，否则会使钻头折断。钻削孔径大于等于 8 mm 时，应先用直径 5 mm 或 6 mm 的钻头钻孔，然后再扩孔至所需尺寸，这样不仅能省力，还能保证钻孔质量。

（7）钻孔注意事项

① 钻孔前。钻孔前应注意做到以下几点：

将机床表面滑动部位擦拭干净，注入润滑油并将各操纵手柄扳到正确位置，然后开慢车试运转，待各部分正常后再开始工作。

清理工作场地，清除钻床附近的障碍物，钻床台面上不要放置量具和其他无关的工具。

扎紧衣袖，严禁戴手套。女同学要戴好工作帽。

采用正确的装夹方法。应保证工件夹紧，以免工作中因工件转动而发生事故。校正工件位置，使被钻孔的中心线与工作台面垂直。

安装钻头，将其径向跳动量调到最小值。直柄钻头夹持长度一般不小于15mm。必须用钻夹头钥匙松紧钻夹头，不准用其他工具乱敲。

在摇臂钻床上钻大孔时，立柱和主轴箱一定要锁紧，否则钻头易折断。

② 钻孔时。钻孔时应注意以下几点：

先按照样冲眼位置钻一浅坑，确定位置无误后再正式钻孔。

起钻时，钻头要慢慢接触工件，以免损伤钻头。

操作者头部不要离钻头太近，手中不要拿棉纱、抹布之类的东西。

清除切屑要用钩子或刷子，不准用棉纱擦或用嘴吹，更不能直接用手去清除，并尽量在停车时进行。

钻床变速时应先停车。

禁止开车时用手拧钻夹头，车未停稳时不准捏钻夹头。

钻通孔时，工件下面应放垫铁、垫木或架空，以防钻伤工作台面。

通孔快钻透时，要改用手动进给并放慢速度，以免损坏钻头。

③ 钻孔后。钻孔后要将切屑和切削液清理干净并擦拭机床，滑动部分涂以机油以防锈蚀，最后关闭钻床开关。

2. 锪孔、扩孔、铰孔练习

（1）使用工具

钻床、台虎钳、垫块、钻头、扩孔钻、铰刀、锪孔钻、划线工具、游标卡尺、M5 平顶螺钉、M6 内六角螺钉、毛刷等。

（2）锪孔加工步骤

如图 6.88 所示，按图样尺寸下料并划线。钻 4×φ7 mm 通孔，然后锪 90°锥形头孔。深度按图样要求，并用 M5 平顶螺钉做试配检查。用专用柱形锪钻在实训件的另一面锪出 4×φ11 mm 柱形埋头孔，深度达到图样要求，并用 M6 内六角螺钉做试配检查。

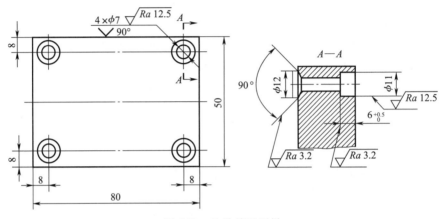

图 6.88 锪孔练习图样

（3）扩孔、铰孔加工步骤

如图 6.89 所示，在练习件上按要求划线。钻孔后扩孔，预留适当的铰孔余量。按图样要求铰孔。

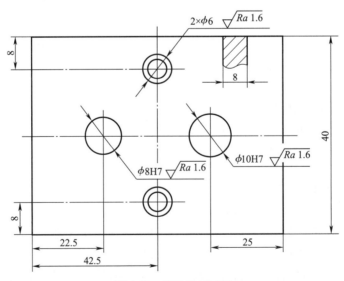

图 6.89 铰孔练习图样

6.7 攻螺纹和套螺纹

6.7.1 基本知识

工件圆柱或圆锥外表面上的螺纹称为外螺纹,工件圆柱或圆锥孔表面上的螺纹为内螺纹。本书仅涉及圆柱螺纹。

常用的三角形螺纹工件,其螺纹除采用机械设备加工外,还可以用钳工攻螺纹和套螺纹的方式获得。攻螺纹(攻丝)是用丝锥加工内螺纹。套螺纹(套丝)是用板牙在外圆上加工外螺纹。

1. 攻螺纹

（1）丝锥和铰杠

① 丝锥

丝锥的基本构造　丝锥是加工内螺纹用的工具,它的基本结构形状像一个螺钉,轴向开有几条出屑槽,相应地形成几瓣刀刃。整个丝锥分成工作部分和柄部两部分,如图 6.90 所示。

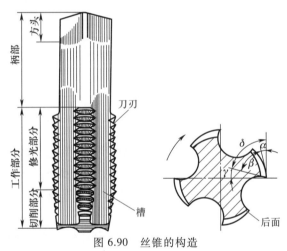

图 6.90　丝锥的构造

工作部分。由切削部分和修光部分组成。

切削部分主要担负起切螺纹的工作;修光部分有完整的齿形,用作修光螺纹和校定螺纹直径。在工作部分,轴向一般开有 3~4 条切削刀刃和容屑槽,切削刃切削出来的断屑可从容屑槽中排出。

切削刃的几何角度。前角(γ)和后角(α)大小是根据加工材料来确定的。标准丝锥的前角一般取 5°~10°,适用于钢或铸铁材料。后角一般为手用丝锥取 6°~8°,机用丝锥取 10°~12°。

柄部。呈圆柱形,末端是方头(方榫),用以套上扳手,传递扭力,进行切削工作。机用丝锥柄部比手用丝锥柄部稍长,并开有一半圆环槽。

丝锥种类。常用的有手用丝锥,机用丝锥和管子丝锥三种。

手用丝锥。运用手工操作切削内螺纹用,一般由两把或三把组成一套。两把一套的分头攻、二攻,分别担任先后的切削螺纹工作。

机用丝锥。机用丝锥可装夹在车床尾座或经过减速的钻床上攻丝,为了防止丝锥在工作时松脱,柄部除有方头外,还设计有半圆环槽。由于丝锥工作导向较好,故常用单把攻丝。但在加工材料较硬、较韧和直径较大的螺纹时,应采用两把一套的机用丝锥。

管子丝锥。可铰切管路附件和一般机件上内管螺纹,分圆柱管螺纹($\alpha = 55°$)、圆锥管螺纹($\alpha = 55°$)和布氏管螺纹($\alpha = 60°$)三种。一般圆柱管螺纹丝锥两把一套,圆锥管螺纹丝锥单把。

② 铰杠

铰杠是用来夹持丝锥的工具。常用的可调式铰杠通过旋转右边手柄,即可调节方孔的大小,以便夹持不同尺寸的丝锥。铰杠长度应根据丝锥尺寸的大小进行选择,以便控制攻螺纹时的旋转力(扭矩),防止丝锥因旋转力不当而折断。

（2）攻丝前钻孔直径、钻孔深度和丝锥的确定

攻丝前,钻孔直径的确定是切削螺纹的关键。钻孔直径的选择是否适当,对于攻丝操作的效率和螺纹使用寿命有密切的关系。钻孔直径过大,就不能攻出螺纹或者螺纹深度不够,从而削弱了螺纹的使用强度,或出废品;钻孔直径过小,攻丝时,丝锥就会被卡住,造成切削困难,甚至发生丝锥折断的危险。钻底孔的钻头直径 d_0 可以采用查表法(见有关手册资料)确定,或用下列经验公式计算。

钢材及韧性金属　　$d_0 \approx d - P$

铸铁及脆性金属　　$d_0 \approx d - (1.05 \sim 1.1)P$

式中: d_0——底孔直径;

　　d——螺纹公称直径;

　　P——螺距。

攻盲孔(不通孔)的螺纹时,因丝锥顶部带有锥度不能形成完整的螺纹,所以为得到所需的螺纹长度,孔的深度 h 要大于螺纹长度 l。盲孔深度可按照下列公式计算:

$$孔的深度\ h = 所需螺孔深度\ l + 0.7\,d$$

2. 套螺纹

板牙是在圆柱形工件上铰切外螺纹的一种刀具,由合金工具钢 9SiCr 制成并经热处理淬硬,有开缝和不开缝两种,外圆表面开有顶丝窝,用于定紧在扳手上。如图 6.91 所示,板牙的基本结构像一个螺母,开有几个排屑孔。由于板牙螺纹廓形是内螺纹表面,较难磨制(一般不磨),热处理后产生的变形和表面脱碳等缺陷未能消除,因此,用板牙加工出来的外螺纹光洁度较低。

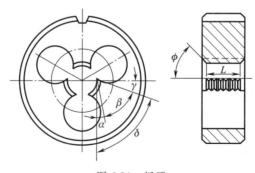

图 6.91　板牙

板牙是装在板牙架上使用的。板牙架是用于夹持板牙,传递转矩的工具。工具厂按板牙外径规格制造了各种配套的板牙架,供使用者选用。

6.7.2 攻螺纹和套螺纹的基本操作

1. 攻螺纹的操作方法

① 根据螺纹的要求,通过计算或查表确定钻孔的直径和深度,然后钻孔。

② 固定被切削螺纹的零件,选择合适扳手,先用头攻攻丝,导出螺纹。丝锥初进孔时,两手用力要轻而均匀,以适当压力和扭力把丝锥切入孔中,这时,要从四个方向用直角尺校正丝锥与工件表面的垂直度(也可以用螺母旋入丝锥,丝锥进孔后,便可检查螺母平面各个方向与工件表面距离是否一致,以判别螺纹的垂直度)。当丝锥正确导入了孔内进行切削时,就不必再使用压力,只施旋转扭力就行了,如图 6.92 所示。

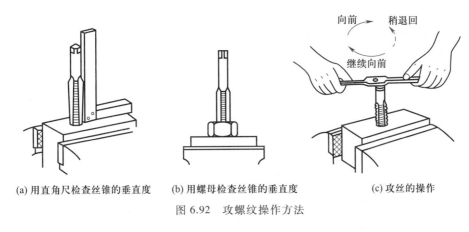

(a) 用直角尺检查丝锥的垂直度　　(b) 用螺母检查丝锥的垂直度　　(c) 攻丝的操作

图 6.92　攻螺纹操作方法

③ 在右旋螺纹的攻丝过程中,旋扭的方向不时正转(顺时针方向)和倒转(逆时针方向),一般每正转 1/2~1 圈就倒转 1/4~1/2 圈,以使切屑切断并从出屑槽中排出。

④ 要经常旋出丝锥进行孔内清屑,丝锥顶底时不能过于用力旋扭,以防止丝锥在过大的扭力下折断。

⑤ 使用头攻切削完后,继续用二攻,三攻。在加工较硬的金属材料或铜时,特别要注意使用丝锥次序,且要施用润滑冷却液。当出现旋扭回应力(即不能再前进,感觉扳手有弹性)时就要停止用力,退出并换另一丝锥,以防丝锥折断。

⑥ 当工作孔周围不能容纳一般扳手攻丝时,可采用丁字扳手。丁字扳手套杆较长,操作时要特别小心,要保持扭矩平行,并要经常进行倒转,以消除切屑阻塞现象。

2. 套螺纹的操作方法

① 根据螺纹大小选择圆柱直径,并在要铰牙一端倒斜角,以便套螺纹。

② 圆柱要夹持牢固,圆板牙套上圆杆后,应垂直于圆柱中心,两手均匀地施以一定的压力,进行旋扭。

③ 圆板牙在圆柱切削出几个螺纹后,已导出了正确方向,就不再需要施以压力,只要施加扭力,同时注意经常进行倒转(逆时针方向),用以断屑,并施加润滑冷却液,如图 6.93 所示。

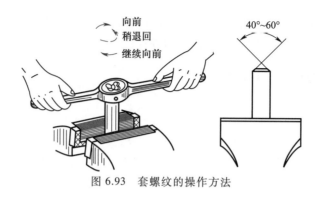

图 6.93　套螺纹的操作方法

6.7.3　操作实例

1. 训练要求

　　① 掌握攻螺纹前底孔直径的确定方法。

　　② 掌握攻螺纹的方法。

　　③ 掌握丝锥折断和攻螺纹中产生废品的原因和防止方法。

2. 使用的工具和量具

　　方箱、高度游标卡尺、样冲、麻花钻 、90°圆锥锪钻、直角尺、钢直尺、丝锥、铰杠。

　　工件图样：攻 M20 以下螺纹,如图 6.94 所示。

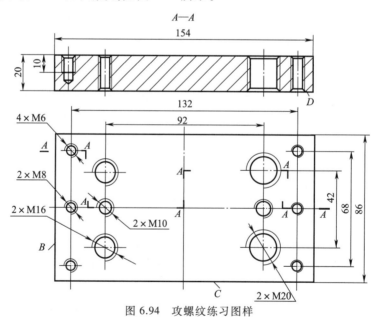

图 6.94　攻螺纹练习图样

3. 实训步骤

　　① 在废料上进行钻孔、攻螺纹练习。

　　② 按训练图样上的尺寸要求划各螺纹的加工位置线,钻各螺纹底孔,并对孔口进行倒角。

　　③ 依次攻制 4×M6、2×M8、2×M10、2×M16 和 2×M20 的螺纹,并用相应的螺钉进行

配检。

6.8 刮削加工

刮削是一种精密的加工操作。在机械加工中,有些零件虽然经过车铣刨等加工,但是工件表面上还遗留有较粗糙的痕迹,特别像车床的床面、刀架滑座、轴承等用于滑动支承的机械零件,如果接触面的精度和光洁度不高,不但影响机器的精度,而且促使滑动面加快磨损。为了消除床面、轴承上滑动接触的工作表面那些粗糙的痕迹,还有轻微的弯曲、毛刺飞边、凹陷或凸起,提高工作面的平直度,以保证机器的精度和使用的寿命,需要经过刮削加工。

刮削的时候,刮刀的负前角起着推挤的作用,它不单在切削,而且还起着压光的效果。因此,刮削的表面组织比机械加工的表面严密,而且可以获得较高的表面光洁度,当两个经过刮削的工作面贴在一起,滑动时便有无数接触点,且触点分布比较均匀,所以滑动阻力小,对于两滑动面的相互磨损也就减少了。

6.8.1 刮刀

刮刀是进行刮削的主要工具,制作刮刀的材料要求硬度高、坚实、不起砂口、不易磨耗,通常采用 T10A、T12A 碳素工具钢,或轴承钢锻成,也有的刮刀头部焊上硬质合金用于刮削硬金属。刮刀分为平面刮刀和曲面刮刀两种。

1. 平面刮刀

刮刀的切削刃口呈直线(也有呈微小弧线),适合刮削平整的工件表面。通常使用的平面刮刀,有普通刮刀和活头刮刀两种,如图 6.95 所示。活头刮刀除机械夹固外,还可以用焊接的方法将刀头焊在刀杆上。

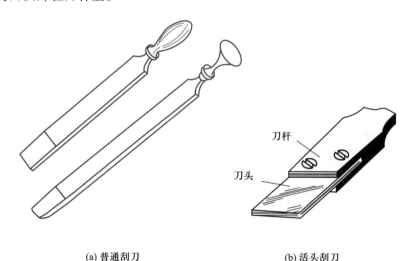

(a) 普通刮刀　　　　　　　　　　(b) 活头刮刀

图 6.95　刮刀

平面刮刀按所刮表面精度又可分为粗刮刀、细刮刀和精刮刀三种,其头部形状(刮削刃的角度)如图 6.96 所示。

图 6.96　平面刮刀头部形状

2. 曲面刮刀

曲面刮刀(图 6.97)用来刮削内弧面(主要是滑动轴承的轴瓦),其样式很多,其中以三角刮刀最为常见。

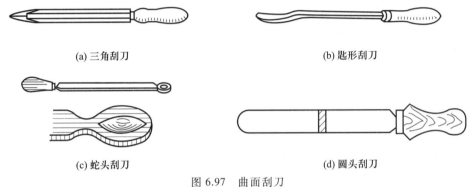

(a) 三角刮刀　　　　　　　　　　　　　　　　(b) 匙形刮刀

(c) 蛇头刮刀　　　　　　　　　　　　　　　　(d) 圆头刮刀

图 6.97　曲面刮刀

6.8.2　平面刮削操作

1. 刮削方式

刮削方式有挺刮式和手刮式两种。

① 挺刮式。如图 6.98(a)所示,将刮刀柄放在小腹右下侧,在距刀刃约 80~100 mm 处双

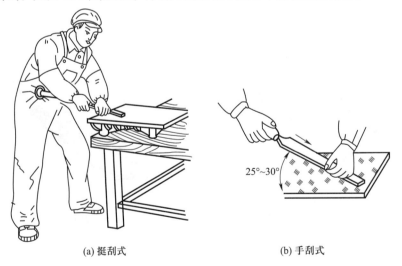

25°~30°

(a) 挺刮式　　　　　　　　　　　　　(b) 手刮式

图 6.98　平面刮削方式

手握住刀身,用腿部和臀部的力量使刮刀向前挤刮。当刮刀开始向前挤时,双手加压力,在推挤中的瞬间,右手引导刮刀方向,左手控制刮削,到需要的长度时,将刮刀提起。

② 手刮式。如图 6.98(b)所示,右手握刀柄,左手握在距刮刀头部约 50 mm 处,刮刀与刮削平面成 25°～30°,刮削时右臂向前推,左手向下压并引导刮刀方向。双手动作与挺刮式相似。

2. 刮削步骤

① 粗刮。若工件表面比较粗糙、加工痕迹较深或表面严重生锈、不平或扭曲、刮削余量在0.05 mm 以上时,应先粗刮。粗刮的特点是采用长刮刀,行程较大(10～15 mm),刀痕较宽(10 mm),刮刀痕迹顺向,成片不重复。机械加工的刀痕刮除后,即可研点,并按显出的高点刮削。当工件表面研点每 25 mm×25 mm 上为 4～6 点并留有细刮余量时,可开始细刮。

② 细刮。细刮就是将粗刮后的高点刮去,其特点是采用短刮法(刀痕宽约 6mm,长 5～10 mm),研点分散快。细刮时要朝着一个方向刮,刮完一遍,刮第二遍时要成 45°或 60°方向交叉刮出网纹。当平均研点每 25 mm×25 mm 上为 10～14 点时,即可结束细刮。

③ 精刮。在细刮的基础上进行精刮,采用小刮刀或带圆弧刀的精刮刀,刀痕宽约 4 mm,平面研点每 25 mm×25 mm 上应为 20～25 点,常用于检验工具、精密导轨面、精密工具接触面的刮削。

④ 刮花。刮花的作用:一是美观,二是有积存润滑油的功能。一般常见的花纹有斜花纹、燕形花纹和鱼鳞花纹等。另外,还可通过观察原花纹的完整和消失的情况来判断平面工作后的磨损程度。

3. 平面刮削用校准工具

校准工具有两个作用:一是用来与刮削表面磨合,以接触点的多少和分布的疏密程度来显示刮削表面的平整程度,提供刮削的依据;二是用来检验刮削表面的精度。

如图 6.99 所示,刮削平面的校准工具有:

校准平板——检验和磨合宽平面用的工具;桥式直尺、工字形直尺——检验和磨合长而窄平面用的工具;角度直尺——用来检验和磨合燕尾形或 V 形面的工具。

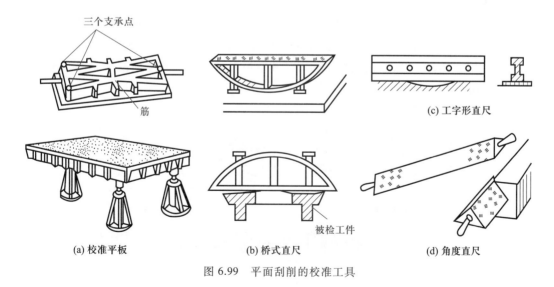

图 6.99　平面刮削的校准工具

刮削内圆弧面时,常采用与之配合的轴作为校准工具,如无现成的轴,可自制一根标准心轴作为校准工具。

4. 显示剂

显示剂是为了显示被刮削表面与标准表面间的贴合程度而涂抹的一种辅助材料,显示剂应具有色泽鲜明,颗粒极细,扩散容易,对工件没有磨损及无腐蚀性等特点,且价廉易得。目前常用的显示剂及用途如下:

① 红丹粉。红丹粉用氧化铁或氧化铝加机油调制成,前者呈紫红色,后者呈橘黄色,其多用于铸铁和钢的刮削。

② 蓝油。蓝油用普鲁士蓝加蓖麻油调成,多用于铜、铝的刮削。

5. 原始平板的刮削方法

刮削原始平板一般采用渐进法,即不用标准平板,而以三块平板依次循环互刮,达到平板的平面度。这种方法是一种传统的刮研方法,整个刮削过程如图 6.100 所示。

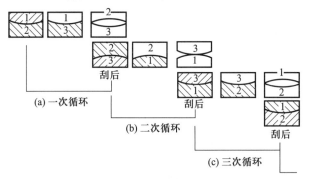

图 6.100　原始平板的刮削方法

在刮削原始平板时应掌握下列原则:每刮一个阶段后,必须改变基准,否则不能提高其精度,在每一阶段中,均以一块为基准去刮另外两块。

6.8.3　曲面刮削操作

对于要求较高的某些滑动轴承的轴瓦,通过刮削,可以得到良好的配合。刮削轴瓦时用三角刮刀,而研点子的方法是在轴上涂上显示剂(常用蓝油),然后与轴瓦配研。曲面刮削原理和平面刮削一样,只是曲面刮削使用的刀具和掌握刀具的方法和平面刮削原理有所不同,如图 6.101 所示。

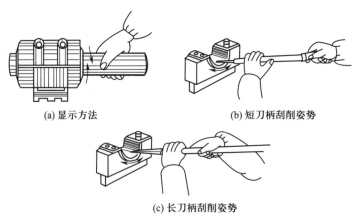

(a) 显示方法　　　(b) 短刀柄刮削姿势

(c) 长刀柄刮削姿势

图 6.101　内曲面的显示方法与刮削姿势

刮削精度一般包括形状和位置精度、尺寸精度、接触精度及贴合程度、表面粗糙度等。由于工件的工作要求不同,刮削精度的检查方法也有所不同。常用的检查方法有以下几种(图 6.102):

① 刮削研点的检查。用边长为 25 mm 的正方形方框,罩在被检查面上,根据在方框内的研点数目的多少来表示。

② 刮削面平面度和直线度的检查。机床导轨等较长的工件及大平面工件的平面度和直线度,可用水平仪进行检查。

③ 研点高低的误差检查。用百分表在平板上检查。小工件可以固定百分表,移动工件;大工件则固定工件,移动百分表来检查。

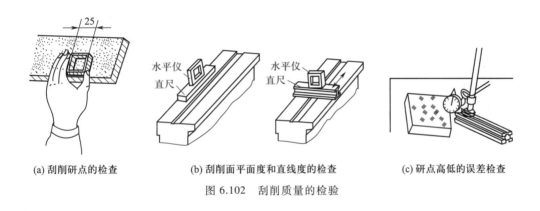

(a) 刮削研点的检查　　　　(b) 刮削面平面度和直线度的检查　　　　(c) 研点高低的误差检查

图 6.102　刮削质量的检验

6.9　装配钳工的基本知识

·6.9.1　装配的基本概念

任何一台机器设备都是由许多零件所组成的,将若干合格的零件按规定的技术要求组合成部件,或将若干个零件和部件组合成机器设备,并经过调整、试验等成为合格产品的工艺过程称为装配。例如一辆自行车有几十个零件组成,前轮和后轮就是部件。装配是机器制造中的最后一道工序,因此它是保证机器达到各项技术要求的关键。装配工作的好坏,对产品的质量起着重要的作用。

1. 装配的组合形式

装配中所有零件按加工的来源不同可分为:自制件(在本厂制造),如床身、箱体、轴、齿轮等;标准件(在标准件厂订购),如螺钉、螺母、垫圈、销、轴承、密封圈等;外购件(由其他工厂协作加工),如电器元(零)件等。

装配中所有零件按所起的功能作用分为机床(床身)、传动件(齿轮、轴)、紧固件(螺钉、螺母)、密封件(密封圈)等。

2. 装配时连接的种类

按照部件或零件连接方式的不同,装配连接可分为固定连接与活动连接两类。固定连接是指在零件相互之间没有相对运动,活动连接是指零件相互之间在工作情况下可按规定的要求做相对运动。

装配时连接的种类见表 6.5。

表 6.5 装配时连接的种类

固定连接		活动连接	
可拆卸的	不可拆卸的	可拆卸的	不可拆卸的
螺纹、键、楔、销等	铆、焊接、压合、胶合、热压等	轴与轴承、丝杠与螺母、柱塞与缸筒等	任何活动连接的铆合头

3. 装配工艺一般步骤

① 读图。熟悉和研究产品装配图及技术要求,了解产品结构,零件作用及相互连接关系。

② 确定装配方法、顺序。制订装配单元系统图。图中的零件名称、件数、件号、图号必须与设计图一一对应。

③ 根据技术要求,备好装配用工具。

④ 对装配的零件进行清洗、去油污、毛刺。

⑤ 未完成组件、部件装配和总装配。

⑥ 调整、检验和试车。调整零件间的相对位置和配合精度,检验各部分的几何精度、工作精度和整机性能,如升温、转速、平稳性、噪声等。

4. 装配单元系统图

(1) 装配单元

零件是组成机器(或产品)的最小单元,其特征是有任何相互连接。部件是由两个或两个以上零件以各种不同的方式连接而成的装配单元,其特征是能够单独进行装配。可以单独进行装配的部件称为装配单元。

(2) 装配单元系统图

表示装配单元装配先后顺序的图称为装配单元系统图。如图 6.103 所示为某减速器低速

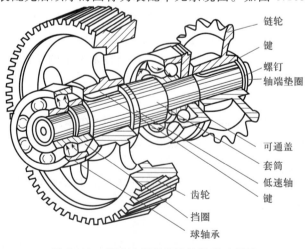

图 6.103 某减速器低速轴的装配示意图

速轴的装配示意图,它的装配过程可用装配单元系统图表示,如图 6.104 所示。由装配单元系统图可以清楚地看出成品的装配过程,装配时所有零件、组件的名称、编号和数量,并可以根据它编写装配工序。因此,装配单元系统图可起到指导和组织装配工作的作用。

（3）装配单元系统图的绘制

① 先画一条横线。

② 横线左端画出代表基准件的长方格,在格中注明装配单元编号、名称和数量。

③ 横线右端画出代表装配成品的长方格。

④ 按装配顺序,将直接装到成品上的零件画在横线上面,组件画在横线下面。

装配单元系统图可起到指导和组织装配工艺的作用。

5. 装配方法

为了保证机器的工作性能和精度,达到零、部件相互配合的要求,根据产品结构、生产条件和生产批量不同,其装配方法可分为下面 4 种。

① 完全互换法。装配精度由零件制造精度保证,在同类零件中任取一个,不经修配即可装入部件中,并能达到规定的装配要求。

完全互换法装配的特点是装配操作简单,生产效率高,有利于组织装配流水线和专业化协作生产。由于零件的加工精度要求较高,制造费用较大,故只适用于成组件数少、精度要求不高或批量大的生产。

② 调整法。调整法是指装配过程中调整一个或几个零件的位置,以消除零件累计误差,达到装配要求的方法,如用不同尺寸的可换垫片、衬套、可调节螺母或螺钉、镶条等进行调整,如图 6.105 所示。

调整法只靠调整就能达到装配精度的要求,并可定期调整,容易恢复配合精度,对于容易磨损及需要改变配合间隙的结构极为有利,但此法由于增设了调整用的零件,结构显得稍复杂,易使配合件刚度受到影响。

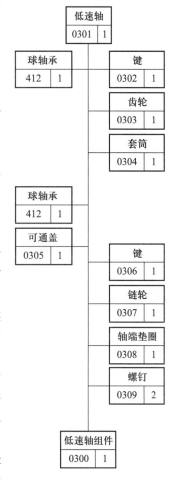

图 6.104 装配单元系统图

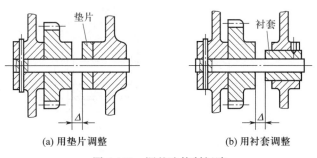

(a) 用垫片调整　　　　　(b) 用衬套调整

图 6.105 调整法控制间隙

③ 选配法(不完全互换法)。将零件的制造公差适当放宽,然后选取其中相当的零件进行装配,以达到配合要求。选配法装配最大的特点是既提高了装配精度,又不增加零件制造费用,但此法装配时间较长,有时可能造成半成品和零件的积压。选配法适用于成批或大量生产中的装配精度高、配合件的组成数少及不便于采用调整法装配的情况。

④ 修配法。当装配精度要求较高,采用完全互换零件法不够经济时,常用修正某个配合零件的方法来达到规定的配合精度,如图 6.106 所示的车床两顶尖不等高,装配时可修刮尾座底座来达到精度要求(图中 $A_2 = A_1 - A_3$)。

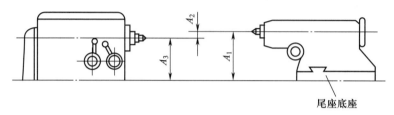

图 6.106 修刮尾座底座

修配法虽然使装配工作复杂化和增加了装配时间,但在加工零件时可适当降低其加工精度,不需要采用高精度的设备,节省了机械加工时间,从而使成本降低。该方法适用于单件、小批生产或成批生产精度高的产品。

6.9.2 元件的装配

1. 螺纹的连接装配

螺纹连接是现代机械制造中应用最广泛的一种连接形式,它具有装拆、更换方便,宜于多次装拆等优点。最普通的螺纹连接装配形式如图 6.107 所示。

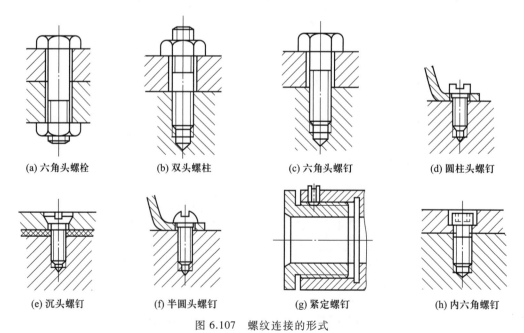

图 6.107 螺纹连接的形式

装配螺纹连接的技术要求是获得规定的预紧力,螺母、螺钉不产生偏斜和歪曲,防松装置可靠等。装配螺钉和螺母一般用扳手,常用的扳手有活扳手、专用扳手和特殊扳手,如图6.108、图6.109所示。

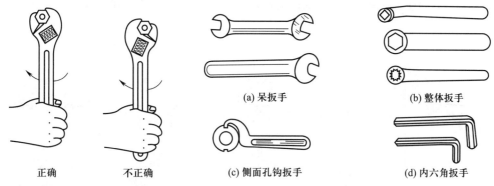

图 6.108　活扳手及其使用时用力方向　　　　　图 6.109　专用扳手

  装配一组螺纹连接时,应遵守一定的拧紧顺序,即分次、对称、逐步地旋紧,以防旋紧力不一致,造成个别螺母(钉)过载而降低装配精度。成组螺母(钉)旋紧次序如图 6.110 所示。

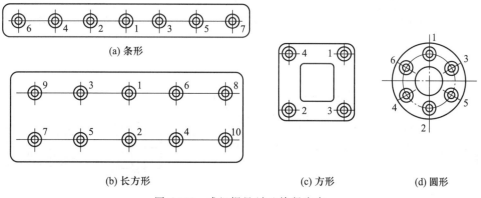

图 6.110　成组螺母(钉)旋紧次序

  对于在变载荷和振动条件下工作的螺纹连接,必须采用防松保险装置。按其工作原理的不同分为附加摩擦和机械防松两类,如图 6.111 所示为螺纹连接防松保险方法。

2. 键和销的连接装配

  齿轮等传动件常用键连接传递运动及扭矩,如图 6.112(a)所示。选取的键长应与轴上键槽相配,键底面与键槽底部接触,而键两侧则应有一定的过盈量。装配轮毂时,键顶面与轮毂间有一定间隙,但与键两侧配合不允许松动。销连接主要用于零件装配时定位。有时用于连接零件并传递运动,如图 6.112(b)所示。常用的有圆柱销和圆锥销,销轴与孔配合不允许有间隙。

3. 滚动轴承的装配

  滚动轴承的装配多数为较小的过盈配合,装配时可采用手锤或压力机械施力。装配后轴承应转动灵活。将轴承压到轴颈上时,要施力于内环端面上;压到座孔内时,要施力于外环端面上;当同时压到轴颈和座孔内时,压入工具(套筒)要同时顶住内、外环的端面压入。用套筒装配滚珠轴承如图 6.113 所示。

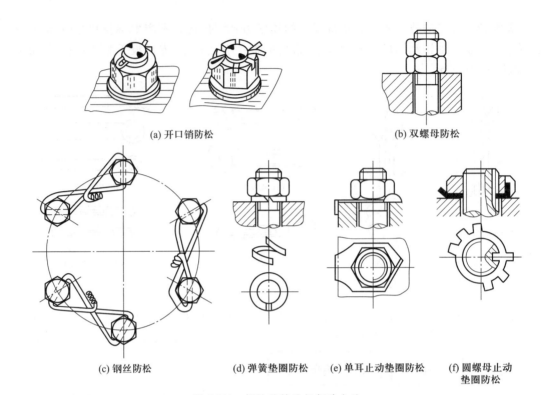

(a) 开口销防松　　　　　　　　　　　(b) 双螺母防松

(c) 钢丝防松　　　(d) 弹簧垫圈防松　(e) 单耳止动垫圈防松　(f) 圆螺母止动
　　　　　　　　　　　　　　　　　　　　　　　　　　　　　　　　垫圈防松

图 6.111　螺纹连接防松保险方法

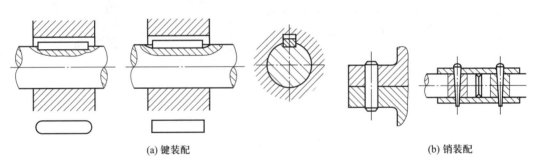

(a) 键装配　　　　　　　　　　　　　　　　(b) 销装配

图 6.112　键和销连接装配

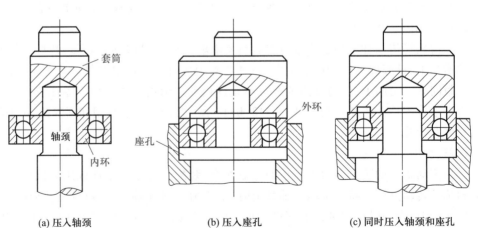

(a) 压入轴颈　　　　　　　　(b) 压入座孔　　　　　　(c) 同时压入轴颈和座孔

图 6.113　用套筒装配滚珠轴承

上述三种情况都需要通过对套筒施力才能达到装配要求。这种方法使装配件受力均匀,不会歪斜,工效高。

如果没有专用套筒,也可以采用手锤、铜棒沿着零件四周对称、均匀地敲入,达到装配要求,如图 6.114 所示。

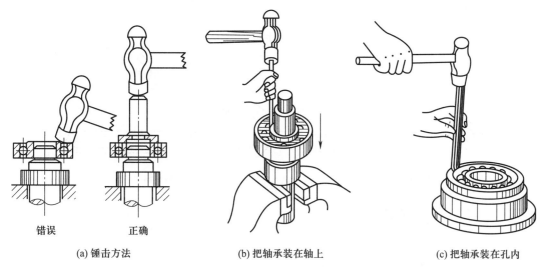

错误　　　　正确

(a) 锤击方法　　　　　　(b) 把轴承装在轴上　　　　　　(c) 把轴承装在孔内

图 6.114　用手锤和铜棒装配滚珠轴承

当轴承与轴为较大过盈配合时,可采用将轴承放到 80～90℃ 的机油中或放在轴承电加热工具里预热,然后趁热装配,即可得到满意的装配效果。

4. 机器的拆卸

机器长期使用后,某些零件产生磨损和变形,使机器精度下降,需要拆卸修理或更换零件。

拆卸是修理工作中的重要环节。如果拆卸不当,不但会造成设备零件损坏,而且会降低机器精度,甚至有时因一个零件破坏卡住,影响整个拆卸工作,延长修理时间,造成损失。

（1）对拆卸工作的要求

① 拆卸机器前应熟悉图样,了解机器部件的结构,确定拆卸方法,防止乱敲、乱拆造成零件的损坏。

② 合理解除零件间的互相连接。拆卸工作应按照与装配相反的顺序进行,即先装的零件应后拆,后装的零件先拆。按照先上后下,先外后内的顺序。

③ 拆卸时,尽量使用专用工具,如拔销器、单头钩形扳手、弹簧卡环钳等。禁止用手锤直接在零件的工作表面上敲击。

④ 拆卸螺纹连接零件前必须辨别螺纹旋向。

⑤ 对成套加工或不能互换的零件拆卸时,应做好标记,以防装配时装错。零件拆卸后,应按顺序放置整齐,尽可能按原来结构套在一起。对小零件如销、止动螺钉、键等。拆下后应立即拧上或插入孔中,避免丢失。对丝杠、长轴类零件应用布包好,并用铁丝等物将其吊起垂直放置,以防弯曲变形和碰伤。

（2）常用的拆卸工具

拆卸工具种类很多,有手动、液压、机械、电动等类型,常用的拆卸工具如图 6.115 所示。

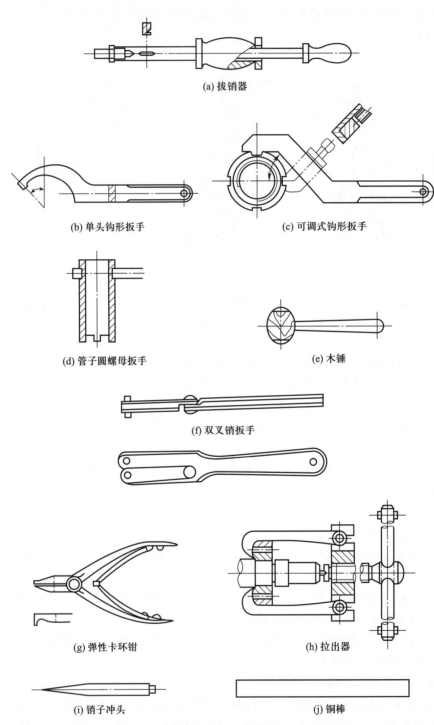

(a) 拔销器

(b) 单头钩形扳手

(c) 可调式钩形扳手

(d) 管子圆螺母扳手

(e) 木锤

(f) 双叉销扳手

(g) 弹性卡环钳

(h) 拉出器

(i) 销子冲头

(j) 铜棒

图 6.115　常用的拆卸工具

（3）拆卸方法

拆卸时,根据零部件的结构特点,采用相应的拆卸方法,常用的有以下几种:

① 击卸法。用手锤的敲击拆卸零件的方法。由于击卸法使用的工具简单,操作方便,因此广泛使用。但应注意,锤击时不要损伤或破坏被拆卸的零部件。

② 拉拔法。利用通用或专用工具与零部件相互作用产生的静拉力或不大的冲击力拆卸零部件的方法。常用的拉卸工具为拉出器,主要用来拉卸装在轴上的滚动轴承、带轮、齿轮、联轴器等。

③ 压卸法。利用机械或拆卸工具与零部件作用产生的静压力拆卸零部件的方法。如在压力机上拆卸轴和齿轮、滚动轴承。

④ 温差法。利用加热包容件,或冷却被包容件进行拆卸的方法。对于拆卸尺寸较大、配合过盈较大或无法用击、压、拉法拆卸的零件,可采用温差拆卸。

⑤ 破坏法。当必须拆卸一些固定连接件或轴与套相互咬死时,不得已时采用。此法拆卸后要损坏一些零件,造成一定的经济损失。因此应尽量避免采用此法。

滚动轴承部件的拆卸可采用三种方法。

① 击卸法。用手锤敲击滚动轴承四周。

② 压卸法。如图6.116所示,对心轴施压将滚动轴承从轴颈上卸下。

③ 拉拔法。用拉出器(拉码)拆卸,如图6.117所示。

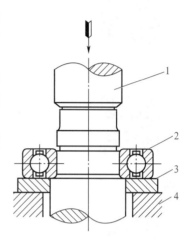

1—心轴;2—滚动轴承;
3—衬垫;4—漏盘

图 6.116　心轴拆卸法

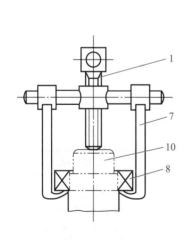

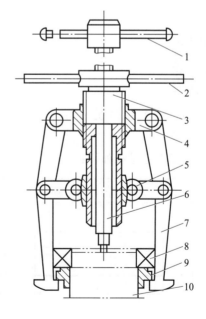

1、2—手柄;3—螺母套;4—右旋螺母;5—左旋螺母;6—螺杆;7—拉杆;8—轴承;9—卡环;10—轴颈

图 6.117　拉出器拆卸法

案 例

案例:如图 6.118 所示,锤头的加工。

扫一扫
锤头的钳
工加工 1

扫一扫
锤头的钳
工加工 2

扫一扫
锤头的钳
工加工 3

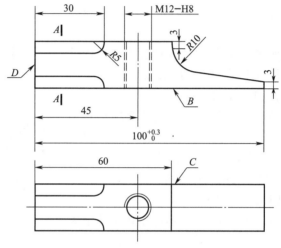

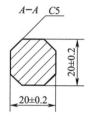

图 6.118 锤头

扫一扫
锤头的钳
工加工 4

毛坯:22 mm×22 mm×102 mm

材料:45 钢

锤头的加工工艺过程如下:

序号	简图	加工内容	工具、辅具、量具
1.备料	100 20 20	材料准备,参考如图所示尺寸准备材料,长度方向左右可各留 0.5~1 mm 余量	手锯、钢直尺、虎钳

序号	简图	加工内容	工具、辅具、量具
2. 锉 B 面,锉平	100 Ra 3.2	锉 B 面,锉平	1 号平锉、钢直尺、虎钳
3. 锉 C 面	100 ⊥ 0.15 Ra 3.2 B	锉 B 面的相邻面 C,锉平,且垂直于 B 面,垂直度应小于0.1 mm	1 号平锉、钢直尺、直角尺、游标卡尺、铜钳口、虎钳
4. 锉 C 面的对面	100 ∥ 0.1 C Ra 3.2 C B	锉 C 面的对面,锉平,保证尺寸 20 mm±0.2 mm,且与 B 面平行	1 号平锉、钢直尺、直角尺、游标卡尺、铜钳口、虎钳
5. 锉 B 的对面	Ra 3.2 ∥ 0.1 B 20±0.2 B	锉 B 面的对面,锉平,保证尺寸 20 mm±0.2 mm,且与 B 面平行	1 号平锉、钢直尺、直角尺、游标卡尺、铜钳口、虎钳
6. 锉 D 面	⊥ 0.1 B Ra 3.2 B	锉 D 面,锉平,且垂直于 B 面	1 号平锉、钢直尺、直角尺、游标卡尺、铜钳口、虎钳
7. 划线	A 60 R5 3 C5 R10 3 A 100	划线,以端面 D 为基准划出 30、45、60、100 尺寸线,再以 B 面为基准划线 5×45°、3 及圆弧中心线,最后划 R7,R10 圆弧线	划规、划针、钢直尺、高度游标卡尺、方箱

续表

序号	简图	加工内容	工具、辅具、量具
8. 锉 5× 45°斜面及圆弧过度面		锉 5×45°斜面及圆弧过渡面	2 号平锉、3 号圆锉、铜钳口、虎钳
9. 锉 R10 圆弧面及与之相切的平面或斜面		锉 R10 圆弧面及与之相切的平面或斜面,保证尺寸 60 及 3	2 号半圆锉、2 号平锉、虎钳
10. 锉另一端面		锉另一端面,保证尺寸 $100^{+0.3}_{0}$	2 号平锉、游标卡尺、虎钳
11. 钻螺纹底孔,攻螺纹		钻 M12 螺纹底孔 $\phi 10.4$,攻螺纹 M12	$\phi 10.4$ 钻头、M12 丝锥、虎钳
12. 整理锉痕			1 号平锉、半圆锉;2 号平锉、半圆锉
13. 抛光			砂布

小　结

　　钳工作为传统加工工艺,在现代化生产中仍然占据着重要的位置。钳工中的一些加工工艺仍然是很多机械加工的基础,与其他的金工实训工种也是密不可分的。本单元从划线开始,主要介绍了钳工划线、锯割、錾削、锉削、钻孔、攻螺纹和套螺纹、刮削、装配钳工的基本知识,所用设备,工具,工艺过程等,并通过典型钳工案例锤头的制作,将各种钳工加工方法结合在一起,旨在使学生通过学习,了解和基本掌握钳工的基本操作技能。

思考题

6.1 划线的方法有几种? 分别是什么?

6.2 锯割的姿势是什么? 锯割的注意事项有什么?

6.3 简述錾削加工的方法,以及加工时的注意事项。

6.4 简述平面锉和曲面锉的方法,以及它们的主要区别。

6.5 简述钻孔常用的几种设备及各自的特点。

6.6 简述钻头刃磨的方法及注意事项。

6.7 简述攻螺纹与套螺纹的区别。

6.8 简述几种刮削方法和标准平板研点检验过程。

6.9 简述几种轴承的装配方法,以及注意事项。

拓展题

加工如图 6.119 所示六角螺母,制订其加工工艺过程。

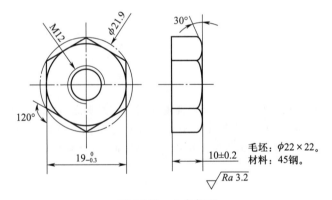

图 6.119 六角螺母

7

钣金工实训

观察与思考

汽车的金属外壳都是钣金成形的,想想它们是如何成形的?为什么采用这种方法成形?

知识目标

1. 钣金工实训安全操作。

2. 画展开图的基本方法。

3. 薄板构件的咬缝及卷边的种类。

4. 工模具成形原理。

5. 手工铆接的基本形式。

能力目标

掌握:

1. 薄板构件的咬缝及卷边的操作方法。

2. 手工铆接方法。

了解:

1. 薄板构件的搂边及拱曲。

2. 工模具成形。

随着现代工业的发展,现代加工方法的不断涌现,钣金加工的概念、方法和手段也在发生着深刻的变化。大至汽车外壳,小至仪器仪表,各种容器、管道,化学反应塔等,大多是钣金制件。因此,了解钣金加工的基础知识,掌握钣金成型工艺的操作技术,对机械制造业的发展有着十分重要的意义。

7.1 画展开图的基本方法

钣金作业中,各种构件的下料很多要涉及展开图,因此,必须熟练地掌握展开图的画法。所谓展开图,就是将物体的表面全部展开在一个表面上,即称为物体的表面展开图,如图 7.1 所示。

展开图的画法根据其构件的形状不同可分为平行线法、放射线法和三角形法。

7.1.1 平行线法

当构件是由棱柱面或圆柱面构成时,可假设沿构件表面的棱线或素线将构件剖开,然后将其表面沿着与棱线或素线垂直的方向打开并摊平在一个平面上,即可得到该构件的展开图。由于棱线或素线在展开前后相互平行,因此,按这一原理绘制展开图的方法,称为平行

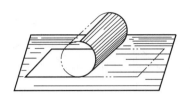

图 7.1　物体的表面展开情形

线法。

1. 截圆柱体的展开

如图 7.2 所示为斜截圆柱体的立体图。

如图 7.3 所示,斜截圆柱体展开图的基本画法如下:

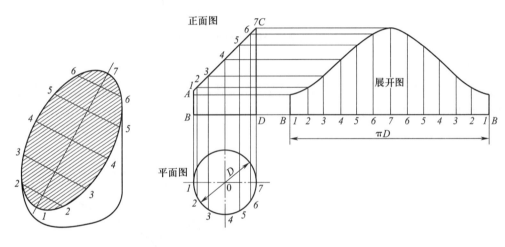

图 7.2　斜截圆柱体　　　　　　　　　图 7.3　斜截圆柱体展开图

（1）将俯视图半圆周六等分(等分点数越多,展开图越精确),等分点为 1、2、…、7。通过各等分点向上作垂线,在主视图切线上得 1、2、…、7 点。

（2）作 BD 延长线,截取端面圆周伸直长度,照录各等分点 1、2、…、7、…、2、1。通过各等分点作垂线,与正面切线上的各点所引水平线对应相交点连成光滑过渡曲线,即得斜截圆柱体展开图。

2. 两节等径圆管 90°弯头的展开

如图 7.4 所示为一个两节等径圆管 90°弯头的立体图和展开图。两节均为相同的斜口圆管,因此,展开一节即可。基本画法如下:

（1）先将底圆圆周十二等分。

（2）通过等分点作柱面素线,使素线至两柱体的相贯线为止。

（3）画展开图。圆柱体 Ⅰ 的展开:将圆周展开,长度为 πD,并把该线段十二等分,得 1、2、…、7 各点。由 1、2、…、7 各等分点分别引垂线,使其等于相应圆柱面上素线的长,并将对应点连成光滑过渡曲线,即得展开图。同理,可求出圆柱体 Ⅱ 的展开图。两者即为两节等径圆管 90°弯头的展开图。

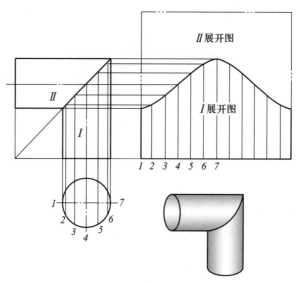

图 7.4　两节等径圆管 90°弯头的展开

3. 等径圆管 90°弯头的展开

如图 7.5(a)所示为三节等径圆管 90°弯头的立体图。如图 7.5(b)所示为三节等径圆管 90°弯头的展开图。基本画法如下：

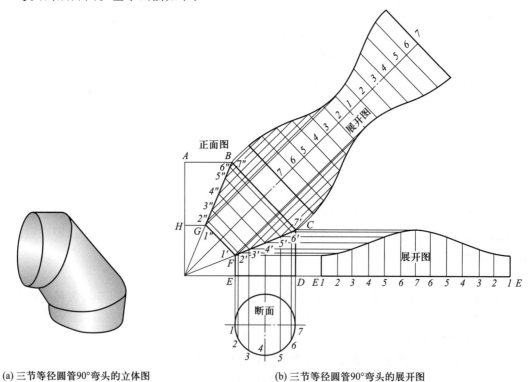

(a) 三节等径圆管90°弯头的立体图　　　　(b) 三节等径圆管90°弯头的展开图

图 7.5　三节等径圆管直角弯头

① 用两节等径圆管 90°弯头展开的方法求出 BG 和 CF 的接合线。

② 将俯视图半圆周六等分,得等分点 *1*、*2*、…、*7*。由各等分点向上作垂线,在 *CF* 接合线上得 *1'*、*2'*、…、*7'*。再由各点作 *BC* 线的平行线,在 *BG* 接合线上得 *1''*、*2''*、…、*7''*。

③ 作 *ED* 的延长线,截取断面圆周伸直长度,照录圆周各等分点 *1*、*2*、…、*7*、…、*2*、*1*。作各点垂线与 *CF* 接合线上各点所引平行线对应相交点连成光滑过渡曲线,即得尾节展开图。

④ 作平分中节线的延长线,在延长线上照录断面圆周 *7*、…、*2*、*1*、*2*、…、*7* 各点。过各点作垂线与 *CF*、*BG* 接合线上各点所引线对应交点连成曲线,即得中节展开图。

4. 长方形直角弯头的展开

如图 7.6 所示为长方形直角弯头的立体图和展开图。长方形弯头由 *I* 和 *II* 两节四棱柱的截切体组成。两节四棱柱形状相同,内侧面各有一个小长方形平面,长方形的高为主视图上的 $2'2_1'$,宽为俯视图上的 *12*;外侧面各有一个大长方形,其高为 $3'3_1'$,宽为 *43*;前后各有两个不完整的长方形平面,它的实形就是主视图上的 $2'2_1'3_1'3'$。由于弯头表面上的四条棱线彼此平行,所以,可用平行线法作展开图。基本画法如下:

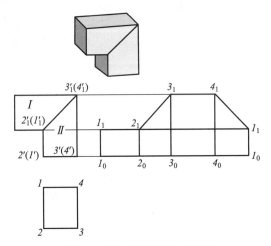

图 7.6　长方形直角弯头的展开

① 在主视图上延长 *2'3'*,并在此线上量取四段长度分别等于俯视图长方筒的边长,即 $1_0 2_0 = 12$,$2_0 3_0 = 23$,$3_0 4_0 = 34$,$4_0 1_0 = 41$。在水平线上即可得到 1_0、2_0、3_0、4_0、1_0 各点。

② 由水平线上各点向上作垂线,作出与长方筒彼此平行的四条棱线。

③ 通过主视图上 $(1_1')$、$2_1'$、$3_1'$、$(4_1')$ 各点引水平投影线,与展开图上 1_0、2_0、3_0、4_0 各棱线对应相交于 1_1、2_1、3_1、4_1 各点。

④ 用直线连接各点便得到展开图。

7.1.2　放射线法

放射线法适用于零件表面的素线相交于一点的形体。如图 7.7 所示的几个形体的表面素线都交于一点。由图中可以看出两相邻的素线及所夹的底边线,近似一个平面三角形。当把所有的三角形围绕锥顶依次铺开在一个平面上,就得到所求的展开图。

1. 正圆锥的展开

正圆锥的特点是锥顶到底圆任一点的距离都相等,所以,正圆锥展开后的图形为一扇

形,如图 7.8 所示,正圆锥的展开有两种画法:

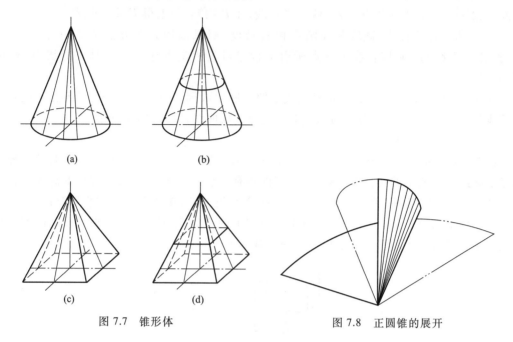

图 7.7　锥形体　　　　　　　　图 7.8　正圆锥的展开

① 以 O' 为圆心,以 $O'A$ 为半径画弧,弧长等于 πD。也可用计算的方法求出扇形角,如图 7.9 所示。

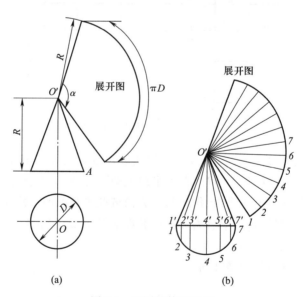

图 7.9　正圆锥管的展开

② 将俯视图中的半圆周六等分,其等分点为 1、2、…、7。

③ 由各等分点向上引垂线与主视图底线相交,得交点 1′、2′、…、7′,使各点分别与顶点 O' 相连。

④ 以 O' 为圆心,$O'7'$(圆锥母线长度)为半径画圆弧。

⑤ 沿圆弧由点 *1* 开始,在圆周上等分弦长,依次截取 12 等分,等分点为 *1*、*2*、…、*7*、…、*1*。

⑥ 连接各点后即得正圆锥的展开图。

2. 平口正圆锥的展开

平口正圆锥是指无锥顶的圆锥,展开方式与正圆锥的展开相似,如图 7.10 所示,具体步骤如下:

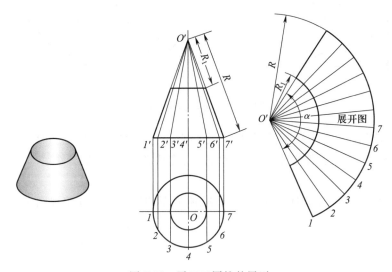

图 7.10　平口正圆锥的展开

① 将俯视图底圆半圆周周六等分,得等分点 *1*、*2*、…、*7*。在主视图上作锥顶与各分点 *1'*、*2'*、…、*7'* 的连线。

② 以 *O'* 为圆心,以 *R* 为半径画弧,用弦长代替弧长直接在底圆周上量取各点,连接各点即得扇形。

③ 以 *O'* 为圆心,以 R_1 为半径画弧,即得平口正圆锥的展开图。

• 7.1.3　三角形法

三角形法是将物体的表面分成一组或几组三角形,分别求出各组三角形每边的实长,并把它的实际形状依次画在平面上,得到其展开图。三角形法应用较为广泛,往往可以解决平行线法、放射线法不能解决的问题。它通常适用于不可展的直线曲面。

1. 上下方转角接头的展开

如图 7.11 所示为上下方转角接头的展开图。只需求出棱线实长就能用三角形法依次展开。具体步骤如下:

① 在主、俯视图上用旋转法求出棱线的实长 *c*。

② 画水平线 *AB* = *a*(已知),分别以 *A*、*B* 为圆心,实长 *c* 为半径画弧交于 *F* 点。

③ 以 *F* 为圆心,俯视图的上口长 *b* 为半径画弧,与以 *B* 为圆心,实长 *c* 为半径画弧相交于 *G* 点。

④ 以 *G* 为圆心,实长 *c* 为半径画弧,与以 *B* 为圆心,*a* 为半径画弧交于 *C* 点。

⑤ 以 *C* 为圆心,实长 *c* 为半径画弧,与以 *G* 为圆心,*b* 为半径画弧交于 *H* 点。

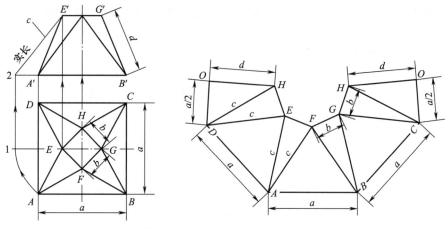

图 7.11　上下方转角接头的展开

⑥ 以 H 为圆心，d 为半径画弧，与以 C 为圆心，$a/2$ 为半径画弧交于 O 点。

⑦ 以同样的方法，分别求出 E、D、H、O 各点，连接各点，即得展开图。

2. 天圆地方接头的展开

如图 7.12 所示为圆顶方底接头的主视图、俯视图和展开图。在俯视图上，以 F 为圆心，e

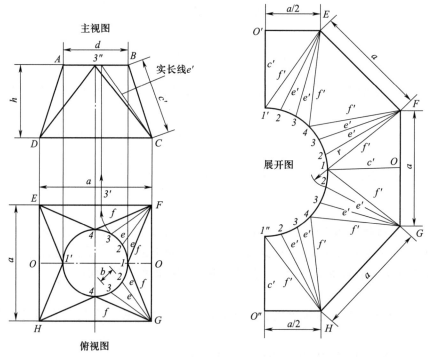

图 7.12　圆顶方底接头的主视图、俯视图和展开图

为半径画弧，与 EF 的交点为 $3'$，$3'F$ 的长度等于直线 e 的长度。而点 $3''$ 到 CD 线的距离为主视图投影高度，斜线 $3''C$ 即为实线长，具体步骤如下：

（1）在所画的竖线上截取俯视图中直线 FG 的长度，得中点 O。

（2）在由中点 O 向左引的水平线上，截取 $O1$ 等于主视图 BC 的长度，分别以点 F、G 为圆心,取实长 e'、f' 为半径画弧,以点 1 为圆心,俯视图的等分弧长 r 为半径依次画弧,交点为圆心 1、2、3、4。

（3）分别以点 4、$4''$ 为圆心 f' 为半径画弧,与以点 F、G 为圆心 a 为半径分别画弧的交点为 E、H。

（4）分别以点 E、H 为圆心,实长 e'、f' 为半径画弧,与以点 4、$4''$ 分别为圆心,俯视图的等分弧长 r 为半径依次画弧,交点为 3、2、1。

（5）分别以点 $1'$、$1''$ 为圆心,主视图中线段 c 为半径画弧,与以点 E、H 为圆心,俯视图中的 OE 为半径分别画弧,交点为 O'、O''。将其各点连成曲线和直线,即得展开图。

7.2 钣金展开的工艺处理

金属板构件按其厚度分可分为厚板构件和薄板构件两大类。一般情况下,把 0.6~3.2 mm 的金属板称为薄金属板。而在薄金属板中,厚度小于 1.5 mm 的金属板,由于板厚对质量影响不大,误差一般在工程允许误差范围内,可以忽略不计。而当板厚大于 1.5 mm 时,画展开图时必须考虑板厚的影响。

板厚大于 1.5 mm 时,受力弯曲后会产生塑性变形。从图 7.13 中可以看出金属板在弯曲前和弯曲后的变化情况。

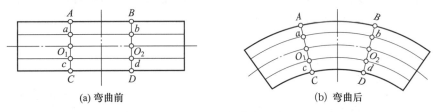

(a) 弯曲前　　　　　　　　　　　(b) 弯曲后

图 7.13　金属板弯曲前后对比

外表面因拉伸而伸长,内表面因压缩而缩短。那么,在拉伸变形向压缩变形过渡中,中心层既不受拉,也不受压,即弯曲应力等于零,这一层就叫作中性层。因此,厚金属板在展开下料时,多以中性层为基准。但中性层与金属板的厚度以及弯曲半径有着密切的关系。当金属板的弯曲半径与板厚之比大于 4 时,则中性层与中心线重合。故对厚板一般按中心层计算展开长度。

7.3 手工成形工艺

随着科学技术的不断发展,钣金成形加工已逐步由手工转变为机械加工来完成。但在设备条件不具备、构件复杂或单件小批量生产时,还必须用手工或借助于工装模具的方法来完成。即使机械成形后的钣金件,仍需要手工修整或补充加工。

7.3.1 薄板构件的咬缝

将两块板料的边缘或一块板料的两边折边扣合,并彼此压紧,这种连接方式称为咬缝,俗称咬口。咬缝不需要特殊的设备,工具简单、操作方便、连接可靠,通常用于厚度小于 1.5 mm 的薄金属板的连接。

1. 咬缝的种类

咬缝根据需要可咬成各种各样的结构形式。一般分为单咬缝、双咬缝、复合咬缝及角式咬缝,如图 7.14 所示。

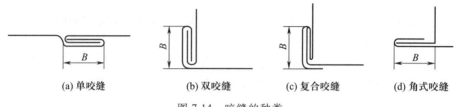

| (a) 单咬缝 | (b) 双咬缝 | (c) 复合咬缝 | (d) 角式咬缝 |

图 7.14　咬缝的种类

一般所说的咬缝是指单咬缝而言,这种咬缝有一定的强度,成形美观,应用范围较广。常见的有桶、盆、水壶。双咬缝及复合咬缝连接强度高,一般用于建筑房屋。例如,屋顶的水沟。而风道和烟道由于对它们连接强度要求不高,通常采用单咬缝。

2. 咬缝工具

常用的咬缝工具有手锤、打板、规铁等,如图7.15所示。

打板一般由硬质木料制成,它的作用是对板料进行敲击使之加工成形。它与工件接触面积大,因此板料变形较小。规铁是咬缝必备工具,由 45 钢经调质处理制成。为便于操作,通常将规铁固定在台虎钳或工作台上,如图 7.16 所示。

图 7.15　咬缝常用工具　　　　　图 7.16　规铁的固定方式

3. 咬缝方法

（1）单咬缝

如图 7.17 所示,单咬缝一般用于各种薄板的纵向咬缝,如各种圆柱形、圆锥形和长方形管子等。操作时,先在板料上划出咬缝的折边线,然后把板料放在规铁上,使折边线与规铁的边缘对齐,用打板向下敲击板料边缘,使其成90°角,翻转板料,使折边向里扣,留出适当间隙,不要扣死;将另一块板料用同样的方法做出,然后相互扣合,用打板敲紧即可(咬缝边部要敲凹,以防松脱)。注意打板下落时,应平落,以防将制件敲出凹坑。

单咬缝的余量在甲块板料上等于已知板厚咬缝宽度,在乙块板料上等于两倍咬缝宽度,即制件余量的三倍咬缝宽度。例如,一块板料上的单边咬缝宽度为 5 mm,则其整个咬缝余量应为 3×5 mm = 15 mm。

咬缝宽度的大小视板料厚度及制件工艺要求而定。

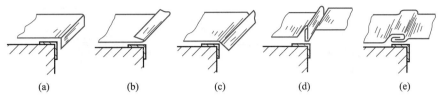

(a)   (b)   (c)   (d)   (e)

图 7.17　单咬缝的操作方法

（2）双咬缝

如图 7.18 所示,通常用于拉力、压力较强的制件。先在板料上按单咬缝的方法折出一个边,然后,接着向里折,翻转板料使弯边向上,在向里弯,在另一块板上按同样的方法做出,然后纵向插入,相互扣合,用打板敲紧即可。

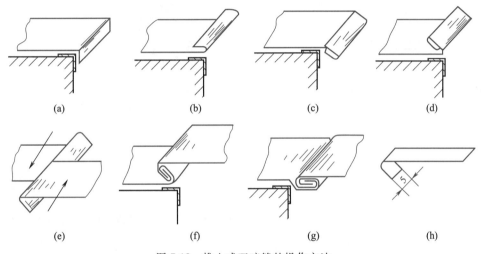

(a)   (b)   (c)   (d)

(e)   (f)   (g)   (h)

图 7.18　推入式双咬缝的操作方法

双咬缝的余量在甲块板料上等于两倍咬缝宽度,在乙块板料上等于三倍咬缝宽度,整个咬缝余量等于五倍咬缝宽度。例如,一块板料上的单边咬缝宽度为 5 mm,则其整个咬缝余量应为 5×5 mm = 25 mm。

（3）复合咬缝

复合咬缝的折边宽度在甲块板料上等于两倍咬缝宽度,在乙块板料上等于四倍咬缝宽度,复合咬缝的全部余量等于六倍咬缝宽度。如咬缝宽度为 5 mm,则咬缝余量为 6×5 mm = 30 mm。具体操作方法如图 7.19 所示。

（4）角式咬缝

角式咬缝分为角式单咬和角式复合咬。盆、桶、壶等通常采用角式单咬缝;在工业通风管道及机床防护罩的角形连接时,采用角式复合咬缝,如图 7.20 所示。

角式复合咬缝的操作方法如图 7.21 所示。

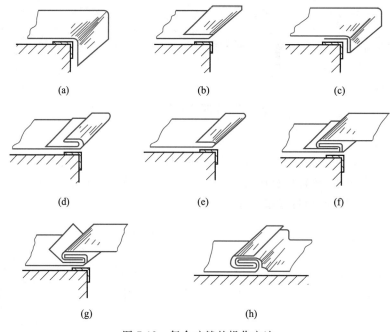

图 7.19 复合咬缝的操作方法

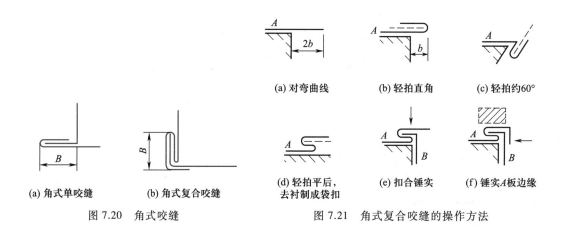

(a) 角式单咬缝　　　(b) 角式复合咬缝

图 7.20 角式咬缝

图 7.21 角式复合咬缝的操作方法

7.3.2 薄板构件的卷边

卷边是将制件边缘卷成圆弧的加工方法。可加强零件边缘的刚性和强度。消除边缘锋口,达到光滑耐用,增加美观的作用。通常用于锅、盆、桶、壶、仪表盒等。

1. 卷边种类

卷边分夹丝卷边和空心卷边两种。夹丝卷边是在薄板卷曲的边缘内嵌入一根铁丝,使边缘强度增强,如图 7.22 所示。

铁丝直径的大小根据制件的尺寸和所受的力来确定。一般铁丝的直径应是板料厚度的三倍以上。卷丝的板料边缘应不大于铁丝直径的 2.5 倍;空心卷边的余量介乎于压平卷边和夹丝卷边之间,其余量应不小于 8 倍的板厚。

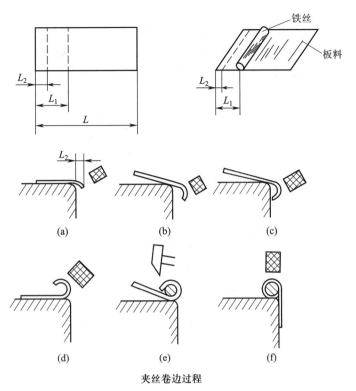

夹丝卷边过程

图 7.22 夹丝卷边

$$L_1 = 2.5d, \quad L_2 = \frac{1}{4} \sim \frac{1}{3}L_1$$

式中：d——铁丝直径；

　　　L_1——板料不卷部分长度；

　　　L_2——卷曲部分长度。

2. 手工卷边操作过程

① 在板料上划出两条卷边线 L_1、L_2。

② 将板料放在规铁上，使其露出规铁边缘的尺寸为 L_1，左手压住板料，右手用打板敲击露出部分，使其向下弯曲成 85°~90°。

③ 再将板料逐步向外拉伸并弯曲，直到规铁边缘对准第二条卷边线 L_2 为止。

④ 将板料翻转，卷边向上，力量均匀地敲击卷边成圆弧形。

⑤ 将铁丝敲直，从一端开始逐步放入卷边内，轻轻敲击，使卷边夹紧铁丝。

⑥ 将板料翻转，使接口靠住规铁将接口敲紧。手工空心卷边的操作过程与夹丝相同，但卷边与铁丝不要靠得太紧，以防铁丝不易抽出。

7.3.3 薄板构件的搂边

搂边也叫收边，是将板料不断地敲打所形成的弯边，是先使板料起皱，然后再把起皱处在防止伸展恢复的情况下压平。

1. 起皱钳搂边

先人为地将板料边缘起皱,使其达到所需的曲率,然后在垫铁上在防止伸直复原的状态下用木槌敲平。此时,板料边缘皱折消失,长度缩短,厚度增大。起皱钳是用 8 ~ 10 mm 的钢丝弯曲焊接而成,表面要光滑,防止划伤工件表面,如图 7.23 所示。

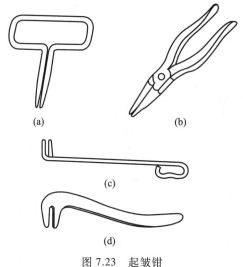

图 7.23　起皱钳

具体操作如图 7.24 所示。

2. 皱模搂边

对于稍厚的板料起皱,可用硬木制成起皱模进行,操作时,将待加工的板料放在模上用锤锤出波纹,如图 7.25 所示。

制件搂边是否理想,与金属板材的性质有直接关系。板材延伸率高,则韧性好,易于加工,通常选用铜板和铝板作为搂边加工材料。

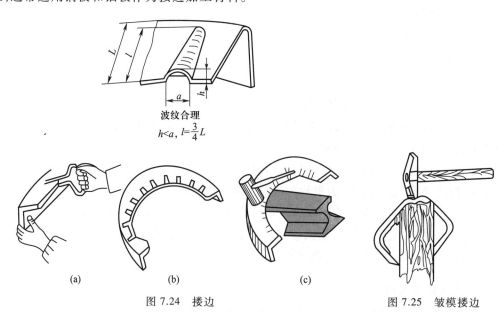

图 7.24　搂边　　　　　　图 7.25　皱模搂边

7.3.4 薄板构件的拱曲

拱曲是将薄板坯料用刨锤刨成凹曲面形的制件或其他所需形状制件的加工方法。

1. 拱曲件展开尺寸的确定

展开尺寸的确定一般采用实际比量和计算两种方法。

① 实际比量法。先将纸压成皱折包附在实物或胎模上,然后把纸形剪下按纸形的展开形状加上适当的余量即得拱曲件的展开料。对批量较大的工件,要经试制修正,制成批量样板再进行批量下料。

② 计算法。是按工件展开形状进行计算的,现以半圆形拱曲零件为例,它的展开形状应是圆形,设其直径为 d,其展开料直径 D 可按下列公式计算:

$$D = \sqrt{2}\,d = 1.414d$$

式中:D——所求坯料直径;

d——半球形零件的直径。

按上述方法求得的数值为近似值。未考虑拱曲时坯料有延伸,拱曲件经锤打以后,还需进行修边,其延伸部分可作为修边余量。

2. 拱曲方法

① 顶杆手工拱曲法。先将坯料边缘做出皱折,然后在顶杆上将皱折打平,使边缘的坯料向内弯曲。同时用木槌轻轻而均匀地锤击中部,使中部的坯料延展拱曲。锤击的位置要稍稍超过支撑点,敲打位置要准确,否则容易打出凹痕,甚至打破,如图 7.26 所示。

② 胎具手工拱曲法。一般尺寸较大深度较浅的工件,可直接在胎模上进行拱曲,如图 7.27 所示。

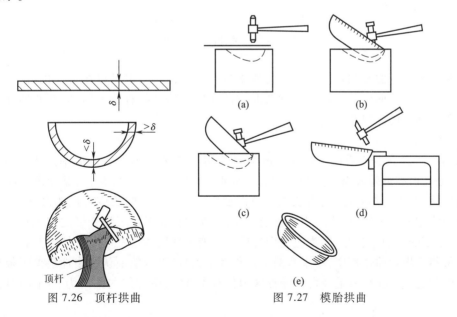

图 7.26 顶杆拱曲   图 7.27 模胎拱曲

操作时,先将坯料压紧在胎模上,手锤从边缘开始逐渐向中心部分锤击。拱曲时,锤击应轻而均匀,这样才能使加工表面均匀的伸展,形成凹起的形状,并可以防止拉裂。为使坯料伸展得快,拱曲过程中,可垫橡皮、软木、沙袋等。应分几次,使坯料逐渐下凹,直到坯料全部贴合胎模,形成好的表面质量。最后用平头锤在顶杆上打光锤击凹痕。

7.4　工模具成形

7.4.1　弯曲常用方法及变形特点

1. 弯曲定义

弯曲是钣金的主要加工方法之一,是将金属板材、型材、管材、棒料弯曲成一定曲率、角度和形状的冷冲压工序。

2. 弯曲方法

弯曲成形工艺应用极为广泛,根据弯曲件的形状和使用的工装及设备的不同,弯曲方法可分为压弯、滚弯、折弯、拉弯等,如图 7.28 所示。

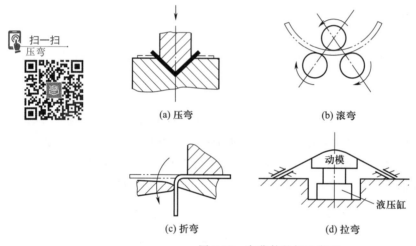

扫一扫
压弯

(a) 压弯　　　　　　(b) 滚弯

(c) 折弯　　　　　　(d) 拉弯

图 7.28　弯曲件的加工类型

常见的板料弯曲是利用模具在压力机上进行压弯,此外,也可以在折弯机、拉弯机和自动弯曲机上完成弯曲成形。尽管各种弯曲方法和使用的工装有所不同,但其变形过程和变形特点都具有共同的规律。

3. 弯曲变形特点

如图 7.29 所示为平直的毛坯在弯矩 M 的作用下,弯曲成具有一定曲率的弯曲形状。在弯曲时,毛坯内靠近外表面的部分产生拉伸变形,应力状态是单向受拉;靠近内表面部分受压应力作用,产生压缩变形,应力状态是单向受压。在拉应力向压应力过渡之间,存在一个切向应力为零的应力层,称为应力中性层。同样,在拉伸变形与压缩变形之间也存在一个既不受拉,也不受压的应变层,称为应变中性层。应变中性层的位置可用半径 ρ 表示。

在板料毛坯弯曲过程中,如果弯曲变形程度不大,可以近似地认为中性层位于板料厚度的 1/2 的位置上。在板料毛坯弯曲变性区内任意点 A(与中性层的距离为 y)上相对伸长应变为:

$$\delta = \frac{(\rho+y)\,\alpha - \rho\alpha}{\rho\alpha} = \frac{y}{\rho}$$

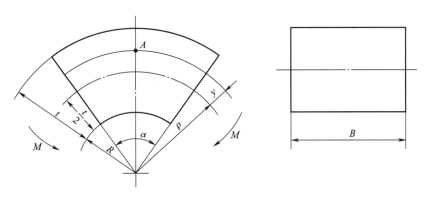

图 7.29 弯曲时中性层位置

如果用真实应变表示弯曲毛坯内任意一点的变形程度时, $y = t/2$, 于是得出弯曲毛坯外表面的相对伸长应变为:

$$\delta = \frac{t}{2\rho}$$

当变形程度不大时, 以上两个公式计算所得的结果基本相同。

冲压加工中的弯曲和大多数塑性加工过程一样, 也是由弹性变形开始。在弯曲初始阶段, 弯矩不大, 毛坯内的应力也不大, 处于弹性变形范围, 这时的弯曲称为弹性弯曲, 如图 7.30a 所示。随着变形程度的增大, 一般材料当 $R/t > 200$ 时, 板料的弯曲变形区处于弹塑性弯曲, 切向应力分布如图 7.30b 所示, 板料中性层附近仍处于弹性变形区域。而当 $R/t < 200$ 时, 板料变形进入线性纯塑性弯曲, 弹性变形区所占比例极小, 可忽略不计, 如图 7.30c 所示, 以上两种弯曲, 其应力应变仍属于线性状态, 应变中性层仍可认为在板料厚度之间。

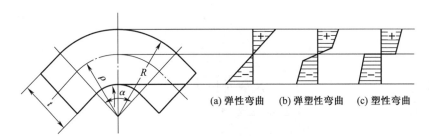

(a) 弹性弯曲   (b) 弹塑性弯曲   (c) 塑性弯曲

图 7.30 板料弯曲时的切向应力

随着弯曲变形程度的增大, 当其 $R/t < 5$ 时, 弯曲区整个断面几乎全部进入塑性状态, 变形区的应力、应变状态由线性状态转为立体状态, 变形区的横截面发生如图 7.31 所示的变形。

由于板料宽度不同, 其应力应变状态也不同。对于窄板 $B/t < 3$, 材料在宽度方向上可以自由变形, 所以在外区的应变 ε_B 为压应变, 内区则为拉应变。对于宽板 $B/t > 3$, 由于材料沿宽向流动受到阻碍, 几乎不能变形, 可以认为内区和外区在宽度方向上的应变 $\varepsilon_B = 0$。

所以, 窄板弯曲的应变状态是立体的, 而宽板弯曲的应变状态则是平面的。

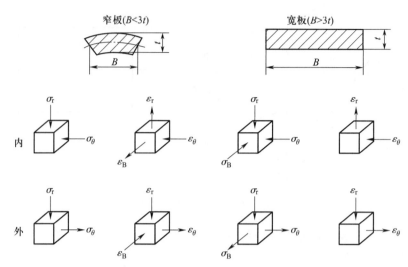

图 7.31 立体塑性弯曲时变形区的应力应变状态

7.4.2 弯曲常用设备

常用折边设备主要有机械式折边机、机械式板料折弯机、液压式板料折弯机和滚弯机等。

1. 机械式折边机

折边机主要由床架、传动丝杠、上台面、下台面以及折板等组成。

折边机的工作部分是固定在台面和折板上的镶条,上台面和折板的镶条一般是成套,根据使用不同,可选择具有不同角度和弯曲半径的上台面和镶条,如图 7.32 所示。

扫一扫
折边机的操作方法

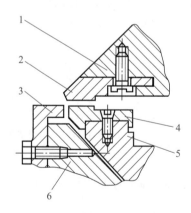

1—上台面;2—上台面镶条;3—折板镶条;4—下台面镶条;5—下台面;6—折板

图 7.32 折边机上镶条的安装情况

（1）折边机的操作方法

① 将上台面升起,把配套的镶条装在台面和折板上;如所弯曲的零件半径比现有镶条稍大时,可在镶条下方加特种垫板,如图 7.33 所示。

② 将下台面落下并翻起折板至水平,调整折板和台面的间隙与毛坯的厚度相适应。

③ 落下折板,升起台面,将毛坯放入,毛坯的弯折线应与上台面镶条的外缘线对齐。

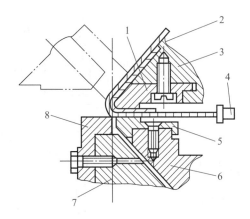

1—上台面镶条;2—特种垫板;3—上台面;4—挡板;5—下台面镶条;6—下台面;7—折板;8—折板镶条

图 7.33 镶条的使用情况

④ 将上台面落下压紧毛坯,翻转折板,弯折毛坯至要求角度。此时应考虑板料的回弹。

⑤ 落下折板,升起上台面,取出零件。

（2）机械式折边机的特点

① 适用范围较大,可加工各种不同截面几何形状的零件。

② 弯折角度不易控制,因此加工精度较低。

③ 生产效率低,不适合大批量生产。

2. 机械式板料折弯机

机械式板料折弯机的结构类似于曲柄压力机。它采用曲柄连杆滑块机构,将电动机的旋转运动变为滑块的往复运动,只要保证传动系统和工作机构具有足够的刚度与精度,就能使工件具有相当高的尺寸重复精度。它每分钟行程次数较高,维护简单,但机构庞大,制造成本高,常用于中小件折弯。

机械式板料折弯机的传动系统如图 7.34 所示。

工作时,托板的起落和上下位置的调节是两个独立的传动系统。电机 21 通过齿轮 22、20、19、23 带动轴 25 转动,装在轴 25 上的蜗杆 24 使连杆螺丝 2 旋入连杆 3 内,通过电动机的换向可上下调节托板的位置;托板起落是靠电动机 13 通过带轮 16、齿轮 8 带动传动轴 7 旋转,借助于齿轮 6 和 5 带动曲轴 4 转动,使连杆 3 带动托板起落,进行折弯工作。

3. 液压式板料折弯机

液压式板料折弯机采用油泵直接驱动。由于液压系统能在整个行程中对板料施加压力,并且在过载时实现自动卸荷保护,自动化程度高,使用灵活方便,因此液压式板料折弯机是现代生产中最常见的折弯设备。一般它有两个竖直油缸推动滑块的运动。由于滑块在运动过程中容易产生偏斜,一般设有同步的控制系统。

常见的液压式板料折弯机的传动系统有三种形式。

（1）液压下传动式

这种结构的折弯机的液压系统一般都安装在底座内,如图 7.35 所示。在折弯时,可实现"包围式折弯",即加工一个接头的箱体时,不会受到液压装置的干涉,因此,它最适合加工金属箱体。

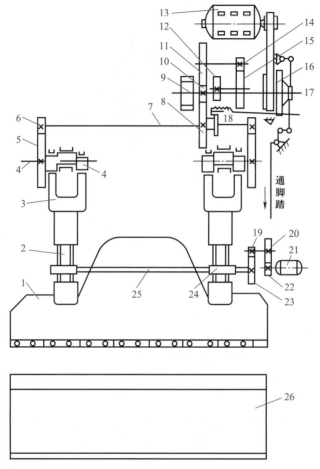

1—拖板；2—连杆螺丝；3—连杆；4—曲轴；5、6、8、10—齿轮；7—传动轴；

9—止动器；11、12、14、15—变速箱；13—电动机；16—带轮；17—主轴；18—齿轮变速齿条；

19、20、22、23—齿轮；21—电动机；24—蜗杆；25—轴；26—工作台

图 7.34　机械式板料折弯机的传动系统

扫一扫
液压下传
动式板料
折弯机

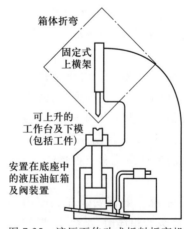

图 7.35　液压下传动式板料折弯机

这种折弯机有固定式的上横梁,靠工件随工作台上升完成闭合过程。液压装置是在单面作用的油缸底座内。工作台则依靠自身的重量完成返回行程。这类折弯机的特点是操作方便、灵活、适合于加工尺寸较小的工件。

(2)液压上传动式（机械挡块结构）

这种结构的折弯机采用了能操纵闭合和开启行程的双向作用缸,并具有精确的控制机构,因而它具备脱模功能,适合于在额定压力范围内的冲切加工。在折制各种角度时,机械挡块结构能准确地控制上模插入下模的深度,因此尺寸精度较高,应用范围也比下传动式折弯机要广得多。

挡块装置有两种形式:一种是外装式,另一种是内装式,如图 7.36 所示。小吨位折弯机采用手动调节,大吨位折弯机采用机械调节。调节装置一般采用蜗轮副或圆锥齿轮副。

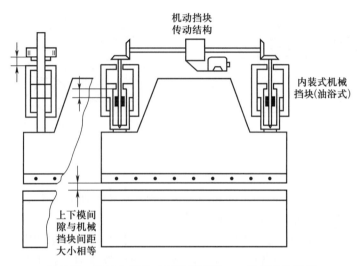

图 7.36　液压上传动式板料折弯机——机械挡块结构

(3)液压机械折弯机

如图 7.37 所示,液压机械折弯机是在机械式和液压式折弯机的基础上研制的一种具有较高精度,操作简单方便,特别是在平行度、压力吨位控制和可变行程机构上,更具优越性的加工设备。

液压机械折弯机的滑块由液压系统控制,具有快速趋近、慢速折弯和控制压力吨位等功能。滑块与机架的连接是通过坚固的枢纽结构,从而保证了滑块上下运动的平行,也取消了复杂且效果并不理想的油缸平衡系统。

4. 滚弯机的结构特点

滚弯加工是将金属板料或型材通过旋转滚轴,并在滚轴作用力和摩擦力的作用下弯制成不同回转类工件的一种加工方法。根据所加工材料截面形状的不同,可分为加工金属板材的三轴滚弯机以及用于加工型材的四滚轮弯曲机。

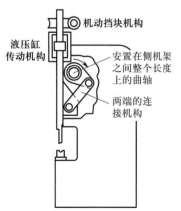

图 7.37　液压机械折弯机

（1）三轴滚弯机

如图 7.38 所示为锥形滚弯成形机的示意图。

成形机的下面有两个棍子为驱动辊轮,上面可调节的辊子是惰性辊轮,它靠与工件之间的摩擦力来驱动。板料经滚弯后所得到的曲率半径决定于滚轴之间的相对位置、板料厚度以及材料的力学性能。一般情况下,滚弯前应先将板料的两端在冲床或液压机上弯曲成短的弧形截面,否则加工完的工件两端呈平直而不是弧形状态。

（2）四滚轮弯曲机

如图 7.39 所示为四滚轮弯曲机的示意图。

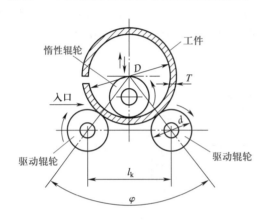

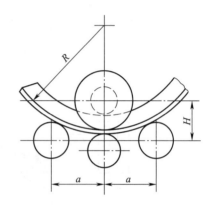

图 7.38 锥形滚弯成形机的示意图   图 7.39 四滚轮弯曲机的示意图

弯曲成形时,型材受到中间两个导轮的支持,减少了型材剖面的畸变。这种弯曲机的辊轴多为悬臂式的,广泛应用于型材的滚弯加工。

滚弯加工的特点是通用性大,不需要特殊的工具和模具。型材滚弯时,也只需要不同剖面形状及尺寸的滚轮。因此设备简单,容易制造。但由于滚弯加工属于自由弯曲,精度不易控制,板料及型材需反复滚弯调整才能达到要求,所以生产效率较低。

5. 拉弯机的结构特点

拉弯是一种较为特殊的弯曲方法。通常是在专用的拉弯机上进行。从工作原理上可以将拉弯机分成两大类,即工作台旋转式拉弯机与转臂式拉弯机。

（1）工作台旋转式拉弯机

如图 7.40 所示为工作台旋转式拉弯机的工作原理图。

拉弯时,把弯曲毛坯 1 放入两个加紧头中夹紧。在液压缸 4 的作用下对毛坯施加拉力,当工作台 3 旋转时,毛坯与固定在工作台上的模具 2 表面贴靠,完成弯曲成形加工。当工作台旋转时,液压缸向外排出液体,用以维持一定的压力。

（2）转臂式拉弯机

如图 7.41 所示为转臂式拉弯机的工作原理图。

拉弯时,毛坯 10 夹紧在两个夹头之间,通过拉力工作缸 2 和 3 的作用,对弯曲毛坯施加拉力。当旋转工作缸工作时,滑块 5 带动拉杆 6 使两转臂按图示方向转动,并使毛坯产生弯曲变形而贴靠在固定工作台的弯曲模表面。需要时,也可以利用另一组反向弯曲模 9 在转臂做反向转动时,完成另一个方向的弯曲工作,以扩展拉弯机的工作范围。

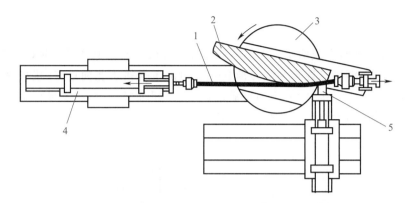

1—毛坯;2—模具;3—工作台;4—液压缸;5—压紧装置

图 7.40 工作台旋转式拉弯机的工作原理图

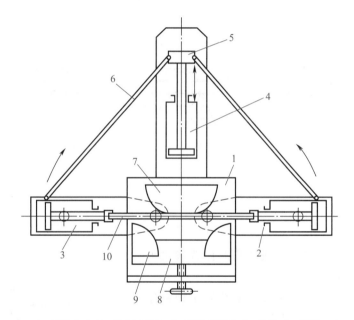

1—工作台;2、3—拉力工作缸;4—旋转工作缸;5—滑块;6—拉杆;
7—弯曲模;8—活动工作台;9—反向弯曲模;10—毛坯

图 7.41 转臂式拉弯机的工作原理图

在拉弯加工中,常采用预先将毛坯拉后进行一次弯曲,然后再补拉的方法,即首先在平直状态下拉伸,施加足以使毛坯内部的应力达到材料屈服应力的拉力。此后开始弯曲,直到坯料贴紧模胎为止,并在弯曲过程中,保持预拉力不变。最后当弯曲终了时,再补充加大拉力,以便更好地保持弯曲时所获得的弯曲度。

拉弯的特点是能减少回弹,毛坯的黏模性较好,并且拉弯的胎模比较简单,所以工件的尺寸及精度很高。由于在拉弯过程中,必须要留出夹紧部分以及和胎模不能贴紧的悬空部分,因此,材料利用率较低。适用于加工长度大,相对弯曲半径大的工件。当弯曲半径小于 10~15 mm 的工件,一般不采用拉弯的方法进行弯曲。目前,拉弯工艺广泛应用于飞机、汽车等大型产品的加工。

铆接是用铆钉把两个或两个以上的零件连成整体的一种连接方法,如图 7.42 所示。随着科学技术的发展,铆接已逐步为焊接所代替。但由于铆接工艺简单,连接可靠,抗振并耐冲击,塑性与韧性优于焊接,传力均匀可靠,易于检查和维修,并适用于异种金属的连接,因此,铆接仍被广泛应用于汽车、石油化工设备、压力容器及经常承受动载荷作用的钢结构的制造。

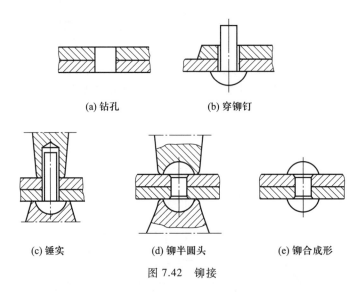

(a) 钻孔　　　　　　(b) 穿铆钉

(c) 锤实　　　(d) 铆半圆头　　　(e) 铆合成形

图 7.42　铆接

7.5.1　铆接形式

1. 铆接的基本形式

铆接的形式很多,按连接板的相对位置铆接可分为搭接、对接和角接。

① 搭接。搭接是将板件边缘重叠后用铆钉连接在一起的连接方法,如图 7.43 所示。

搭接又分为平板搭接和窝板搭接两种形式。在钣金作业中多采用平板搭接形式。如果要求制件外表面平整时可采用窝板搭接,如图 7.44 所示。

② 对接。将连接板置于同一平面上,利用盖板把板件铆接在一起,分为单盖板对接和双盖板对接两种形式,如图 7.45 所示。

③ 角接。将互相垂直或组成一定角度的板件连接在一起,如图 7.46 所示。

2. 铆接的种类

按铆接件使用不同,铆接件的种类可分为强固铆接、紧密铆接和密固铆接。

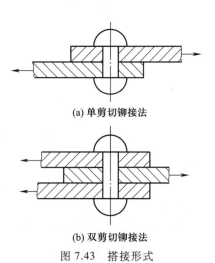

(a) 单剪切铆接法

(b) 双剪切铆接法

图 7.43　搭接形式

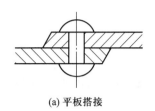
(a) 平板搭接

(b) 窝板搭接

图 7.44 铆接缝的形式

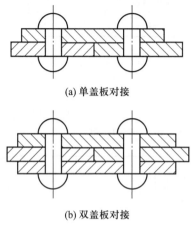
(a) 单盖板对接

(b) 双盖板对接

图 7.45 对接形式

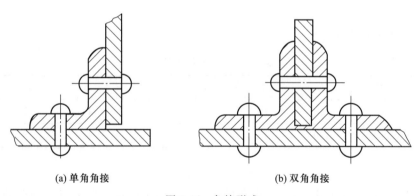
(a) 单角角接

(b) 双角角接

图 7.46 角接形式

① 强固铆接。这种铆接方式用于既要承受较大的压力,又要有相当紧密的钢结构,铆件上铆钉受力大,须有足够的连接强度,接缝的严密与否无特殊要求。如钢结构的房架、车辆、桥梁、立柱、横梁等。

② 紧密铆接。这种铆接方式用于铆件上的铆钉承受压力既小且均匀,但各条接缝要绝对紧密结合(以防漏水漏气)。如水箱、储罐、气箱等。目前,这种铆接极为少见,已被焊接所代替。

③ 密固铆接。这种铆接方式铆件上铆钉既要承受强大的压力,又要求接缝绝对紧密。在一定压力作用下,液体及气体均不能泄漏,适用于高压容器装置,如锅炉、压力容器、压力

单元七 钣金工实训

管路等。目前,这种铆接几乎被焊接所代替。

7.5.2 手工铆接方法

1.铆接工具

① 手锤。手锤是铆接必备工具,锤头由碳素工具钢制成,锤头两端必须淬火。其规格按铆钉直径的大小来确定。质量一般为 0.25~0.5 kg,见表 7.1。

表 7.1 根据铆钉规格不同选用手锤

铆钉直径/mm	锤重/kg	铆钉直径/mm	锤重/kg
2.5~3.6	0.3~0.4	4~6	0.4~0.5

② 漏冲。是用于将铆接板料相互镦紧及贴合的专用工具,由碳素工具钢制成,漏冲两端须淬火,如图 7.47 所示。

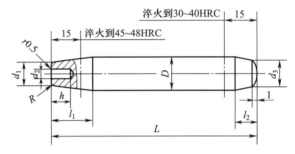

图 7.47 漏冲

表 7.2 为制作漏冲的各部尺寸。

表 7.2 漏冲的各部尺寸   mm

铆钉直径	D	L	d_1	d_2	d_3	h	l_1	l_2
2.5~3.6	$\phi16$	110	10	5.5	13	14	22	10
4~6	$\phi18$	130	12	7.5	16	18	28	10

2.窝子

窝子由碳素工具钢制成,并经淬火和抛光,如图 7.48 所示。用来把已铆合的铆钉头窝成半圆头。窝头前应根据不同铆钉直径合理选择窝子。表 7.3 为窝子的各部尺寸。

表 7.3 窝子的各部尺寸   mm

铆钉直径	D	L	d_1	d_2	d_3	h	R	l_1	l_2
2.5	10	90	6	4.1	10	1.3~0.04	2.3	15	—
3	12	100	7.5	5.5	10	1.5~0.05	3.0	20	8
3.6	14	110	8.5	6.5	12	1.75~0.05	3.7	20	10
4	17	120	10	7.5	14	2.2~0.05	4.5	25	10

续表

铆钉直径	D	L	d_1	d_2	d_3	h	R	l_1	l_2
5	18	130	12.5	9.2	16	2.5~0.06	5.8	28	10
6	20	130	15	11.2	18	2.9~0.06	7.3	30	10

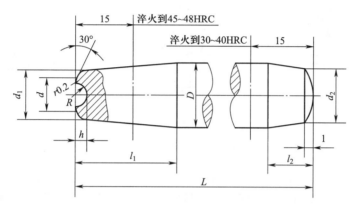

图 7.48　窝子

3. 铆钉

铆钉是铆接结构的紧固件。根据使用不同,需选用不同材质的铆钉,常用的有钢制、铜制及铝制铆钉,铆钉材料应具有良好的韧性和较高的延伸率。

① 铆钉直径的确定。铆钉的直径是根据铆接板厚度和结构的受力情况以及所需的强度来确定的。一般情况下,铆钉直径与铆接板厚度的关系见表7.4。

表 7.4　铆钉直径与铆接板厚度的关系　　　　　　　　　　　　mm

板料厚度	5~6	7~9	9.5~12.5	13~18	19~24	25 以上
铆钉直径	10~12	14~18	20~22	24~27	27~30	30~36

② 铆钉长度的确定。铆接质量的好坏与铆钉的长度有很大的关系。铆钉杆如果太长,则钉杆易弯曲;若铆钉杆太短,则镦粗量不够,铆钉头形成不完整,易出现缺陷,从而降低铆接的强度和紧密性。因此,铆钉长度的选择应根据铆接件的厚度、铆钉孔直径以及铆接工艺过程来确定。一般常用的半圆头铆钉钉杆的长度可用下列公式计算:

$$l = 1.12\delta + (1.25 \sim 1.5)d$$

式中:l——铆钉杆长度;

　　　δ——铆接板总厚度;

　　　d——铆钉直径。

4. 手工铆接方法

手工铆接有两种方式:钻孔铆接和漏冲铆接。钻孔铆接一般用于厚度大于 0.7 mm 的板料。钻孔铆接时,应使钉孔的直径比铆钉的直径稍微大一些,以便铆钉能够顺利通过连接件。对于0.7 mm以下薄板制件的连接,如果精度要求不高,可采用漏冲铆接。将铆钉置于板料下方需铆接位置,用手锤轻敲一下,铆钉的痕迹即显示在板料上,然后将漏冲放在板料上方铆钉的位置,用力锤击漏冲,即可使铆钉透过板料,如图7.49所示。

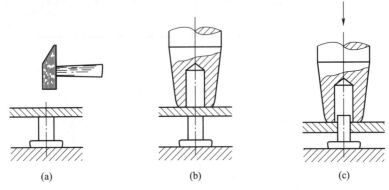

(a)　　　　　　(b)　　　　　　(c)

图 7.49　不钻孔的铆接

钻孔铆接的缺点是在铆接过程中,两个铆接件之间因出现间隙而不能紧密贴合,此时如果直接进行铆接,在两个铆接件之间的钉杆易出现"鼓肚"现象,这样既影响连接强度又影响美观。处理的方法是将漏冲置于铆钉杆上,用手锤轻轻敲实即可,如图7.50所示。

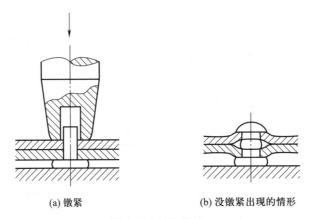

(a) 镦紧　　　　　　　　(b) 没镦紧出现的情形

图 7.50　钻孔铆接

手工铆半圆头铆钉时,首先将铆钉穿入被铆接件的钉孔中,然后用顶模顶住铆钉头,将板料压紧,用手锤镦粗钉杆使其形成钉头,最后将窝子绕铆钉轴线倾斜转动直至得到理想的铆钉头。锤击次数不宜过多,否则材质会出现冷作硬化现象而使钉头产生裂纹,如图7.51所示。

手工铆平头铆钉时,手锤应绕铆钉的轴线倾斜旋转做锤击运动,目的是使钉头形成均匀,防止受力不均造成铆钉杆弯曲或形成的顶头产生偏斜,所形成的顶头大小应与铆钉头大小一致。

5. 铆接的应用

铆接作为钢结构件中一种传统的工艺方法,随着科学技术的发展已逐渐被焊接技术所取代。但在汽车、桥梁、建筑等行业仍起着十分重要的作用。在现代化工业国家中铆接还广

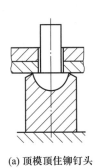

(a) 顶模顶住铆钉头

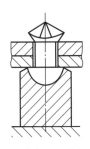

(b) 将铆钉杆镦粗

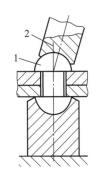

(c) 用窝子使铆钉头成形

图 7.51　手工冷铆铆钉

泛应用于航天、石油化工设备、压力容器、电站设备、起重机械、运输、船舶、管道和核工业设备的制造。在有色金属结构中(铝结构)的作用也越来越多。尤其是在日常生活用品、装饰品中,有的已代替了钢结构和木质结构,如商店的柜台、门窗等。铆接结构精美大方、经久耐用、轻便灵活。

随着工业生产和现代科学技术的发展,铆接已由笨重的手工操作逐渐向机械化和自动化发展。如爆炸成型、自动剪板机、大型辊板机和压力机、磁力吊具、无声铆接、电能加热铆钉等新技术、新工艺、新设备,已在铆接作业中得到广泛的应用。

案　例

如图 7.52 所示,画出撮子的展开图,并制订加工工艺(表 7.5)。

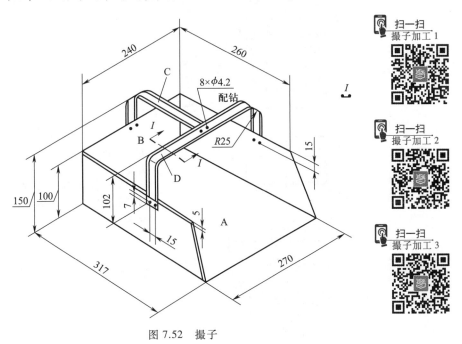

图 7.52　撮子

扫一扫
撮子加工 1

扫一扫
撮子加工 2

扫一扫
撮子加工 3

表 7.5　撮子的加工工艺

工序号	工序简图	工序内容	设备、工具、量具
1. 备料		下料： 镀锌板，厚度 0.5 mm A 件：450 mm×333 mm 1 件 B 件：250 mm×110 mm 1 件 C 件：440 mm×45 mm 1 件 D 件：280 mm×45 mm 1 件 铅丝 ϕ3.5 mm×410 mm 2 件 ϕ3.5 mm×250 mm 2 件 铝铆钉 ϕ4 mm×10 mm　8 个	剪板机、钢直尺、划针
2. 划线		划线： （1）A 件和 B 件分别以长边的中垂线及一长边为基准划咬缝线和折边线； （2）C 件和 D 件分别划出包丝线及 ϕ4.2 孔中心线	划针、划规、钢直尺

续表

工序号	工序简图	工序内容	设备、工具、量具
3. 剪裁		剪裁外轮廓、去角： 分别将 A 件和 B 件外轮廓剪裁成形，并将折边工序中相互干涉的角去掉	铁剪子
4. 折边		折边： （1）分别折 A 件和 B 件的咬缝边和侧边； （2）分别折 C 件和 D 件的包丝边使其小于 90°	折边机、规铁、打板
5. A 件和 B 件组合		A 件和 B 件组合： 将 A 件和 B 件咬缝连接	规铁、打板
6. 卷边		卷边： 将 A、B 组合件以 B 件上折边线为基准将各 5 mm 立边卷成 180°，成空心状，并将折边形成的尖角倒钝	规铁、打板

工序号	工序简图	工序内容	设备、工具、量具
7. 包丝		包丝： 分别将铅丝放入 C 件和 D 件中，保证铅丝距两端距离相等，用打板将铅丝包入其中，并将两端敲平	规铁、打板
8. 压槽		压槽： 将宽 12 mm 的垫铁放在包丝后的 C 件和 D 件的平面上，使其在宽度方向对称放置，用折边机将其压槽成形	折边机、垫铁
9. 弯曲		弯曲： 分别将压槽后的 C 件和 D 件弯曲成形，保证尺寸 75、102 及 R25 圆弧，C 件弯曲角度 100°，D 件弯曲角度 90°	φ50 规铁（可自制煨弯器）
10. 钻孔		钻孔： （1）分别将 C 件、D 件两端敲平，长度为 15 mm； （2）C 件短端钻孔 2×φ4.2，保证中心距尺寸 15 及位置尺寸 7； （3）D 件两端分别钻孔 4×φ4.2； （4）C 件长端 2×φ4.2 孔与 D 件中间 2×φ4.2 孔配钻，保证二件相互垂直	台钻、φ4.2 麻花钻、样冲

工序号	工序简图	工序内容	设备、工具、量具
11. C件和D件组合	C 2×φ4.2 配钻 2×φ4.2 7 15 D 15 7 6×φ4.2 15	C件和D件组合： （1）用两个铆钉按C件在下D件在上将C和D组合在一起； （2）C件和D件组合件翻转180°，用12 mm垫铁支承铆钉头部，用漏冲穿入铆钉杆，将C件和D件连接处镦实，然后用手锤将二铆钉镦粗形成铆钉头，保证二件相互垂直	规铁、12 mm垫铁、漏冲、手锤
12. 整体组合	15 15	整体组合： （1）将A件和B件组合件三个侧边分别画线15 mm； （2）以C件和D件组合件6×φ4.2孔为基准，确定与A件和B件组合件的相对位置，保证整体相互位置正确，打样冲眼,配钻A件和B件组合件6×φ4.2孔； （3）分别将铆钉穿入两组合件的配钻孔,用漏冲穿入铆钉杆镦实,用手锤将铆钉杆镦粗形成铆钉头	台钻、φ4.2麻花钻、规铁、样冲、漏冲、手锤、钢直尺

小 结

钣金工作为一种传统的工艺方法,在现代生产中,仍占有十分重要的地位。它不仅作为机器零件的产品,还可以和机械制图课程有机的衔接,起到承上启下的作用。本单元从钣金展开入手,对典型钣金结构件的展开做了详细的描述。并由浅入深地讲解了钣金成形工艺的特点及各种钣金成形方法。旨在使学生通过学习,了解和基本掌握钣金工的基本操作技能。

思考题

7.1 展开图的画法有几种形式,各适用于哪些几何形体?

7.2 钣金作业中剪板机有几种剪裁方式,分别是什么?

7.3 简述咬缝的基本结构形式及适用范围?

7.4 什么是密固铆接、强固铆接和紧固铆接？它们的主要区别是什么？

7.5 手工铆接的方法分为哪几种？各适用于什么范围？

拓展题

如图 7.53 所示，画出簸箕的展开图，并制订加工工艺。

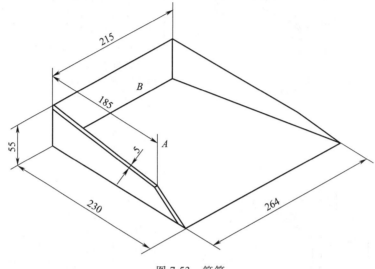

图 7.53 簸箕

8

车 削 实 训

观察与思考

当看到奔驰的汽车,高速运转的设备,是否想到其中的旋转零部件的加工与车削加工有什么关系呢?

知识目标

1. 了解车削加工工艺范围。

2. 了解卧式车床的结构组成、运动及用途。

能力目标

掌握:

1. 典型表面加工的工艺过程。

2. 车削外圆、端面、内孔、螺纹、成形面以及圆锥面和钻孔、滚花、切断等加工方法。

了解:

1. 车床的传动系统、型号、含义及主要附件。

2. 车削时工件的主要装夹方法。

8.1 概述

8.1.1 车工概述

车床是用于车削加工的一种机床,如图 8.1 所示。车工是工人根据图样要求操作车床对工件进行车削加工的工种。车削加工是在车床上,利用工件的旋转运动和车刀的直线运动(或曲线运动)来改变毛坯的尺寸、形状,使之成为合格工件的一种金属切削方法。

8.1.2 车削加工工艺范围

机器中带有回转面的零件很多,这些回转面大都需要车削加工。车削加工基本上是金属切削加工中的第一道工序,所以它在切削加工中占有重要的地位,车床的台数几乎要占机床总台数的 30%~50%。车削加工的范围很广,它包括车外圆、车端面、切断、车外沟槽、钻中心孔、钻孔、扩孔、锪孔、镗孔、铰孔、车圆锥面、车成形面、滚花、车螺纹和盘绕弹簧等。

8.1.3 工艺过程

为科学管理生产,需要把产品、零件、部件合理的加工过程编写成文件,供管理人员和生产工人遵照执行,这种文件称为工艺规程。

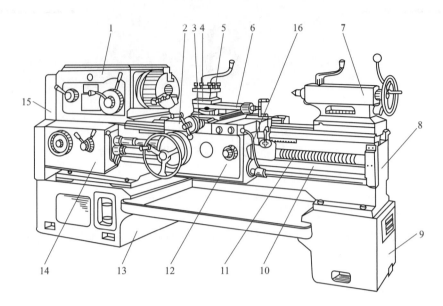

1—主轴箱;2—纵滑板;3—横滑板;4—转盘;5—方刀架;6—小滑板;7—尾座;8—床身;9—右床座;
10—光杠;11—丝杠;12—滑板箱;13—左床座;14—进给箱;15—挂轮架;16—操纵手柄

图 8.1　CA6140 型普通车床的外形图

工艺规程不仅是指导生产的重要技术文件,而且还是组织生产、管理生产的重要依据,因此工艺规程是工厂工艺文件的重要组成部分。

工艺规程主要是规范了从毛坯到成品(或半成品)的工艺过程。工艺过程的基本组成部分是工序,而工序又分若干次安装、工位、工步、走刀等内容。

1. 工序

一名(或几名)工人在一台机床(或同一工作地点)上对一个(或几个)工件进行加工时,所连续完成的那部分工艺过程称为工序。划分工序的主要依据是看工作地是否改变,对一个工件不同表面的加工是否连续(顺序或平行)完成。

2. 安装

在某一工序中,有时需要对工件进行多次装夹,每次装夹所完成的那部分工艺过程称为安装。

3. 工位

为减少安装误差,常常选用一些可转位(或移位)的夹具装夹工件,工件相对机床在每一个位置上完成的那部分工艺过程称为工位。

如图 8.2 所示是一个可转位夹具(或称转位工作台),工件只安装一次,依靠夹具的转位,就可以使每个工件顺序进行钻、扩、铰等加工。

当加工表面、刀具和切削用量均不变化时,完成的那部分工艺过程称为工步。一道工序可以包括一个工步或几个工步。

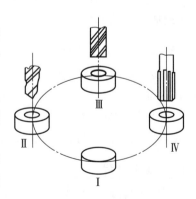

图 8.2　可转位夹具

4. 工作行程

车削时,由于毛坯余量较大,不可能一次进给就把工件车成形,往往需要往返几次进给才行,我们把刀具对工件的每一次进给车削就称为一次工作行程。

加工质量要求较高的工件时,需要把整个加工过程分成几个阶段进行,即粗加工、半精加工、精加工和超精加工等。

划分工艺路线的优点是:

① 能及时发现毛坯缺陷。

② 能充分发挥机床的性能。

③ 便于热处理工序安排。

④ 提高效率保证工件质量。

8.2 普通车床及其附件

8.2.1 普通车床的型号、规格和技术性能

机床的型号用来表示机床的类别、特性、组系和主要参数的代号,由基本部分和辅助部分组成,中间用"/"隔开。按照 GB/T 15375—2008《金属切削机床 型号编制方法》的规定,机床型号由汉语拼音及阿拉伯数字组成,其表示方法如下:

其中带括号的代号或数字,当无内容时则不表示,若有内容时则不带括号。

例如:C6136A

C——类代号,车床类机床;

61——组系代号,卧式;

36——主参数,机床可加工工件最大的回转直径的 1/10,即该机床可加工最大工件直径为 360 mm;

A——重大改进顺序号,第一次重大改进。

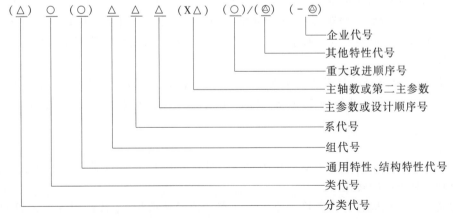

注:① 有"( )"的代号或数字,当无内容时,则不表示;若有内容则不带括号。

② 有"○"符号者,为大写的汉语拼音字母。

③ 有"△"符号者,为阿拉伯数字。

④ 有"◎"符号者,为大写的汉语拼音字母,或阿拉伯数字,或两者兼有之。

8.2.2 普通车床的主要组成及其作用

下面以普通车床中具有代表性的 CA6140 为例,介绍普通车床的主要组成部分及其作用。

1. 主轴部分

主轴部件是车床的关键部件,切削时主轴承受很大的切削力,工件的加工精度和表面粗糙度在很大程度上都取决于主轴的刚度和旋转精度。主轴部件的结构如图 8.3 所示。

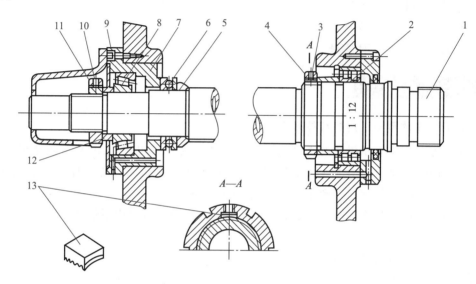

1—主轴;2—双列短圆柱滚子轴承;3、9、10—紧固螺钉;4、11—调整螺母;
5—隔圈;6—推力球轴承;7—轴承座;8—圆锥滚子;12—套;13—压块

图 8.3 主轴部件的结构

当主轴的径向跳动超差时,应调整主轴的前轴承。调整步骤是先松开调整螺母上的紧固螺钉 3,顺时针旋转调整螺母 4,推动前轴承内圈向右移动;由于主轴轴颈为圆锥面,使轴承内圈发生弹性变形而增大,故减少了轴承的径向间隙。当轴承间隙调整合格后,再把紧固螺钉 3 拧紧。

当主轴的轴向窜动超差时,应调整主轴的后轴承。调整步骤是先松开后螺母 11 上的紧固螺钉 10,再顺时针旋转调整螺母 11,当轴向间隙调整好后,再把紧固螺钉 10 拧紧。

2. 变速部分

变速机构的作用是改变主动轴和从动轴之间的传动比,在主动轴转速不变情况下,使从动轴得到多种不同的转速。

常见的变速机构有滑移齿轮变速机构和离合器变速机构,主轴箱内的变速机构是由箱外的手柄控制的。

3. 离合器部分

离合器的作用是使同一轴线上的两根轴,或轴与轴上的空套传动件随时接通或断开,以实现机床的启动、停止、变速、变向等。

离合器的种类较多,常见的有啮合式离合器、摩擦离合器和超越离合器等。

（1）啮合式离合器

啮合式离合器是利用两个互相啮合的齿爪或一对内、外啮合的齿轮来传递扭矩,如图8.4所示。

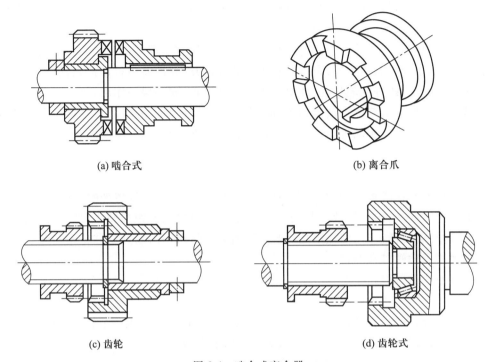

(a) 啮合式   (b) 离合爪

(c) 齿轮   (d) 齿轮式

图 8.4 啮合式离合器

（2）摩擦离合器

摩擦离合器的工作原理是靠内、外摩擦片在压紧时端面之间的摩擦力传递扭矩。

摩擦片间隙调整方法:先用旋具把弹簧销压下,然后逐步转动加压套。当内、外摩擦片之间的间隙调整好后,再让弹簧销从加压套的缺口中弹出,防止加压套松动。

摩擦片间隙调整一定要松紧合适,若调整的间隙较大,压紧时会互相打滑,使传递扭矩减小,不仅易造成闷车现象,而且还能引起摩擦片磨损;若间隙太小,易损坏操纵装置。

4. 制动部分

制动部分的作用是在车床停车时,阻止主轴箱内各转动件的惯性旋转,使主轴迅速停止转动。制动带的调整很方便,当主轴制动不灵时只要调整主轴箱后面制动部分的螺母就可以了。

制动带调整合适的标准是:当主轴工作时制动带完全松开,停车时,制动带抱紧使主轴迅速停止转动。

5. 互锁部分

互锁机构是装在滑板箱内的一种保险装置,它的作用是为防止因操作错误,将丝杠传动与光杠传动同时接通而损坏机床部件。

互锁机构的工作原理是：当开合螺母结合时，互锁块凸起部分正好插入机动进给拨叉的槽内，使机动进给手柄不能转动，当开合螺母松开时机动进给手柄才能转动，实现自动进给运动。

6. 进给过载保护部分

车床过载保护机构，又称为脱落蜗杆，安装在滑板箱内，它的作用是当机动进给过载时，能自动停止机动进给运动，防止转动件的损坏。

它的工作原理是当过载时，切削抗力增大，也使蜗杆右端螺旋面牙嵌离合器的轴向力增大，当轴向力大于弹簧的弹力时，离合器右半部分被推开，并推动拨杆压向斜面，使蜗杆绕铰链向下脱落，断开了蜗杆蜗轮传动，使机动进给运动停止，起到保护作用。

过载保护机构的负载能力由弹簧的弹力决定，弹力的大小由螺母来调整。合理的弹力应该是既能保证正常的机动进给，又能保证过载时蜗杆自动脱落，停止机动进给，保证车床安全。

7. 开合螺母部分

开合螺母安装在滑板箱的背面，它的作用是接通或断开由丝杠传来的运动。

当槽盘逆时针旋转时，使带动上、下半螺母的圆柱销之间的距离减小，螺母合上，接通丝杠传动；顺时针旋转槽盘时，圆柱销之间的距离增大，螺母松开，断开丝杠传动。开合螺母与燕尾导轨的松紧靠螺钉来调整。

8. 中滑板丝杠部分和螺母部分

车床横向进给靠转动中滑板丝杠来完成。当丝杠和螺母之间的间隙过大时，将造成横向进给刻度不准，影响尺寸精度。调整丝杠和螺母之间间隙的步骤是：先松开螺钉，调整螺钉（即顺时针拧螺钉），把楔块向上拉，在斜面的作用下，螺母向左移动，减少丝杠与螺母牙侧之间的间隙。调整合适后，应该把螺钉拧紧。

8.2.3　普通车床的传动系统

如图 8.5 所示是 CA6140 型卧式车床的传动系统图，是采用国家制图标准中所规定的传动元件符号画出的。

车床的传动系统是由传动链组成的。传动链就是两部件间的传动联系，一台车床上有几个运动，就有几条传动链。每条传动链都具有一定的传动比，在图 8.5 所示的传动系统中，由主运动传动链、车螺纹运动传动链、纵向和横向进给运动传动链和刀架快速移动传动链组成。

在车床的传动系统图中，载明了电动机的转速、齿轮的齿数、带轮直径、丝杠的螺距、齿条的模数和轴的编号等，用以了解车床的传动关系、传动路线、变速方式及传动元件的装配关系（如固定键连接、滑移键连接、空套等），并以此可计算出传动比和转速，车床传动系统图对于使用车床、调整车床和维修车床都有很大的作用。

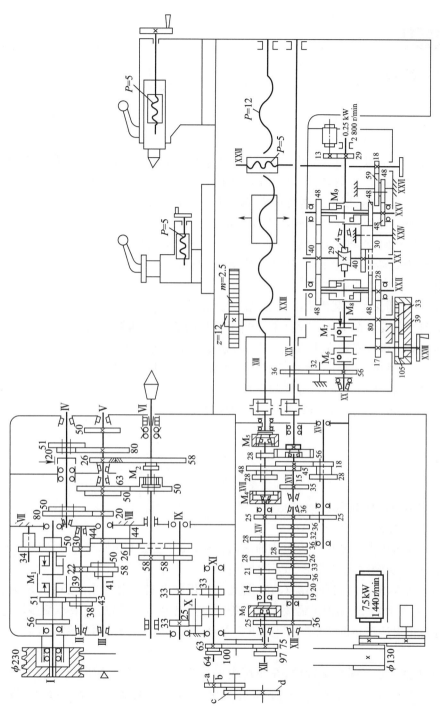

图 8.5 CA6140 型卧式车床的传动系统图

8.3　车削加工

8.3.1　车削外圆和端面

1. 车削外圆的方法

（1）车削外圆的一般步骤

① 启动车床,使工件旋转。

② 用手摇动床鞍和中滑板的进给手柄,使车刀刀尖靠近并接触工件右端外圆表面。

③ 反方向摇动床鞍手柄,使车刀向右离开工件 3~5 mm。

④ 摇动中滑板手柄,使车刀横向进给,进给量为切削深度。

⑤ 床鞍纵向进给车削 3~5 mm 后不动中滑板手柄,将车刀纵向快速退回,停车测量工件。与要求的尺寸比较,再重新调整切削深度,把工件的多余金属车去。

⑥ 床鞍纵向进给车到尺寸时,退回车刀,停车检查。

（2）刻度盘的原理和应用

车外圆时,切削深度可利用中滑板的刻度盘来控制。

中滑板刻度盘安装在中滑板丝杠上。当中滑板的摇动手柄带动刻度盘转一周时,中滑板丝杠也转一周。这时固定在中滑板上与丝杠配合的螺母沿丝杠轴线方向移动了一个螺距,因此安装在中滑板上的刀架也移动了一个螺距。如果中滑板丝杠螺距为 5 mm,当手柄转一周时,刀架就移动了 5 mm。若把刻度盘圆周等分 100 格,当刻度盘转过一格时,中滑板则移动了 5 mm/100 = 0.05 mm。所以,中滑板刻度盘转过一格,车刀横向移动的距离 k 可按下式计算:

$$k = \frac{P}{n}$$

式中:P——中滑板丝杠的螺距,mm;

　　　n——刻度盘圆周上等分格数。

小滑板刻度盘用来控制车刀短距离的纵向移动,其刻度的工作原理与中滑板相同。

使用中、小滑板刻度盘时应注意以下两点:

① 由于丝杠和螺母之间有间隙存在,因此在使用刻度盘时会产生空行程(即刻度盘转动,而刀架并未移动)。根据加工需要慢慢地把刻度盘转到所需位置,如果不慎多转过几格,不能简单地直接退回多转的格数,必须向相反方向退回全部空行程,再将刻度盘转到正确的位置。

② 由于工件在加工时是旋转的,在使用中滑板刻度盘时,车刀横向进给后的切除量正好是切削深度的两倍。因此,当工件外圆余量确定后,中滑板刻度盘控制的切削深度是外圆余量的二分之一。而小滑板的刻度值,则直接表示工件长度方向的切除量。

2. 车削端面的方法

（1）用 45°车刀车削端面

如图 8.6 所示为 45°车刀,又称弯头车刀,主偏角为 45°,刀尖角为 90°。45°车刀的刀头强度和散热条件比 90°车刀好,常用于车削工件的端面、倒角。另外,由于 45°车刀主偏角较小,车削外圆时,径向切削力较大,所以一般只能车削长度较短的外圆。

（2）用右偏刀车削端面

用右偏刀车削端面时,如果车刀由工件外缘向中心进给,是副切削刃切削。如图8.7(a)所示,当切削深度较大时,切削力会使车刀扎入工件,而形成凹面。为防止产生凹面,可改为由中心向外缘进给,用主切削刃切削,如图8.7(b)所示,但切削深度要小。或者如图8.7(c)所示,在车刀副切削刃上磨出前角,使之成为主切削刃来车削。

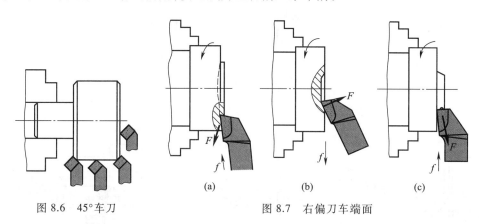

图8.6 45°车刀　　　　　图8.7 右偏刀车端面

8.3.2 切断与切槽

在切削加工中,若棒料较长,需按要求切断后再车削;或者在车削完成后把工件从原材料上切割下来,这样的加工方法叫切断。

常用的切断刀有高速钢切断刀、硬质合金切断刀、反切刀、弹性切断刀、车槽刀等。

1. 切断刀的安装

安装时,切断刀不宜伸出过长,同时切断刀的中心线必须装得跟工件中心线垂直,以保证两个副偏角对称。

切断实心工件时,切断刀的主切削刃必须装得与工件中心等高,否则不能车到中心,而且容易崩刃,甚至折断车刀。

切断刀的底平面应平整,以保证两个副后角对称。

2. 外沟槽的车削

（1）直沟槽的车削

车削宽度较窄的外沟槽时,可用刀头宽度等于槽宽的车刀一次直进车出,如图8.8(a)所示。车削较宽的外沟槽时,可以分两次车削,如图8.8(b)所示。第一次用刀头宽度小于槽宽的切断刀粗车,在槽的两侧和底面留有精车余量;第二次用精车刀精车至尺寸。

外沟槽底直径可用外卡钳或游标卡尺测量,外沟槽宽度可用钢直尺、游标卡尺或量规测量。

（2）斜沟槽的车削

车削45°外沟槽时,可用45°外沟槽车刀。车削时把小滑板转过45°,用小滑板进给车削成形,如图8.9(a)所示。车圆弧沟槽时,把车刀的刀头磨成相应的圆弧刀刃,如图8.9(b)所示。车削外圆端面沟槽时,刀头形状如图8.9(c)所示。上述斜沟槽车刀刀尖a处的副后面上应磨成相应的圆弧R。

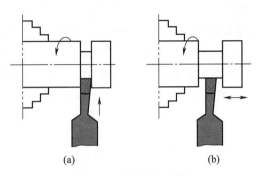

图 8.8　直沟槽的车削

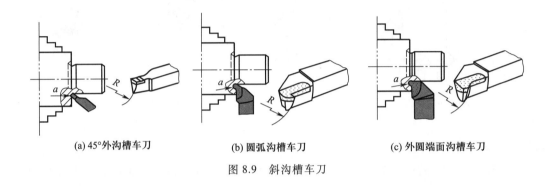

(a) 45°外沟槽车刀　　　(b) 圆弧沟槽车刀　　　(c) 外圆端面沟槽车刀

图 8.9　斜沟槽车刀

8.3.3　孔的加工

工件上的铸造孔、锻造孔或用钻头钻出来的孔,为了达到所需要的精度和表面粗糙度,还需要车孔(又称镗孔)。车孔可以作为粗加工,也可以作为精加工。车孔的精度一般可达 IT8~IT7,表面粗糙度 $Ra3.2~1.6\ \mu m$,精车可达 $Ra0.8\ \mu m$ 或更小。

1. 内孔车刀

(1) 内孔车刀的种类

根据不同的加工情况,如图 8.10 所示的内孔车刀可分为通孔车刀和盲孔车刀两种。

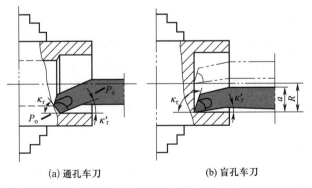

(a) 通孔车刀　　　　　(b) 盲孔车刀

图 8.10　内孔车刀

（2）内孔车刀的装夹

内孔车刀装夹的正确与否直接影响到车削情况及孔的精度,内孔车刀装夹时一定要注意以下几点:

① 装夹内孔车刀时,刀尖应与工件中心等高或稍高。如果装得低于中心,由于切削力的作用,容易将刀杆压低而产生扎刀现象,并可造成孔径扩大。

② 刀杆伸出刀架不宜过长。如果刀杆需伸出较长,可在刀杆下面垫一块垫铁支承刀杆。

③ 刀杆要平行于工件轴线,否则车削时,刀杆容易碰到内孔表面。

2. 车内孔的方法

（1）车内孔的关键技术

车内孔的关键技术是解决内孔车刀的刚性和排屑问题。

增加内孔车刀的刚性主要采用以下两项措施:

① 尽量增加刀杆的截面积。一般内孔车刀的刀杆截面积小于孔截面积的四分之一,如图 8.11（b）所示,如果内孔车刀的刀尖位于刀杆的中心线上,这时刀杆的截面积可达最大程度,如图 8.11（a）所示。

② 尽可能缩短刀杆的伸出长度。如图 8.11（c）所示,为了增加刀杆刚性,刀杆伸出长度只要略大于孔深即可,并且要求刀杆的伸长能根据孔深加以调节。

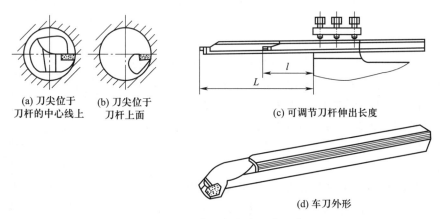

(a) 刀尖位于　　(b) 刀尖位于　　　　(c) 可调节刀杆伸出长度
刀杆的中心线上　　刀杆上面

(d) 车刀外形

图 8.11　可调节刀杆长度的内孔车刀

解决排屑问题主要是控制切屑流出方向。精车通孔时要求切屑流向待加工表面（前排屑）,可以采用正值刃倾角的内孔车刀。加工盲孔时,应采用负的刃倾角,使切屑从孔口排出。

（2）车内孔的方法

车内孔的方法基本上与车外圆相同,只是车内孔的工作条件较差,加上刀杆刚性差,容易引起振动,因此切削用量应比车外圆时低一些。

车阶台孔或盲孔时,控制阶台深和孔深的方法有:应用车床的纵向刻度盘,在刀杆上做标记或应用挡铁等。

3. 铰孔的方法

机用铰刀在车床上铰削时,先把铰刀装夹在尾座套筒中或浮动套筒中（使用浮动套筒可

以不找正),并把尾座移向工件,用手慢慢转动尾座手轮均匀进给来
实现铰削,如图 8.12 所示。

手铰时,切削速度低,切削温度也低,不产生积屑瘤,刀具尺寸变
化小,所以手铰比机铰质量高,但手铰只适用于单件小批量生产中铰
通孔。

铰削时,切削速度越低,表面粗糙度值越小,一般最好小于
5 m/min。进给量取大些,一般可取 0.2~1 mm/r。

铰孔时,在干切削和非水溶性切削液铰削情况下,铰出的孔径
比铰刀的实际直径略大些,干切削最大。而用水溶性切削液铰削
时,由于弹性复原,所以铰出的孔比铰刀的实际直径略小些,并且
孔的表面粗糙度值小,用非水溶性切削液孔的表面粗糙度次之,

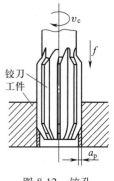

图 8.12　铰孔

干切削最差。因此在铰孔时,必须加注充分的切削液。铰削钢料时,可用乳化液;铰削
铸铁时,可不加切削液或用煤油;铰削青铜或铝合金时,可用 2 号锭子油或煤油。

8.3.4　车削圆锥面

将工件车削成圆锥表面的方法称为车圆锥面。在机械制造中,除广泛采用圆柱体和圆
柱孔作为配合表面外,还广泛采用外圆锥面和圆锥孔作为配合表面,如车床主轴的锥孔、顶
尖、直径较大的钻头的锥柄等。圆锥配合紧密,拆卸方便,可以传递转矩,且经多次拆卸仍能
保持精确的定心作用,因而得到广泛应用。车圆锥面的方法主要有以下几种。

1. 宽刀法

宽刀法如图 8.13 所示,是将刀具磨成与工件轴线成锥面斜角
α 的切削刃,直接进行加工的方法。这种方法的优点是方便、迅
速,能加工任意角度的圆锥面。但由于切削刃较大,要求机床和
工件刚性较好,因而加工的圆锥不能太大,仅适用于批量生产
使用。

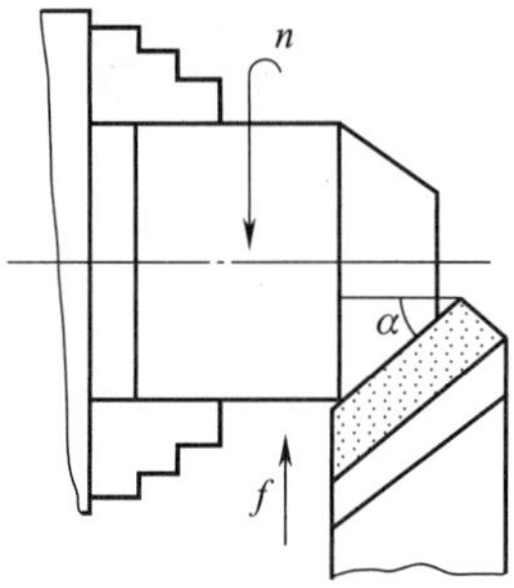

2. 转动小滑板法

将小滑板绕盘轴线转斜角 $\alpha/2$,然后用螺钉紧固。加工时转
动小滑板手柄,使车刀沿锥面的母线移动,加工出所需要的圆锥
面,如图 8.14 所示。

图 8.13　用宽刀车圆锥面

这种方法调整方便,操作简单,可以加工斜角为任意大小的内、外圆锥面,应用很广。但
所切圆锥的长度受小滑板行程长度的限制,且只能手动进给,仅用于单件生产。

3. 偏移尾架法

调整尾座顶尖使其偏移一个距离 s,使工件的旋转轴线与机床主轴轴线相交成一个斜角
α 角,利用车刀的自动纵向进给,车出所需圆锥面,如图 8.15 所示。

4. 靠模板法

一般靠模板装置的底座固定在床身的后面,底板上面装有锥度靠模板,它可以绕中心轴
旋转到与工件轴线交成锥面斜角 α,如图 8.16 所示。为使中滑板自由地滑动,必须将中滑板
与大滑板的丝杠与螺母脱开。为便于调整背吃刀量,小滑板必须转过 90°。

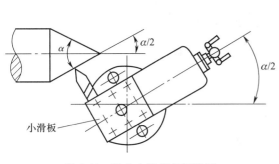

图 8.14　转动小滑板车圆锥面　　　　图 8.15　偏移尾架车圆锥面

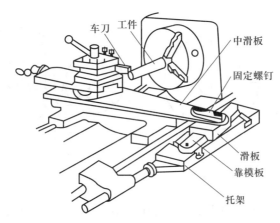

图 8.16　用靠模板装置车圆锥面

当大滑板作纵向自动进给时,滑板就沿着靠模板滑动,从而使车刀的运动平行于靠模板,车出所需的圆锥面。

靠模板法适用于较长、任意角度 α、批量生产的圆锥面和圆锥孔,且精度较高。

8.3.5　车削成形面与滚花

1. 车削成形面

（1）成形面

在机器制造中,经常会遇到有些零件表面素线不是直线而是曲线,如单球手柄,三球手柄,摇手柄及内、外圆弧槽等,这些带有曲线的零件表面叫成形面,如图 8.17 所示。

在车床上车削成形面时,应根据零件特点、数量多少及精度要求采用不同的加工方法。

（2）成形面的车削方法

① 双手控制法。双手控制法就是用左手控制中滑板手柄,右手控制小滑板手柄,使车刀运动为纵、横进给的合运动,从而车出成形面。在实际生产中,因操作小滑板手柄不仅劳动强度大,而且还不易连续转动,不少工人常用控制床鞍纵向移动手柄和中滑板手柄来实现加工成形面的任务。用双手控制法车削成形面,难度较大、生产效率低、表面质量差、精度低,所以只适用于精度要求不高、数量较少或单件产品的生产。

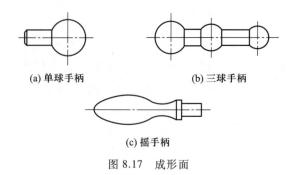

(a) 单球手柄　　　　(b) 三球手柄

(c) 摇手柄

图 8.17　成形面

② 成形刀车削法。车削较大的内、外圆弧槽,或数量较多的成形面工件时,常采用成形刀车削法。常用的成形刀有整体式普通成形刀、棱形刀和圆形成形刀(图 8.18)等几种。

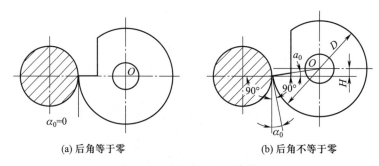

(a) 后角等于零　　　　(b) 后角不等于零

图 8.18　圆形成形刀及其使用

③ 仿形法。用仿形法车削成形面,劳动强度小、生产效率高、质量又好,是一种比较先进的车削方法。仿形法车成形面特别适合于数量大,质量要求较高的成批大量生产。

④ 用专用工具车削成形面。用专用工具车削内、外圆弧的原理是:车刀刀尖运动的轨迹是一个圆弧,其圆弧半径和成形面圆弧半径相等,如图 8.19 所示。用专用工具车削成形面的方法很多,主要有车削内、外圆弧面专用工具。

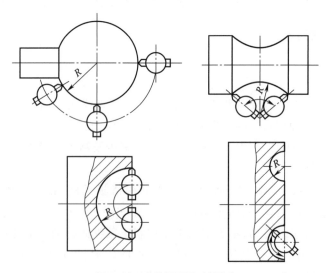

图 8.19　内外圆弧车削原理

2. 滚花

（1）滚花

为增加摩擦力或使零件表面美观,常常在有些工具和机器零件的捏手部分或零件表面上滚出不同的花纹,称为滚花。滚花的花纹一般有直纹和网纹两种,并有粗细之分。花纹的粗细由节距的大小决定。花纹一般是在车床上用滚花刀滚压而成的。

（2）滚花刀

滚花刀有单轮、双轮和六轮等三种。单轮滚花刀滚直纹、双轮滚花刀滚网纹,如图 8.20 所示。双轮滚花刀是由一个左旋和一个右旋滚花刀组成的,六轮滚花刀也用于滚网纹,它是将三组不同节距的双轮滚花刀装在同一特制的刀杆上。使用时,可根据需要选用粗、中、细不同的节距。

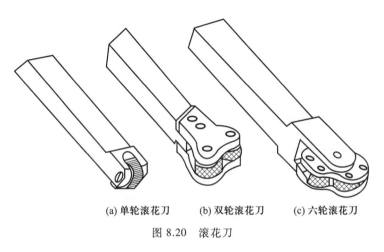

(a) 单轮滚花刀　　(b) 双轮滚花刀　　(c) 六轮滚花刀

图 8.20　滚花刀

（3）滚花的方法

滚花是用滚花刀来挤压工件,如图 8.21 所示。使其表面产生塑性变形而形成花纹,所以滚花时产生的径向压力很大。滚花前,根据工件材料的性质,如果滚花的节距为 P,必须把滚花部分的直径车小 $(0.25 \sim 0.5)P$。然后将滚花刀紧固在刀架上,使滚花刀的表面与工件表面平行接触,滚花刀中心和工件中心等高,在滚花刀接触工件时,必须用较大的压力进刀,使工件挤出较深的花纹,否则容易产生乱纹。这样来回滚压 $1 \sim 2$ 次,直到花纹凸出为止。为了减少开始时的径向压力,可先把滚花刀表面宽度的一半跟工件表面相接触,或把滚花刀尾部装得略向左偏一些,使滚花刀跟工件表面有一个很小的夹角,这样比较容易切入,不易产生乱纹。

8.3.6　车螺纹

高速车螺纹具有适应性好、被切削表面光洁、效率高等特点,是单件和大批量加工中广泛采用的一种方法。

1. 高速车螺纹使用的车刀

高速车螺纹时使用硬质合金车刀。下面介绍几种高速螺纹车刀。

如图 8.22 所示的是高速车螺纹车刀(一),它的刀前面和后面由两个圆弧面组成,形成切削刃和前、后角,这种形式提高了刀尖强度。所以在加工强度高、韧性大的合金材料的螺纹时,可

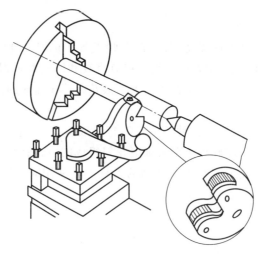

图 8.21　滚花的方法

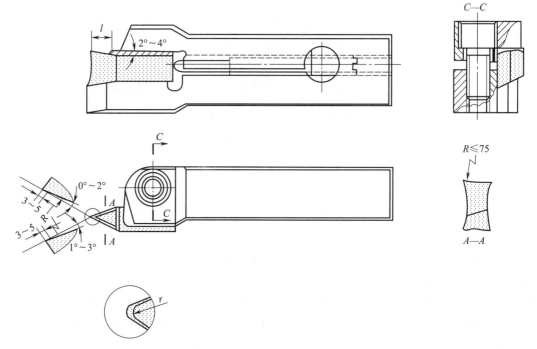

图 8.22　高速车螺纹车刀（一）

进行强力高速切削；它的前面用砂轮的外圆表面磨出，形成半径为 $R \leqslant 75$ mm 的圆弧面。这种刃磨保证了螺纹车刀的左右两个切削刃都有 2°～4° 的正前角，改善了切削条件；提高了加工表面的光洁性；两个后面应使用同一个砂轮的外圆表面将圆弧面磨出。这样，可以得出 1°～3° 的后角，同时也保证了刀尖的强度。刀尖圆弧半径 r 根据螺纹底的要求磨出。

　　使用这种螺纹车刀时，要注意使刀杆槽与刀片的配合要准确。特别是刀片的底面要和刀杆槽密合，否则容易打坏刀片。该车刀采用 YT15、YW1 或 YW2 硬质合金刀片，在普通车床上对 35 钢或 45 钢进行螺纹加工,当工件直径为 40~80 mm 时,车床主轴转速 $n=$ 400~600 r/min。

如图 8.23 所示的是高速车螺纹车刀(二),把硬质合金刀片装夹在刀杆的槽内,调节螺钉拧在刀杆的螺纹孔中。拧动调节螺钉可以使刀片在刀杆槽内滑动,以调节刀片伸出的长度。螺栓的一端,拧紧在刀杆上。将压紧盖板盖在硬质合金刀片上,拧紧螺母,压紧盖板就将硬质合金刀片压紧了。

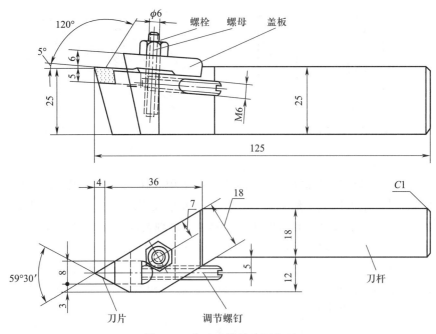

图 8.23 高速车螺纹车刀(二)

车刀使用 YT15 硬质合金刀片。使用这种车刀车削普通螺纹时,刀尖角可磨成 59°30′;车削英制螺纹时,刀尖角可磨成 54°30′。切削刃上要用油石研磨出 $-5° \times 0.1$ mm 的倒棱,刀尖上可磨出半径 0.1~0.2 mm 的圆弧,这样可延长刀具的使用寿命。

不锈钢材料的塑性和韧性很大,在切削时容易黏刀形成积屑瘤,这样,不仅影响了螺纹的表面光洁性,也降低了生产率。如图 8.23 所示是加工不锈钢的螺纹车刀。刀片材料为 YG8,刀杆为 45 钢,刀尖刃口具有 0.8~1 mm、$\gamma_1 = -2° \sim -1°$ 的负倒棱,刀尖强度好。加工 2 mm 螺距的螺纹只要 3 次走刀就可完成。切削速度 $v=45\sim60$ m/min。刃磨后必须仔细进行研磨,保证刃口达到表面光洁的要求;负倒棱及刀尖圆弧用油石磨出,月牙洼可在工具磨床上磨出。

2. 传动原理

车螺纹时,为了获得准确的螺距,必须用丝杠带动刀架进给,使工件每转一周,刀具移动的距离等于工件螺纹的导程。更换交换齿轮或改变进给手柄位置,即可车出不同螺距的螺纹。

3. 螺纹车刀的安装

螺纹截形的精确度取决于螺纹车刀刃磨后的形状及其在车床上的安装

扫一扫
螺纹车刀的安装

位置是否正确。为了获得准确的螺纹截形,螺纹车刀的刀尖角应等于被切螺纹的截形角,如图 8.24 所示。普通螺纹截形角为 60°,螺纹车刀前角 $\gamma_0 = 0$。粗车或精度要求较低的螺纹,车刀可以带有 5°~15° 的正前角,以使切削顺利。安装螺纹车刀时,应使刀尖与工件的轴线等高,并用角度样板对刀,如图 8.25 所示。

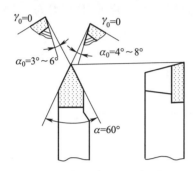
图 8.24　螺纹车刀的几何精度

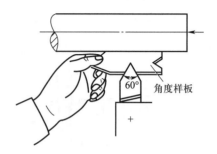
图 8.25　用角度样板对刀

4. 高速车螺纹中的反向走刀法

高速车螺纹主轴的转速很高(它的切削速度比使用高速钢车刀一般提高 5 倍以上),并且走刀速度也很快(吃刀次数一般只需 3~5 次,就可车成螺纹),尤其是车削大螺距螺纹和内螺纹时,往往因为来不及退刀而出现撞车事故。在这种情况下常采用反向走刀法。

反向走刀法高速车外螺纹时,将一把类似车内螺纹时使用的车刀装在刀架上,车刀刀尖对在工件的退刀槽处,调整好背吃刀量后,车床主轴反转,并在高速下由左向右走刀,将螺纹车出来。这样,就不存在车刀退不出来的问题了。将内螺纹车刀磨成反向,调整好背吃刀量,工件反转,通过由里朝外走刀将螺纹车出来。

5. 高速车螺纹中的操作要点

扫一扫
普通螺纹的
车削

① 高速车削螺纹使用的螺纹车刀的刀尖角应比螺纹牙型角小 0.5°。

② 因纵向走刀很快,车刀行走到螺纹尾部时要迅速退刀,在采用正走刀情况下最好安装自退刀装置,以免碰坏车刀或工件。

③ 由于高速车削会引起螺纹牙尖"膨胀变形",因此,外螺纹的外圆应车到最小极限尺寸,内螺纹孔径应车削到最大极限尺寸。

④ 装刀时,刀尖宜略高于工件中心,高出距离约为工件直径的 1/100,以防止"梗刀"现象。

⑤ 工件装夹必须牢固,而且最好使工件的某一个"台肩"靠住夹爪或使工件能轴向定位,以防止工件在高速车削中发生移位。

8.4　其他附件

8.4.1　三爪自定心卡盘

如图 8.26 所示的三爪自定心卡盘,其三个卡爪是同步运动的,能自定心,一般不需找正。但在装夹较长的工件时,工件离卡盘夹持部分较远处的旋转中心不一定与车床主轴旋转中心重合,这时必须找正。又当三爪自定心卡盘使用时间较长已失去应有精度,而工件的加工精度要求又较高时也需要找正。

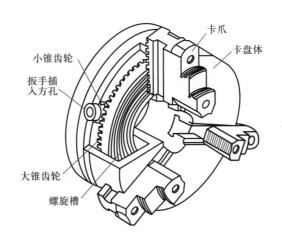

图 8.26　三爪自定心卡盘

　　用三爪自定心卡盘装夹精加工过的表面时,被夹住的工件表面应包一层铜皮,以免夹伤工件表面。

　　三爪自定心卡盘装夹工件方便、省时,自动定心好,但夹紧力较小,所以适用于装夹外形规则的中、小型工件。

　　三爪自定心卡盘可装成正爪或反爪两种形式。反爪用来装夹直径较大的工件。

8.4.2　顶尖

　　顶尖有前顶尖和后顶尖两种,用于定心并承受工件的重力和切削力。

1. 前顶尖

　　前顶尖可直接安装在车床主轴锥孔中,也可用三爪自定心卡盘夹住自制的 60° 锥角的钢制前顶尖。这种顶尖卸下后再次使用时必须将锥面再车一刀,以保证顶尖锥面的轴线与车床主轴旋转中心同轴。

2. 后顶尖

　　后顶尖有固定顶尖和活顶尖两种,如图 8.27 所示。使用时可将后顶尖插入车床尾座套筒的锥孔内。

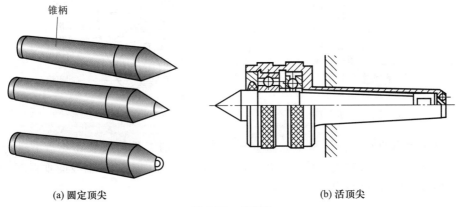

(a) 圆定顶尖　　　　　　　　　　　　　　　(b) 活顶尖

图 8.27　后顶尖

固定顶尖刚性好、定心准确,但中心孔与顶尖之间是滑动摩擦,易磨损和烧坏顶尖。因此只适用于低速加工精度要求较高的工件。支承细小工件时可用反顶尖,这时工件端部做成顶尖形。

活顶尖内部装有滚动轴承,顶尖和工件一起转动,能在高转速下正常工作。但活顶尖的刚性较差,有时还会产生跳动而降低加工精度。所以,活顶尖只适用于精度要求不太高的工件。

8.4.3　芯轴

当工件用已加工过的孔作为定位基准时,可采用芯轴装夹。这种装夹方法可保证工件内外圆的同轴度及阶台面与轴线的垂直度,适用于成批生产。

芯轴的种类很多,常见的芯轴有圆柱芯轴、小锥度芯轴、弹簧芯轴。弹簧芯轴(又称胀力芯轴)既能定心,又能夹紧,是一种定心夹紧装置。直式弹簧芯轴的最大特点是在直径方向上膨胀较大,可达 1.5~5 mm。

8.4.4　四爪单动卡盘

如图 8.28 所示的四爪单动卡盘,其四个卡爪是各自独立运动的,因此工件在装夹时必须将工件的旋转中心找正到与车床主轴旋转中心重合后才可车削。

四爪单动卡盘找正比较费时,但夹紧力较大,所以适用于装夹大型或形状不规则的工件。

四爪单动卡盘还可装成正爪或反爪两种形式。

8.4.5　花盘和角铁

1. 花盘

花盘是由铸铁材料制造的一种通用夹具,它可直接装在车床的主轴上。花盘盘面上均匀分布长短不等的槽是供安装螺栓使用的,如图 8.29 所示。

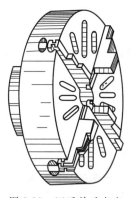

图 8.28　四爪单动卡盘

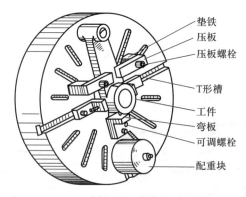

图 8.29　花盘

当被加工表面的旋转轴线和基准面垂直,外形复杂的工件可安装在花盘上进行加工。在花盘上装夹工件之前,首先要检验花盘盘面的平面度及盘面对主轴轴线的垂直度,为保证花盘盘面精度,盘面最好在自身车床上精车一刀。

2. 角铁

当加工表面的回转轴线与基准面平行,外形又比较复杂的工件可安装在角铁上车削。

角铁有固定角铁、可调角铁和 V 形角铁之分,固定角铁安装在花盘上,有些可调角铁像卡盘一样可直接安装到主轴上,V 形角铁则安装在主轴锥孔内。

8.4.6 中心架与跟刀架

1. 用中心架支撑车细长轴

　　一般在车削细长轴时,用中心架来增加工件的刚性,当工件可以进行分段切削时,中心架支承在工件中间,如图 8.30 所示。在工件装上中心架之前,必须在毛坯中部车出一段支承中心架支承爪的沟槽,其表面粗糙度值及圆柱度误差要小,并在支承爪与工件接触处经常加润滑油。为提高工件精度,车削前应将工件轴线调整到与机床主轴回转中心同轴。

　　当车削支承中心架的沟槽比较困难或一些中段不需要加工的细长轴时可用过渡套筒,使支承爪与过渡套筒的外表接触,过渡套筒的两端各装有四个螺钉,用这些螺钉夹住毛坯表面,并调整套筒外圆的轴线与主轴旋转轴线相重合。

2. 跟刀架支承车细长轴

　　对不适宜调头车削的细长轴,不能用中心架支承,而要用跟刀架支承进行车削,以增加工件的刚性,如图 8.31 所示。跟刀架固定在床鞍上,一般有两个支承爪,它可以跟随车刀移动,抵消径向

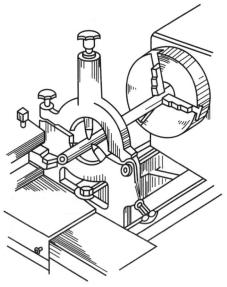

图 8.30　中心架的使用

切削力,提高车削细长轴的形状精度和减小表面粗糙度值。车刀给工件的切削抗力使工件贴在跟刀架的两个支承爪上,但由于工件本身的向下重力,以及偶然的弯曲,工件会瞬时离开支承爪,接触支承爪时产生振动。所以比较理想的中心架需要用三爪中心架。此时,由三爪和车刀抵住工件,使之上下、左右都不能移动,车削时稳定,不易产生振动。

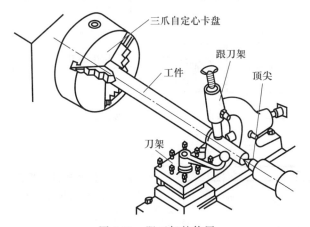

图 8.31　跟刀架的使用

案 例

案例一:手锤把

| 零件图 | 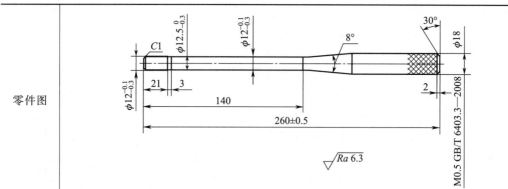 | | |

序号	简图	加工内容	刀具、量具
1	30~50　$\phi 20$	车端面:用三爪自定心卡盘夹紧坯料一端,伸出 30~50 mm,端面车平即可	45°弯头车刀,钢直尺
2	20　$\phi 19 \pm 0.1$	车工艺圆 $\phi(19\pm0.1)$ mm,长 20 mm	45°弯头车刀,游标卡尺,钢直尺
3		钻中心孔 A4	A4 中心钻
4	260 ± 0.5　30~50　$\phi 20$	车端面:三爪自定心卡盘夹紧另一端,伸出 30~50 mm,车端面,保证(260±0.5)mm	45°弯头车刀,游标卡尺,钢直尺

序号	简图	加工内容	刀具、量具
5		钻中心孔 A4	A4 中心钻
6		车外圆:三爪自定心卡盘夹紧工艺圆,顶尖顶另一端,车外圆 $\phi 12.5_{-0.3}^{0}$ mm,长 140 mm	45°弯头车刀,游标卡尺,钢直尺
7		划线:保证尺寸为 21 mm 和 3 mm	90°偏刀
8		车外圆:车 $\phi 12$ mm 外圆	90°偏刀
9		车外圆:车 $\phi 12$ mm 外圆,保证长度为 140 mm	90°偏刀

序号	简图	加工内容	刀具、量具
10		车锥面：车锥面，保证锥角为 8°	90°偏刀
11		倒角：倒角 $C1$	45°弯头车刀
12		车外圆：调头，三爪自定心卡盘夹紧 $\phi12$ 处，顶尖顶紧另一端，车外圆 $\phi18$	45°弯头车刀
13		倒角 $2×30°$	45°弯头车刀
14		滚花：M0.5 GB/T 6403.3—2008	滚花刀

案例二：蜡台杆

序号	简图	加工内容	刀具、量具
零件图	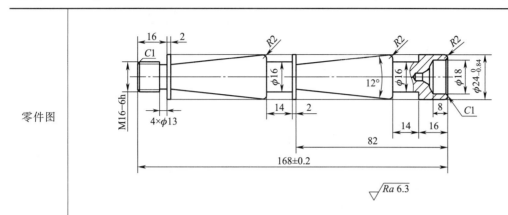		
1		车端面：三爪自定心卡盘夹紧坯料一端，伸出 30 ~ 50 mm，车端面	45°弯头车刀
2		钻中心孔 A4	A4 中心钻
3		车外圆 $\phi16$，保证长度为 16 mm	45°弯头车刀，钢直尺

序号	简图	加工内容	刀具、量具
4		倒角 C1	45°弯头车刀
5		车退刀槽 4×φ13	切槽刀
6		车端面:调头,三爪自定心卡盘装夹另一端,伸出 30～50 mm,车端面,保证总长度为(168±0.2)mm	45°弯头车刀
7		钻孔:钻 φ18 mm、深为 8 mm 的孔	φ18 mm 麻花钻
8		钻中心孔 A4	A4 中心钻

续表

序号	简图	加工内容	刀具、量具
9		倒角 *C*1	45°弯头车刀
10		车外圆:三爪卡盘夹紧 ϕ16 mm 处,顶尖顶另一端,车外圆 ϕ24	45°弯头车刀
11		车槽:车 14×ϕ16 槽,保证尺寸为 16 mm 和 82 mm	切槽刀
12		车锥面:保证锥角为 12°以及尺寸 2 mm 和 ϕ24 mm	90°偏刀
13		倒角 *R*2	45°成形车刀

案例三:蜡台座

	零件图
	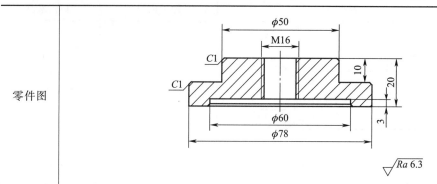

序号	简图	加工内容	刀具、量具
1	15 8~10 ≥φ65	车外圆:自定心三爪卡盘夹紧坯料一端,伸出 15 mm,找正后车外圆不小于 φ65 mm,长度为 8 ~ 10 mm	90°偏刀
2	22	车端面:调头,自定心三爪卡盘夹紧外圆,车端面,保证长度为 22 mm	45°弯头车刀
3	φ78	车外圆:车削 φ78 的外圆	45°弯头车刀

序号	简图	加工内容	刀具、量具
4		车外圆:车削 φ50 的外圆,保证长度为 10 mm	90°偏刀
5		倒角:倒钝锐角 C1	45°弯头车刀
6		钻孔:钻 φ14 的孔	φ14 麻花钻
7		倒角:倒钝锐角 C1	45°弯头车刀

序号	简图	加工内容	刀具、量具
8		攻螺纹：攻 M16 螺纹	M16 丝锥
9		车端面：调头，自定心三爪卡盘夹紧 $\phi50$ 的外圆，车端面，保证总长度为 20 mm	45°弯头车刀
10		车凹台：车削凹台，保证尺寸为 $\phi60$ mm 和 3 mm	90°偏刀
11		倒角：倒钝锐角 C1	45°弯头车刀

小　结

本单元主要对车床的基本知识及其主要功用做了概述,对工件的车削加工方法做了详细的讲述,如车外圆、车端面、车内孔、钻孔、滚花、车螺纹、切断、车成形面以及车圆锥面的加工方法。同时对部分车刀的组成及其装夹和车床的其他附件做了简单介绍。

思考题

8.1　车锥角 60° 的短圆锥表面,应将小滑板转过多少度?

8.2　车床开车后是否可以变换主轴转速? 为什么?

8.3　车床由哪六大部分组成?

8.4　车端面时,为什么中心留有凸台?

8.5　车床常用哪些刀具? 它们的用途是什么?

8.6　加工如图 8.32 所示工件,需要用到哪些刀具? (毛坯尺寸:$\phi16\ mm\times100\ mm$)

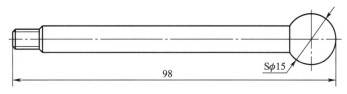

图 8.32　工件一

拓展题

如图 8.33 所示工件,请制订对应的车削加工工艺。

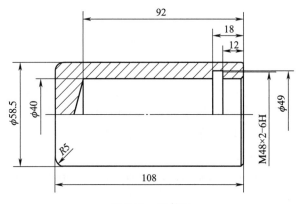

图 8.33　工件二

9

铣削、刨削和磨削实训

9.1 铣削加工

9.1.1 铣床、铣削用量

铣削加工是在铣床上用铣刀的旋转运动和工件的移动对工件进行切削加工的。铣削加工的范围广泛，不仅可以铣削平面、沟槽（直槽、键槽、T 形槽、燕尾槽、V 形槽、螺旋槽）、台阶、成形面，如图 9.1 所示，还可以进行钻孔、镗孔、扩孔等。

铣削加工切削速度高，而且铣刀为多刃刀具，所以铣削的生产效率较高。但铣削时铣刀每个刀齿为断续切削，会产生冲击和振动。铣削加工精度一般可以达到 IT9 ~ IT8，表面粗糙度 $Ra6.3 \sim 1.6 \ \mu m$。

1. 铣床的结构

铣床的种类很多，有卧式铣床、立式铣床、龙门铣床、特种铣床等，最常用的是卧式铣床、立式铣床。

（1）万能卧式铣床与卧式铣床

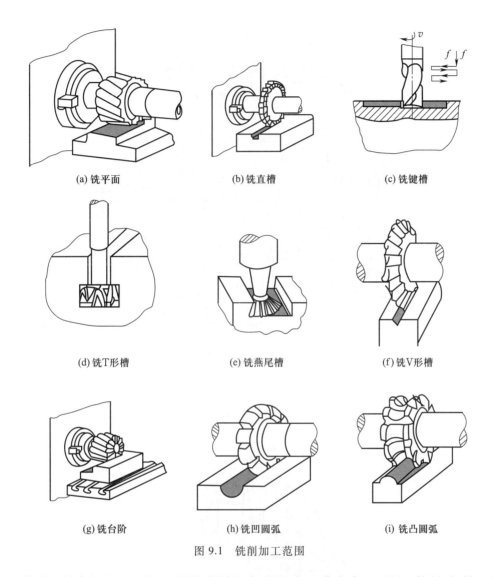

| (a) 铣平面 | (b) 铣直槽 | (c) 铣键槽 |

| (d) 铣T形槽 | (e) 铣燕尾槽 | (f) 铣V形槽 |

| (g) 铣台阶 | (h) 铣凹圆弧 | (i) 铣凸圆弧 |

图 9.1　铣削加工范围

万能卧式铣床如图 9.2 所示。它的主轴是水平的,与工作台台面平行。铣削时,铣刀装在刀杆上随主轴旋转。工件装在工作台上,工作台可沿纵向、横向和垂直三个方向移动,并可在水平面内回转一定角度,工作台既可机动进给,又可手动进给。该机床主要部件和作用如下:

床身 1 固定在底座上,安装在床身后端的电动机 2 将动力经床身内部的传动机构使主轴 4 旋转,刀具装在刀杆 6 上,刀杆一端装入主轴孔内,另一端由吊架 7 支承,该支承可沿横梁 5 的燕尾导轨移动。加工时,工件安装在纵向工作台 8 上,可随纵向工作台及横向工作台 10 做进给。工作台可在转台 9 上转动,升降台 11 用来支承工作台,并使其上升下降。

卧式铣床与万能卧式铣床的不同在于其没有回转台,其他结构相同。

（2）立式铣床

立式铣床如图 9.3 所示。它的主轴 4 装在立铣头 3 中,一般情况下与工作台台面垂直。铣头后方的刻度盘 2 可绕水平轴线转动任意角度,使铣刀与工作台台面倾斜。

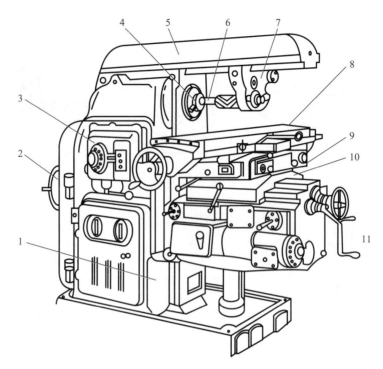

1—床身；2—电动机；3—主轴变速机构；4—主轴；5—横梁；6—刀杆；
7—吊架；8—纵向工作台；9—转台；10—横向工作台；11—升降台

图 9.2 万能卧式铣床

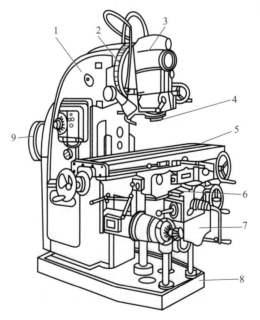

1—床身；2—刻度盘；3—立铣头；4—主轴；5—纵向
工作台；6—横向工作台；7—升降台；8—底座；9—电动机

图 9.3 立式铣床

卧式铣床和立式铣床的通用性强,主要用于加工尺寸不太大的工件。

2. 铣刀及其安装

铣刀的种类很多,按其装夹方式的不同可分为两大类:一类是带孔铣刀,适用于卧式铣床;另一类是带柄铣刀,多用于立式铣床。

扫一扫
带孔铣刀的
安装

（1）带孔铣刀的安装（图 9.4）

① 铣刀应尽量靠近主轴或刀杆支架,以提高其刚性。

② 用来夹持铣刀的套筒端面和铣刀端面需擦净,以减少铣刀的端面跳动。

③ 拧紧刀轴压紧螺母之前,须先安装好刀杆支架,以防止刀轴弯曲变形。

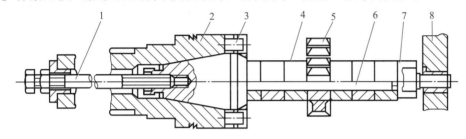

1—拉杆;2—主轴;3—端面键;4—套筒;5—铣刀;6—刀轴;7—螺母;8—刀杆支架

图 9.4 带孔铣刀的安装

扫一扫
带柄铣刀的
安装

（2）带柄铣刀及其安装

带柄铣刀有立铣刀、键槽铣刀、T 形槽铣刀、燕尾槽铣刀、端铣刀等,如图 9.5（a）~（e）所示。其柄部有直柄和锥柄两种,其安装如图 9.5（f）（g）所示。

直柄铣刀的安装应采用弹性夹头,将刀柄插入弹簧套孔中,拧紧螺母,使弹簧套收缩变形,将铣刀夹紧,如图 9.5（f）所示。

如图 9.5（g）所示为锥柄铣刀的安装。如果锥柄铣刀的锥度与主轴孔内锥度相同,则可直接装入机床主轴孔中,用拉紧螺杆将铣刀拉紧。如果锥柄铣刀的锥度与主轴孔的锥度不同,则应利用变径套将铣刀装入主轴轴孔中。

3. 铣削运动和铣削用量的选择

（1）铣削运动

铣削时铣刀旋转为主运动,工作台带动工件移动为进给运动。

（2）铣削用量四要素

① 铣削速度 v_c。铣削过程中,铣刀主运动的线速度为铣削速度 v_c,单位为 m/min。其计算公式为

$$v_c = \frac{\pi d_0 n}{1000}$$

式中:d_0——铣刀直径,mm;

n——铣刀转速,r/min。

② 进给量 f、f_z、v_f。铣削过程中,工件相对铣刀的位移称为进给量。铣削进给量有三种不同的表示方法。

每分钟进给量 v_f 每分钟工件相对铣刀所移动的距离,即进给速度,单位为 mm/min,它是调整铣床进给量的依据。

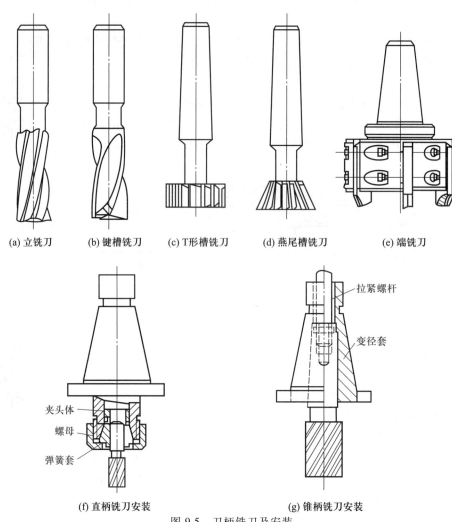

(a) 立铣刀　　(b) 键槽铣刀　　(c) T形槽铣刀　　(d) 燕尾槽铣刀　　(e) 端铣刀

(f) 直柄铣刀安装　　　　　　　(g) 锥柄铣刀安装

图 9.5　刀柄铣刀及安装

每转进给量 f　铣刀每转一周,工件相对铣刀所移动的距离,单位为 mm/r。

每齿进给量 f_z　铣刀每转过一个刀齿,工件相对铣刀所移动的距离,单位为 mm/z。

三种进给量它们之间的关系为

$$v_f = f_z z n$$

式中: z——铣刀齿数;

　　　n——铣刀转速,r/min。

③ 铣削深度 a_p。a_p 是平行于铣刀轴线度量的铣刀与被切削层的啮合量,也叫切深啮合量,以 mm 为单位。对于圆柱铣刀,铣削深度是被加工表面的宽度。

④ 铣削宽度 a_e。a_e 是垂直于铣刀轴线、垂直于进给方向度量的铣刀与被切削金属层的啮合量,也叫侧啮合量。对于圆柱铣刀,铣削宽度是被切削金属层的深度,以 mm 为单位。

圆柱铣刀和端铣刀的铣削深度、铣削宽度如图 9.6 所示。

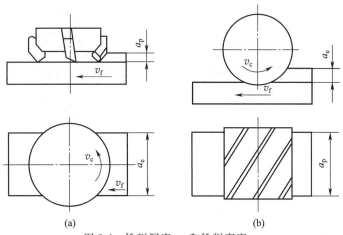

图 9.6 铣削深度 a_p 和铣削宽度 a_e

（3）铣削用量的选择

铣削用量按下述顺序选择：

① 选择铣削深度 a_p 和铣削宽度 a_e。对端铣刀，铣削的深度 a_p 取决于工件的加工余量及其所要求的精度。例如要求 $Ra3.2 \sim 0.8$ μm，当加工余量不超过 8 mm，且工艺系数刚度大时，留出半精铣余量 $0.5 \sim 2$ mm 以后，尽量一次走刀去除余量；当余量大于 8 mm 时，可分为两次或多次走刀，第一次下刀时铣削深度 a_p 尽可能大些，以避免刀刃和铸件、锻件表面硬皮的直接摩擦。通常铣铸铁或铸钢时选 $a_p = 5 \sim 7$ mm，铣削一般钢料时选 $a_p = 3 \sim 5$ mm。铣削宽度 a_e 与端铣刀直径 d_0 应保持如下关系：

$$d_0 = (1.1 \sim 1.6)a_e$$

对于圆柱铣刀，铣削深度应小于铣刀长度，铣削宽度的选择原则与端铣刀铣削深度的选择原则相同。

② 选择进给量 f_z。每齿进给量是衡量铣削加工效率的重要指标。粗铣时每齿进给量主要受切削力限制，半精铣和精铣时，主要受表面粗糙度的限制。对于高速钢铣刀，过大的切削力将引起刀杆变形（带孔铣刀）和刀杆损坏（带柄铣刀）；对于硬质合金铣刀，由于刀片经受冲击载荷而易破碎。所以同样强度的硬质合金刀片，允许的每齿进给量比车削时小。

③ 选择铣削速度 v_c。当铣削深度和铣削进给量确定后，应在合理使用铣刀的情况下选择铣削速度。粗铣时，确定铣削速度要注意铣床的许用功率；精铣时，要考虑被加工件表面粗糙度而合理选择。

9.1.2 铣削的基本操作

铣平面是铣削加工的基本方式，也是掌握铣削其他各种复杂表面的基础。铣削加工有顺铣和逆铣。顺铣就是铣刀旋转方向与工件进给方向一致；逆铣则是铣刀旋转方向与工件的进给方向相反，如图 9.7 所示。一般情况下多采用逆铣的方法。

（1）工件的装夹

① 用压板装夹工件。将工件直接夹固在铣床工作台的台面上。所用工具比较简单，用压板、垫铁、T 形螺栓及螺母等。使用压板夹紧工件，用力要适当，垫铁的高度应与工件等高

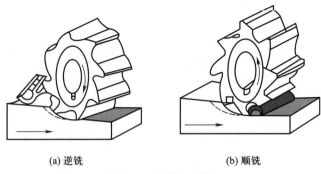

(a) 逆铣	(b) 顺铣

图 9.7 顺铣和逆铣

或略高于工件。在压板与工件之间应放置铜片,以免损伤工件表面。压板应压在工件坚固的地方,如图 9.8(a)所示。

② 用平口台虎钳装夹工件。工件下面垫合适的垫铁,使工件加工面略高于钳口。如工件被夹持面已经加工,为保护该面,钳口上应垫铜皮。工件基本夹紧后,用手锤轻轻敲打工件上面,使其紧贴垫铁后,再收紧平口钳,如图 9.8(b)所示。

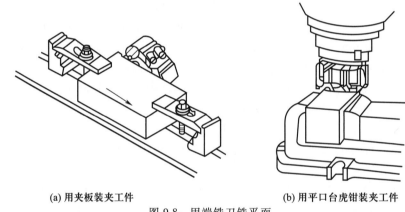

(a) 用夹板装夹工件	(b) 用平口台虎钳装夹工件

图 9.8 用端铣刀铣平面

（2）用端铣刀铣平面

端铣刀由于切削刃比较多,且切削时切屑厚度变化小,故切削比较平稳。端铣刀的圆柱面刃承担主要的切削任务,端铣刀起到刮削的作用,所以铣削表面比较光洁。

① 在卧式铣床上用端铣刀铣平面,铣出的平面是与工作台面垂直的。选择铣刀直径时一般应比加工面宽,这样可以一次将加工面铣出,避免接刀。如果加工面很宽,则应分几次,用接刀的方法将平面铣平。端铣刀铣平面,一般采用不对称铣削,即工件偏在铣刀的一边进行铣削,如图 9.8(a)所示。

② 在立式铣床上用端铣刀铣平面,铣出的平面是与工作台平行的。若使用铣头可以旋转的立式铣床,在铣平面之前务必将主轴轴线调整为垂直于工作台,否则加工的平面会成为凹面,如图 9.8(b)所示。

（3）铣台阶

可采用三面刃铣刀或立铣刀。三面刃铣刀的圆柱面起主要的切削作用,而两个侧面的刀刃起修光的作用,由于三面刃铣刀的直径和刀齿尺寸比立铣刀大,便于冷却和排屑。

（4）铣键槽

一般传动轴上都有键槽,键槽有封闭式和开口式两种。封闭式键槽的单件生产一般在立铣上加工,采用键槽铣刀,找正以后用平口钳夹紧工件。当批量较大时,应在键槽铣床上加工,并用机用台虎钳夹工件,可以自动对中,无须找正。

利用键槽铣刀加工时,先按键宽选择键槽铣刀的直径,将铣刀中心对准轴的中心线,然后铣刀分层(每层厚 0.05~0.25 mm)铣削,直到符合尺寸要求为止。

（5）铣斜面

铣斜面常用的方法有:

① 水平面铣削法。可按照水平面铣削,如图 9.9(a)所示。

② 分度头法。将工件装夹在分度头上,使分度头主轴转至一定角度后铣削加工,如图 9.9(b)所示。

③ 偏转铣刀法。调整铣刀轴的角度后铣削,如图 9.9(c)所示。

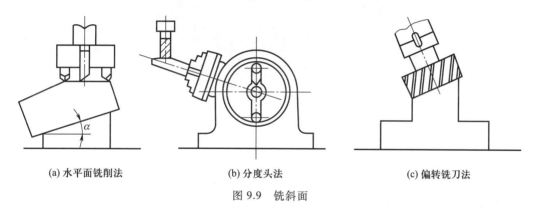

(a) 水平面铣削法   (b) 分度头法   (c) 偏转铣刀法

图 9.9　铣斜面

（6）切断

若工件很薄,装夹困难时,可将工件一起夹紧。切断应采用锯片铣刀,由于锯片铣刀的厚度是由周边向中心逐渐减薄,以形成约 1°的副偏角,减少铣刀与工件的摩擦,但这使得锯片铣刀的刚度变差。为了提高切削时的刚性,可在铣刀两侧加上夹板。

9.2　刨削加工

9.2.1　刨床与刨削加工概述

在刨床上用刨刀加工工件称为刨削。主要加工零件中的平面、沟槽、成形面等。由于刨削加工切削速度较低,且刨刀在回程时不工作,所以生产效率很低。但刨削比铣削加工简单,因此在单件、小批量生产或窄长零件加工中,仍普遍使用。刨削加工的尺寸精度一般可达 IT9~IT8,表面粗糙度一般为 $Ra12.5~1.6\mu m$。

牛头刨床是使用最为广泛的刨床,主要用于中、小零件的刨削加工。刨削加工机床的共同特点是:机床工作时,除了工件或刀具做往复直线运动的主运动外,刀具或工件还必须做与行程方向垂直的间歇直线运动,即进给运动。对牛头刨床来说,刀具的直线往复运动为主运动,工件的间歇移动为进给运动。

（1）B6065 牛头刨床的结构

如图 9.10 所示,床身 4 是一个箱形铸铁壳体固定在底座上,内部装有变速机构 6 和曲柄摆杆机构 5,顶面水平导轨供滑枕 3 做往复直线运动用,侧面垂直导轨上安装有横梁 8,可带动工作台 1 垂直升降,横向移动及做间歇进给运动。刀架通过转盘固定在滑枕上,刨刀安装在刀架上,可做上下移动,当转盘转过一定角度后,刨刀能做斜向进给。

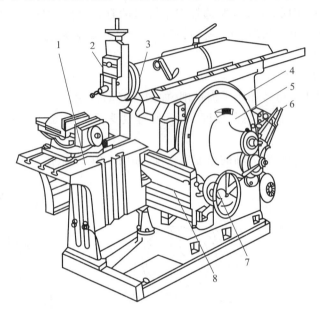

1—工作台;2—刀架;3—滑枕;4—床身;5—曲柄摆杆机构;6—变速机构;7—进刀机构;8—横梁

图 9.10　B6065 牛头刨床

（2）B6065 牛头刨床的调整

牛头刨床的调整包括主运动调整和进给运动调整。

① 主运动调整。包括滑枕的起始位置、行程长度及速度的调整,如图 9.11 所示。

滑枕的起始位置调整靠调整摆杆机构实现。松开锁紧手柄 3,转动方榫 1,通过一对锥齿轮传动使丝杠 4 旋转,由于螺母固定不动,所以丝杠带动滑枕 5 移动,从而调整了滑枕的起始位置,即改变了刨削的起始位置。调整好后将锁紧手柄拧紧。

滑枕的行程长度调整靠调整偏心滑块机构实现。调整时,转动方榫 12,通过锥齿轮 11 带动丝杠使偏心滑块 7 移动,偏心距 R 越大,滑枕行程越长。顺时针转动方榫,行程变长,反之变短。其行程长度应调整到略大于工件刨削表面的长度。

滑枕的速度调整靠调整床身内部的变速机构,改变滑移齿轮的位置,可使滑枕获得 6 种不同的速度。

② 进给运动调整。包括进给量与进给方向的调整。工作台的横向进给运动是在滑枕回程终了、刨刀再次前进切削工件前的瞬间,使工作台作间歇横向进给,实现这一动作的是棘轮结构。而横向进给量的大小靠改变棘轮罩缺口的位置来控制。改变棘轮罩缺口的位置,即改变棘爪每次拨过棘轮的齿数,即调整了进给量的大小。

横向进给方向的调整则通过改变棘爪方向来实现。将棘爪提起翻转 180°,放回原齿槽中再将棘轮罩反向转动,即可改变横向进给方向。

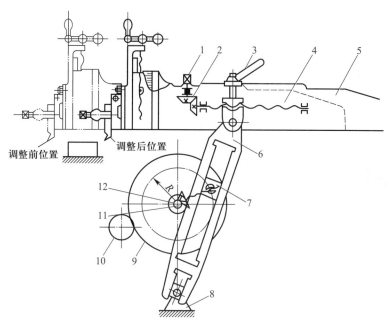

1、12—方榫;2、11—锥齿轮;3—锁紧手柄;4—丝杠;5—滑枕;

6—摆杆;7—偏心滑块;8—支架;9—摆杆齿轮;10—小齿轮

图 9.11 调整滑枕起始位置和行程长度

9.2.2 刨刀的基本知识

刨刀的几何参数与车刀相似,但是由于刨削加工的不连续性,刨刀切入工件时受到的冲击力较大。因此,刨刀刀杆的横截面均比车刀大,为了增加刀尖的强度,刨刀刀尖圆弧较大,且刃倾角取负值。

1. 平面刨刀几何参数参考值

前角 γ_0 一般取 $5° \sim 25°$,刨铸铁时取 $5° \sim 10°$,刨钢件时取 $15° \sim 25°$;后角 α_0 一般取 $6° \sim 8°$;主偏角 κ_r 通常取 $30° \sim 75°$;副偏角 κ_r' 通常取 $5° \sim 10°$;刃倾角 λ_s 取 $-5° \sim 0°$。

2. 刨刀的安装

刨刀安装在刀架上不宜伸出太长,一般为刀杆厚度的 $1.5 \sim 2$ 倍,弯头刨刀伸出可稍长些。

9.2.3 刨削的基本操作

1. 刨平面

① 调整工作台位置,使刀尖离开工件待加工表面 $3 \sim 5$ mm。

② 调整滑枕起始位置和行程,滑枕的起始位置应离工件端点 10 mm 左右;行程终了应使刨刀超出工件 $5 \sim 10$ mm。

③ 调整滑枕的速度,应根据工件的加工要求选择。

④ 刨平面时,刀架应垂直于工作台面。

⑤ 移动工作台,使工件靠近刨刀左侧。

⑥ 粗刨平面,先用手动进给试刀,停车测量尺寸后,根据测量结果利用刀架上的刻度盘

调整背吃刀量,旋紧刀架侧面的紧固螺钉后,再自动进给。若采用手动进给,则每次进给应在滑枕回程后再次切入前的间歇进行。

⑦ 精刨平面,为了获得较高的表面质量,刨刀的刀尖圆弧 r 应大些,且用油石磨光。背吃刀量应减少,一般为 0.1~0.2 mm。在滑枕回程时,将拍板抬起,防止将已加工表面划伤。

2. 刨平行面和垂直面

长方体工件的刨削包括平行面和垂直面的刨削。工件要求对面之间平行,相邻面成直角。

9.3　磨削加工

9.3.1　磨床与磨削加工的基本知识

如图 9.12 所示为 M1432A 型万能外圆磨床,床身 1 的纵向导轨上装有工作台 9,台面上装有头架 2 和尾架 5,用来夹持工件,工件由头架带动旋转。工作台由液压系统驱动沿床身导轨往复移动,使工件实现纵向进给运动。工作台由上、下两层组成,其上部可以相对下部在水平面内偏转一定的角度(一般不大于±10°),以便磨削锥度不大的圆锥面。砂轮架 4 是由砂轮主轴及其传动装置组成,砂轮架安装在横向导轨 6 上,摇动手轮 8,可使其横向运动,也可利用液压机构实现周期横向进给运动或快进快退。砂轮架还可在滑鞍 7 上转一定角度以磨削短圆锥面,3 是内圆磨头及其支架,当磨削内圆时放下。

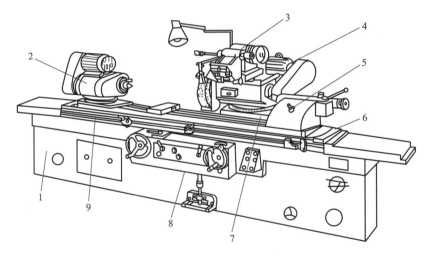

1—床身;2—头架;3—内圆磨头及其支架;4—砂轮架;
5—尾架;6—横向导轨;7—滑鞍;8—手轮;9—工作台
图 9.12　M1432A 型万能外圆磨床

1. M1432A 型万能外圆磨床的工艺范围

(1) 磨削外圆柱面

磨削外圆柱面是 M1432A 型万能外圆磨床的主要功能。磨削有一个主运动,即砂轮的高速转动,三个进给运动:圆周进给运动,即工件的回转运动;纵向进给运动,即工件随工作台作纵向往复运动;横向进给运动,即砂轮沿工件径向的间歇进给运动。

工件的装夹有顶尖装夹、卡盘装夹和芯轴装夹三种方式。

① 顶尖装夹。适用于轴两端有中心孔的工件,也就是轴类零件常采用的装夹方式。其特点是装夹方便迅速,加工精度高。磨床上为了避免顶尖转动可能产生径向跳动的误差,采用死顶尖(即不随工件转动);尾顶尖靠弹簧推力顶紧工件,可自动控制松紧程度。

② 卡盘装夹。适用于短轴件,一般采用三爪自定心卡盘;对夹持部分是非圆柱表面的工件,则采用四爪单功能卡盘。

③ 芯轴装夹。适用于盘套类零件。应在工件内孔精磨后,用高精度芯轴装夹磨外圆。

(2)磨削方法

① 纵磨法。如图 9.13(a)所示,适用于磨较长的轴类零件外圆,磨削精度较高,但磨削效率较低。用纵磨法粗磨外圆,工作台往复一次,砂轮横向进给 0.02~0.05 mm。精磨时,进给量减小,每次为 0.005~0.01 mm,当接近最终尺寸时留 0.005~0.01 mm 作光磨,以获得最高的表面质量。

② 横磨法。如图 9.13(b)所示,适用于磨削长度小于砂轮宽度的工件外圆,效率较高,但精度没有纵磨法高。此外,外圆磨削还有深磨法和综合磨法。

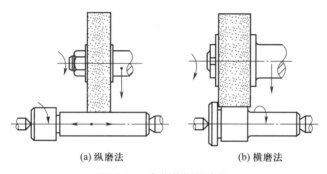

(a)纵磨法　　　　　　(b)横磨法

图 9.13　磨削外圆的方法

(3)磨削内圆柱面

先将内磨头头架放下,再将传动带套在电动机及磨头的带轮上,方可磨削。工件的装夹采用三爪或四爪卡盘,以工件外圆和端面定位,工件和砂轮按相反的方向旋转,同时砂轮还沿被加工孔的轴线做往复运动和横向进给。

磨内孔与磨外圆的方法基本相同,分纵磨法和横磨法,其中纵磨法应用较多。磨削内孔时,由于砂轮与工件接触面积大,发热量大,且砂轮的轴向刚性差,所以加工精度和生产效率都比外圆磨削低。

(4)磨圆锥面

在万能外圆磨床上有两种磨削锥面的方法。

① 转动工作台法。将上工作台相对下工作台转一工件圆锥半角 $\alpha/2$,使工件的回转轴线与工作台的纵向进给方向成斜角 $\alpha/2$,由于工作台转角有限,所以这种方法只适用于磨削圆锥半角小,锥面长的工件。

② 转动头架法。将头架相对于工作台转动圆锥半角 $\alpha/2$,此种方法适用于磨削圆锥半角大,锥面短的工件。

(5)注意事项

① 必须在砂轮和工件转动后方可做进给,砂轮退出后方可停车。

② 测量工件或调整机床均应在磨床头架停车后进行。

③ 开车时,不能用手触摸砂轮或工件。

④ 磨削时,必须给充足的冷却液。

2. 平面磨床及工艺范围

平面磨床用于磨削平面,有卧轴和立轴两种类型。常用的平面磨床是卧轴距台式平面磨床,如图 9.14 所示为 M7120 型卧轴距台式平面磨床。

平面磨床的结构:

磨床是由床身 1、径向进给手轮 2、工作台 3、行程挡铁 4、立柱 5、砂轮修理器 6、轴向进给手轮 7、滑板 8、磨头 9、驱动工作台手轮 10 等主要部件组成。

在平面磨床上磨中小型钢、铸铁等磁性材料工件,用工作台上的电磁吸盘装夹;对于黄铜等非磁性材料的装夹,则采用精密台虎钳。

当每一纵向行程终了时,磨头 9 沿滑板 8 的水平导轨移动,实现砂轮的轴向进给,以磨完整个平面;滑板 8 沿立柱的垂直导轨向下移动,以实现砂轮的径向进给运动。

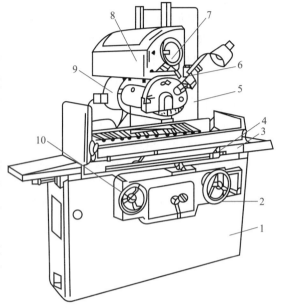

1—床身;2—径向进给手轮;3—工作台;
4—行程挡铁;5—立柱;6—砂轮修理器;
7—轴向进给手轮;8—滑板;
9—磨头;10—驱动工作台手轮

图 9.14　M7120 型卧轴距台式平面磨床

9.3.2　砂轮的基本知识

砂轮是一种特殊的刀具。它是在硬质磨料中加入结合剂,经挤压、干燥和熔烧而制成的特殊的切削刀具,砂轮具有各种形状。掌握砂轮特性,合理选择砂轮,直接影响磨削质量和效率。

1. 砂轮的特性及其应用

(1) 磨料

常用的是刚玉类和碳化硅类。刚玉类适用于磨削各种碳钢、合金钢;碳化硅类适合磨削平面。

按砂轮工作表面的不同,磨削的加工方法分为圆周磨削和端面磨削两种。

(2) 粒度

粒度指的是磨料颗粒的大小。通常以粒度号表示。粒度号越大,磨料颗粒越小。磨料大,磨削效率高,表面粗糙;反之,则磨削效率低、表面光洁。磨削外圆和平面常用的粒度号为 46 # 和 60 # 。

(3) 硬度

硬度是指在磨削力的作用下,磨粒从砂轮表面脱落的难易程度。砂轮越硬,磨粒越不易脱落。若工件材料硬度高,磨粒易钝,为保持自锐,应选用软砂轮。

（4）组织

组织表示粒度、组合剂和孔隙三者的体积比例。组织号大，磨粒排列越疏松，砂轮孔隙越大。一般选用中等组织。表面要求高选用紧密组织。磨韧性材料及粗磨选疏松组织。磨又软又韧的材料最好选用大气孔砂轮。

（5）形状和尺寸

主要类型有平形、碗形、蝶形等，分别用于磨外圆、内孔、平面和刀具的磨削，以及切断、开槽等。

为了便于选用，砂轮的特性代号一般均印在砂轮的侧面，如：

PSA　　400×100×127　　A　　60　　L　　5　　B　　　35

形状　外径×厚度×孔径　磨料　粒度　硬度　组织　组合剂　　最高工作线速度（m/s）

具体表示为双面凹砂轮、棕刚玉磨料、60 # 粒度、中软 2 的硬度、5 号组织、树脂结合剂、外径 400mm、厚度 100mm，孔径 127mm。

2. 砂轮的平衡

为了使砂轮在磨削工程中平稳转动，在安装使用前必须经过静平衡。如果砂轮不平衡，就会在高速运转时使磨床产生振动，不仅会影响磨削的表面质量，严重的还会使磨床主轴轴承损坏，甚至有导致砂轮破裂的危险。

9.3.3　磨削的基本加工方法

1. 圆周磨削

如图 9.15（a）所示，是用砂轮的圆周表面磨削平面。在这种磨削方法中，砂轮与工件的接触面积小，磨削力小，从而产生的磨削热少。冷却和排屑的条件好，砂轮磨损均匀，故工件变形小，加工质量高。M7120 型卧轴距台式平面磨床即为此种磨削方法。但它的缺点是生产效率低，一般用于精磨。

2. 端面磨削

如图 9.15（b）所示，是用砂轮端面磨削平面。砂轮轴伸出较短，刚性好，可采用较大的磨削用量，生产效率高，但磨削力大，产生的磨削热多，冷却和排屑条件差，工件热变形大，砂轮磨损不均匀，故影响到工件的加工精度。一般用于粗磨。

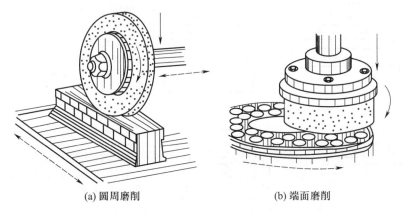

(a) 圆周磨削　　　　　　　　　　　　　(b) 端面磨削

图 9.15　平面磨削方式

案　例

案例：蜡台座

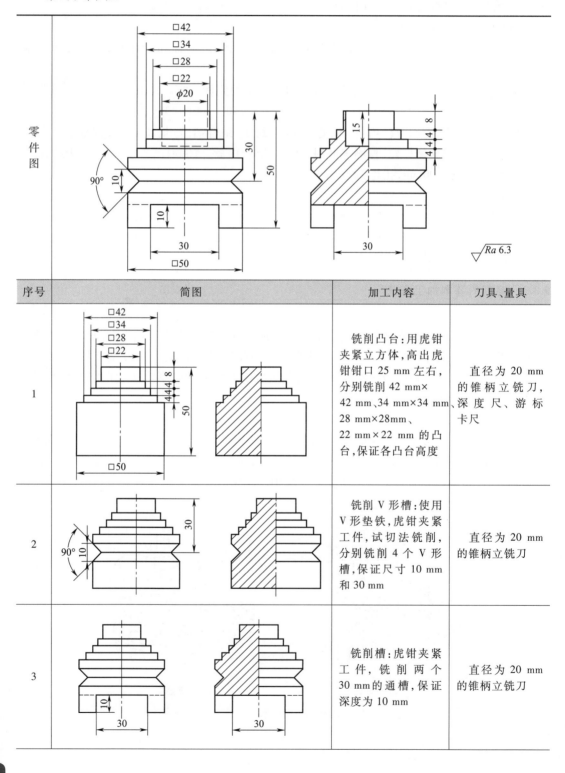

序号	简图	加工内容	刀具、量具
1		铣削凸台：用虎钳夹紧立方体，高出虎钳钳口 25 mm 左右，分别铣削 42 mm× 42 mm、34 mm×34 mm、28 mm×28 mm、22 mm×22 mm 的凸台，保证各凸台高度	直径为 20 mm 的锥柄立铣刀、深度尺、游标卡尺
2		铣削 V 形槽：使用 V 形垫铁，虎钳夹紧工件，试切法铣削，分别铣削 4 个 V 形槽，保证尺寸 10 mm 和 30 mm	直径为 20 mm 的锥柄立铣刀
3		铣削槽：虎钳夹紧工件，铣削两个 30 mm 的通槽，保证深度为 10 mm	直径为 20 mm 的锥柄立铣刀

续表

序号	简图	加工内容	刀具、量具
4	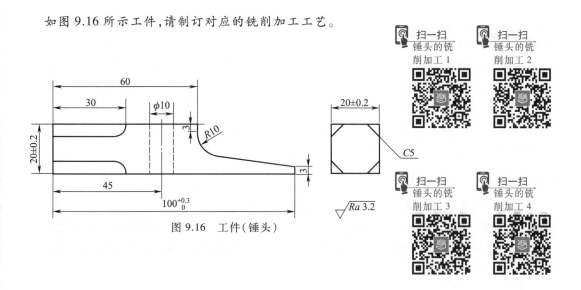	铣削圆孔:虎钳夹紧工件,铣削直径为20 mm,深度为15 mm的盲孔	直径为 20 mm 锥柄键槽铣刀

小 结

通过本单元学习,基本掌握铣床、刨床、磨床等机床的型号及加工范围和工艺特点,了解刨削、铣削和磨削的加工工艺,以及各种典型零件的加工工艺方法。

思考题

9.1 T形槽能否用 T 形槽铣刀直接加工?

9.2 磨削加工是否既能加工软材料,又能加工硬质材料?

9.3 铣床按铣削方式的不同分为哪几种铣床?

9.4 牛头刨床可以加工的表面有哪几种?

9.5 铣削的一般步骤是什么?

拓展题

如图 9.16 所示工件,请制订对应的铣削加工工艺。

扫一扫 锤头的铣削加工 1

扫一扫 锤头的铣削加工 2

扫一扫 锤头的铣削加工 3

扫一扫 锤头的铣削加工 4

图 9.16 工件(锤头)

10

数控加工和特种加工实训

观察与思考

常用的数控设备有哪些？数控加工与普通机床加工相比有哪些优势？

知识目标

1. 能正确操作数控车床。

2. 能正确操作数控铣床。

3. 了解特种加工。

4. 了解电火花加工。

能力目标

掌握：

1. 数控车加工回转体零件。

2. 数控铣加工平面类、槽类零件。

了解：

电火花加工原理。

10.1 数控加工技术简介

随着科学技术和社会生产的飞速发展以及 CAD/CAM 技术的广泛应用,机械产品的外形越来越复杂,精度要求越来越高,普通设备已不能满足现代生产的需求,数控加工技术就是在这种条件下发展起来的。数控机床加工简单地说,就是利用数字化控制系统在机床上完成整个零件的加工。与传统的机械加工手段相比,加工精度高,加工质量稳定,数控机床自动完成整个加工过程,大大减轻了操作者的劳动强度。

10.1.1 数控机床的产生

美国帕森斯公司正式接受委托,与麻省理工学院伺服机构实验室(Serve Mechanisms Laboratory of the Massachusett's Institute of Technology)合作,于 1952 年试制成功世界上第一台数控机床试验性样机。1959 年,美国克耐·杜列克公司(Keaney & Trecker)首次成功开发了加工中心(Machining Center)。

10.1.2 数控机床的发展简况

第 1 代数控机床　1952 年~1959 年,采用电子管元件构成的专用数控装置(NC)。

第 2 代数控机床　从 1959 年开始,采用晶体管电路的 NC 系统。

第 3 代数控机床　从 1965 年开始,采用小、中规模集成电路的 NC 系统。

第 4 代数控机床　从 1970 年开始,采用大规模集成电路的小型通用电子计算机控制的系统(CNC)。

第 5 代数控机床　从 1974 年开始,采用微型计算机控制的系统(MNC)。

10.1.3　我国数控机床发展概况

我国在 1958 年开始并试制成功第一台电子管数控机床。1965 年开始研制晶体管数控系统,直到 20 世纪 60 年代末至 70 年代初研制成功。从 20 世纪 80 年代开始,先后从日本、美国、德国等国家引进先进的数控技术。如北京机床研究所从日本 FANUC 公司引进 FANUC3、FANUC5、FANUC6、FANUC7 系列产品的制造技术,上海机床研究所引进美国 GE 公司的 MTC-1 数控系统等。

10.2　数控车加工

数控车床是一种自动化程度高、结构复杂的先进加工设备。与普通车床相比,它具有加工精度高、加工灵活、通用性强、生产效率高、质量稳定等优点,特别适合加工多品种、小批量形状复杂的零件,在企业生产中有着至关重要的地位。

数控车床主要用于回转表面的加工,如内外圆柱面、圆锥面、圆弧面、螺纹等。

10.2.1　数控车床操作系统简介

华中世纪星 HNC-21/22T 是基于 PC 的车床 CNC 数控系统,是目前实训培训常用的数控系统。以此为例,介绍数控车床系统的操作功能界面。

① 华中世纪星 HNC-21/22T 车床数控装置操作台的组成,如图 10.1 所示。

② 液晶显示屏,如图 10.2 所示。

③ 机床控制面板,如图 10.3 所示。

在选定的工作方式下,可以进行相应的操作,从而控制机床动作。

④ 数据输入键盘,如图 10.4 所示。

该功能键同计算机键盘按键功能一样,包括字母键、数字键、编辑键等。下面介绍部分按键的功能。

Esc　退出当前窗口。

SP　光标向后移并空一格。

BS　光标向前移并删除前面字符。

PgUp　向前翻页。

PgDn　向后翻页。

Alt　代替。

Upper　上档有效。

Del　删除当前字符。

Enter　确认(回车)。

▲ ◀ ▼ ▶　移动光标。

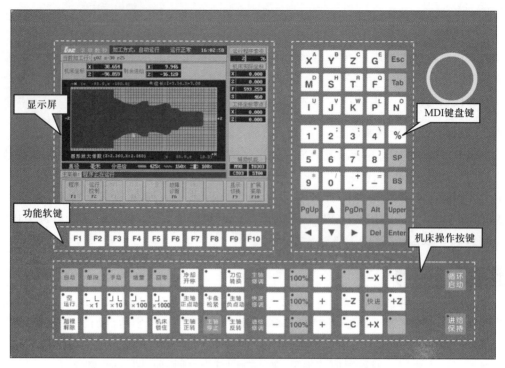

图 10.1 华中世纪星车床数控装置操作台

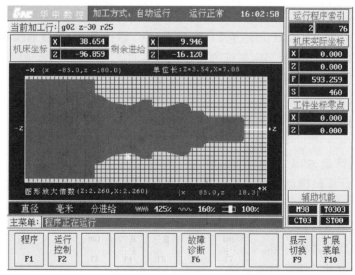

图 10.2 液晶显示屏

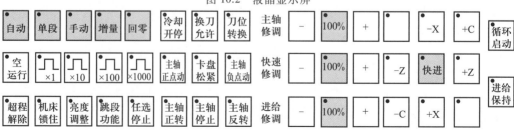

图 10.3 机床控制面板

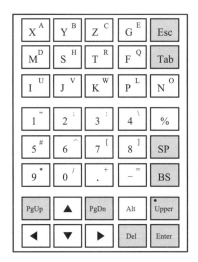

图 10.4　数据输入键盘

⑤ 功能软键,如图 10.5 所示。

图 10.5　功能软键

功能软键菜单采用层次结构,当按下某一功能软键时,会出现下一级菜单,这样可进行相应的操作。

10.2.2　HNC-21/22T 世纪星软件操作界面

HNC-21/22T 世纪星软件操作界面如图 10.6 所示,其各区域功能介绍如下:

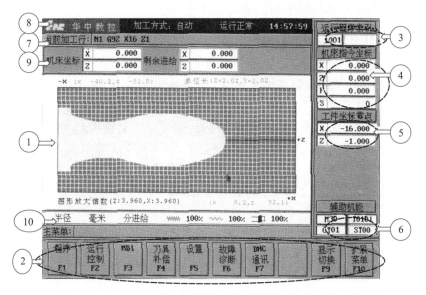

图 10.6　HNC-21/22T 世纪星软件操作界面

1. 图形显示窗口

可以根据需要设置显示模式值、显示坐标系等,并可对图形显示进行设置,如图形显示倍数、毛坯大小等。

2. 菜单条命令

通过菜单命令条中的功能键 F1～F10 来完成自动加工、程序编辑、参数设定、故障诊断等功能。

3. 运行程序检索

显示自动加工中的程序名和当前程序段行号。

4. 选定坐标系下的坐标值

坐标系可在机床坐标系/工件坐标系/相对坐标系之间进行切换。

5. 工件坐标零点

显示工件坐标零点在机床坐标系中的坐标。

6. 辅助机能

显示自动加工中的 M、S、T 代码。

7. 当前加工程序行

显示当前正在或将要加工的程序段。

8. 当前加工方式和系统运行状态及当前时间

（1）工作方式:系统工作方式根据机床控制面板上相应按键的状态可在自动运行、单段运行、手动、增量、回零、急停等之间进行切换。

（2）运行状态:系统工作状态在"运行正常"和"出错"之间切换。

（3）系统时钟:显示当前系统时间。

9. 当前机床坐标和剩余进给

显示当前机床坐标以及剩余的进给距离。

10. 倍率修调

显示当前主轴倍率、进给倍率和快速进给倍率。

10.2.3 华中数控 HNC-21/22T 的操作说明

1. ⬤急停

机床运行过程中在危险或紧急情况下按下急停按钮,CNC 即进入急停状态,伺服进给及主轴运转立即停止,工作控制柜内的进给驱动电源被切断。

松开急停按钮:左旋此按钮,按钮将自动跳起,CNC 进入复位状态,解除紧急停止前先确认故障原因是否排除,且紧急停止解除后应重新执行回参考点操作,以确保坐标位置的正确性。

注意:在启动和退出系统之前应按下急停按钮,以保障人身财产安全。

2. 方式选择

机床的工作方式由手持单元和控制面板上的方式选择类按键共同决定。方式选择类按键及其对应的机床工作方式如下:

🔲自动运行方式:自动连续加工工件;模拟加工工件;在 MDI 模式下运行指令。

🔲单段单程序段执行方式:自动逐段地加工工件(按一次"循环启动"键,执行一个程序段,直到程序运行完成);MDI 模式下运行指令。

$\boxed{手动}$手动连续进给方式:通过机床操作键可手动换刀、手动移动机床各轴,手动松紧卡爪、伸缩尾座、主轴正反转。

$\boxed{增量}$增量/手摇脉冲发生器进给方式:定量移动机床坐标轴,移动距离由倍率调整(可控制机床精确定位,但不连续)。

$\boxed{回零}$返回机床参考点方式:手动返回参考点,建立机床坐标系(机床开机后应首先进行回参考点操作)。

3. 回参考点

按一下回零按键,指示灯亮,系统处于手动回参考点方式,可手动返回参考点(下面以 X 轴回参考点为例说明):

① 根据 X 轴回参考点方向参数的设置,按一下"+X"按键:回参考点方向为正方向。

② X 轴将以回参考点快移速度参数设定的速度快进。

③ X 轴碰到参考点开关后将以回参考点定位速度参数设定的速度进给。

④ 当反馈元件检测到基准脉冲时 X 轴减速停止,回参考点结束。此时"+X"或"-X"按键内的指示灯亮。用同样的操作方法使用"+Z""-Z"按键可以使 Z 轴回参考点。同时按压 X 向和 Z 向的轴手动按键,可使 X 轴和 Z 轴同时执行返回参考点操作。

注意:

① 在每次电源接通后,必须先用这种方法完成各轴的返回参考点操作,然后再进入其他运行方式,以确保各轴坐标的正确性。

② 在回参考点前,应确保回零轴位于参考点方向相反侧,否则应手动移动该轴直到满足此条件。

4. $\boxed{超程解除}$超程解除

当机床超出安全行程时,行程开关撞到机床上的挡块,切断机床伺服强电,机床不能动作,起到保护作用。如要重新工作,需一直按下该键,接通伺服电源,再在"手动"方式下,反向手动移动机床,使行程开关离开挡块。要退出超程状态时必须:

① 松开急停按钮,置工作方式为手动或手摇方式。

② 一直按压着超程解除按键,控制器会暂时忽略超程的紧急情况。

③ 在手动(手摇)方式下,使该轴向相反方向退出超程状态。

扫一扫
数控车床
滚轴丝杠
工作原理

④ 松开超程解除按键,若显示屏上运行状态栏:运行正常取代了出错,表示恢复正常,可以继续操作。

注意:在移回伺服机构时,请注意移动方向及移动速率,以免发生撞机。

5. 手动机床动作控制

$\boxed{主轴正转}$主轴正转:在手动方式下,按一下主轴正转按键,指示灯亮,主电机以机床参数设定的转速正转。

$\boxed{主轴反转}$主轴反转:在手动方式下,按一下主轴反转按键,指示灯亮,主电机以机床参数设定的转速反转。

$\boxed{主轴停止}$主轴停止:在手动方式下,按一下主轴停止按键,指示灯亮,主电机停止运转。

$\boxed{主轴正点动}$$\boxed{主轴负点动}$主轴点动:在手动方式下,可用主轴正点动、主轴负点动按键点动转动主轴。按压主轴正点动或主轴负点动按键,指示灯亮,主轴将产生正向或负向连续转动。松开主轴正点

动或主轴负点动按键,指示灯灭,主轴即减速停止。

按下该键,"刀位转换"所选刀具,换到工作位上。手动工作方式下该键有效。

刀位转换:在手动方式下,按一下刀位转换按键,转塔刀架转动一个刀位。

冷却启动与停止:在手动方式下,按一下冷却开停按键,冷却液开(默认值为冷却液关),再按一下,又为冷却液关,如此循环。

卡盘松紧:在手动方式下,按一下卡盘松紧按键,松开工件(默认值为夹紧),可以进行更换工件操作。再按一下,又为夹紧工件,可以进行加工工件操作。如此循环。

6. 自动运行

按一下自动按键,指示灯亮,系统处于自动运行方式,机床坐标轴的控制由 CNC 自动完成。

自动运行启动循环启动:

自动方式时,在系统主菜单下按 F1 键,进入自动加工子菜单,再按 F1 键选择要运行的程序,然后按一下循环启动按键,指示灯亮,自动加工开始。

注意:适用于自动运行方式的按键,同样适用于 MDI 运行方式和单段运行方式。

自动运行暂停进给保持:

在自动运行过程中,按一下进给保持按键,指示灯亮,程序执行暂停,机床运动轴减速停止。暂停期间辅助功能 M、主轴功能 S 、刀具功能 T 保持不变。

进给保持后的再启动:在自动运行暂停状态下,按一下循环启动按键,系统将重新启动,从暂停前的状态继续运行。

空运行:

在自动方式下,按一下空运行按键,指示灯亮,CNC 处于空运行状态,程序中编制的进给速率被忽略,坐标轴以最大快移速度移动。空运行不做实际切削,目的在确认切削路径及程序。在实际切削时应关闭此功能,否则可能会造成危险。此功能对螺纹切削无效。

机床锁住:

禁止机床坐标轴动作。在自动运行开始前,按一下机床锁住按键,指示灯亮,再按循环启动按键,系统继续执行程序,显示屏上的坐标轴位置信息变化,但不输出伺服轴的移动指令,所以机床停止不动。这个功能用于校验程序。

注意:

① 即便是 G28、G29 功能,刀具不运动到参考点。

② 机床辅助功能 M、S、T 仍然有效。

③ 在自动运行过程中,按机床锁住按键,机床锁住无效。

④ 在自动运行过程中,只在运行结束时,方可解除机床锁住。

⑤ 每次执行此功能后,须再次进行回参考点操作。

单段运行:

按一下单段运行按键,系统处于单段自动运行方式,指示灯亮,程序控制将逐段执行。

按一下循环启动按键,运行一程序段,机床运动轴减速,停止刀具;再按一下循环启动按键,又执行下一程序段,执行完了后又再次停止。在单段运行方式下,适用于自动运行的按键依然有效。

任选停止：

如程序中使用了 M01 辅助指令,当按下该键后,程序运行到该指令即停止,再按循环启动键,继续运行;解除该键,则 M01 功能无效。

跳段功能：

如程序中使用了跳段符号"/",当按下该键后,程序运行到有该符号标定的程序段,即跳过不执行该段程序;解除该键,则跳段功能无效。

7. ─ 100% ＋ 速率修调

通过这三个速度修调按键,对主轴转速、G00 快移速度、工作进给或手动进给速度进行修调。

（1）进给修调

在自动方式或 MDI 运行方式下,当 F 代码编程的进给速度偏高或偏低时,可用进给修调右侧的"100%"和"＋""−"按键修调程序中编制的进给速度。按压"100%"按键,指示灯亮,进给修调倍率被置为 100%;按一下"＋"按键,进给修调倍率递增 5%;按一下"−"按键,进给修调倍率递减 5%。在手动连续进给方式下,这些按键可调节手动进给速率。

（2）快速修调

在自动方式或 MDI 运行方式下,可用快速修调右侧的"100%"和"＋""−"按键修调 G00 快速移动时系统参数最高快移速度设置的速度。按压"100%"按键,指示灯亮,快速修调倍率被置为 100%;按一下"＋"按键,快速修调倍率递增 5%;按一下"−"按键,快速修调倍率递减 5%。在手动连续进给方式下,这些按键可调节手动快移速度。

（3）主轴修调

在自动方式或 MDI 运行方式下,当 S 代码编程的主轴速度偏高或偏低时,可用主轴修调右侧的"100%"和"＋""−"按键修调程序中编制的主轴速度。按压 100% 按键,指示灯亮,主轴修调倍率被置为 100%;按一下"＋"按键,主轴修调倍率递增 5%;按一下"−"按键,主轴修调倍率递减 5%。在手动方式时,这些按键可调节手动时的主轴速度。机械齿轮换挡时,主轴速度不能修调。

8. 轴手动按键（图 10.7）

通过该类按键,可手动控制刀具或工作台移动。移动速度由系统最大加工速度和进给速度修调按键确定。当同时按下方向轴和快进按键时,系统以最大的速度移动。

① "手动""增量"和"回零"工作方式下有效。

② "增量"时,确定机床定量移动的轴和方向。

③ "手动"时,确定机床移动的轴和方向。

④ "回零"时,确定回参考点的轴和方向。

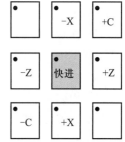

图 10.7　轴手动按键

×1 ×10 ×100 ×1000 倍率选择键："增量"和"手摇"工作方式下有效。通过该类键选择定量移动的距离量。

增量倍率按键和增量值的对应关系见表 10.1。

表 10.1　增量倍率按键和增量值的对应关系

增量倍率按键	×1	×10	×100	×1000
增量值/mm	0.001	0.01	0.1	1

10.3　数控铣加工

数控铣床是主要采用铣削方式加工零件的数控机床,它能够进行外形轮廓、平面或曲面型腔以及三维复杂型面的铣削,还可以进行各类孔系的加工。

10.3.1　XKA714 型立式铣床的 FANUC 0i 操作系统

FANUC 0i 操作系统的显示面板和操作面板如图 10.8 所示。

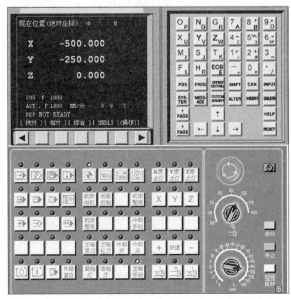

图 10.8　FANUC 0i 操作系统的显示面板和操作面板

1. MDI 面板

MDI 面板上键的位置如图 10.9 所示。功能软键就是图中指示的功能键,它包括 POS、PROG、OFFSET SETTING、SYSTEM、MESSAGE 和 CUSTOM GRAPH,它们具体的意义和作用如下:

（1）POS 键

按下此键,选择当前位置的坐标界面,可以选择各种坐标显示界面,比如有绝对坐标系、相对坐标系、机床坐标系、显示移动余量等。

（2）PROG 键

按下此键,可以显示某个程序,只有配合上 EDIT 操作选择功能键方可进行程序编辑。

（3）OFFSEF SETTING 键

按下此键,选择合适的界面,设定刀具补偿和建立工件坐标系的数值输入。

（4）SYSTEM 键

按下此键,可以显示系统参数、故障诊断、PMC 参数、螺距误差补偿、伺服参数与主轴参

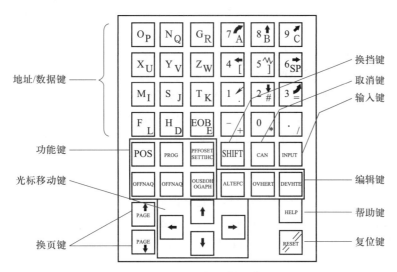

图 10.9　MDI 面板上键的位置

数等。

（5）MESSAGE 键

按下此键,屏幕将出现报警信息等。

（6）CUSTOM GRAPH 键

按下此键可以模拟加工的图形预演等。

2. 与加工有关的开关

🔲　在手动方式下按下此键,主轴正转,信号灯亮。

🔲　在手动方式下按下此键,主轴反转,信号灯亮。

🔲　在主轴转动时按下此键,主轴停止转动。

🔲　循环启动键,在自动或 MDI 方式下运行程序。

🔲　进给保持键,按下此键时,程序中止执行各轴进给停止,但主轴依然旋转。

10.3.2　XKA714 型立式铣床的操作简介

1. 机床操作

（1）开机

① 机床接电后,松开急停按钮,按下 NC 电源,接通数控系统电源,待系统自检结束后,松开急停按钮。

② 把功能开关拨到 ZERO 档。

③ 分别按+X、+Y、+Z 轴移动方向按键,使各轴返回参考点,回参考点后,相应的指示灯将点亮。

（2）手动操作

① 把功能开关拨到 JOG 档。

② 按倍率选择键"×1""×10""×100""×1000",选择进给的倍率大小。

③ 按机床操作面板上的"+X""+Y""+Z"按键或"-X""-Y""-Z"按键,使主轴相对工件向 X、Y 或 Z 轴的正方向或负方向移动。

扫一扫
数控铣床
对刀

④ 如欲使某坐标轴快速移动,只要在按住某轴的"+"或"−"按键的同时,按住快移键即可。

（3）自动加工运行

① 把功能开关拨到 MEMO 键。

② 按循环启动键,则当前所调用的程序将立即运行。

③ 在运行过程中,按进给保持键,刀具将停止运动,但主轴并不停转,此时再按循环启动键即可继续运行程序。若想彻底中断程序的继续运行,可按菜单键区上的功能键 RESET 键。

2. 操作注意事项

① 回参考点时应先走 Z 轴,待提升到一定高度后再走向 X、Y 轴,以免碰撞刀、夹具。

② 程序文件名必须以字母"O"开头,后跟 4 位数字。

③ 在加工中若发生异常情况,尽可能用 RESET 键来停止加工,避免因频繁使用急停按钮而对机床造成不必要的冲击。

10.4 特种加工技术简介

特种加工是第二次世界大战后发展起来的一类区别于传统切削和磨削的加工方法。特别是自 20 世纪 50 年代以来,由于材料科学、高新技术的发展和激烈的市场竞争、发展尖端国防及科学研究的急需,不仅新产品更新换代日益加快,而且产品要求具有很高的强度重量比和性能价格比,并正朝着高速度、高精度、高可靠性、耐腐蚀、高温高压、大功率、尺寸大小两极分化的方向发展。为此,各种新材料、新结构、形状复杂的精密机械零件大量涌现,对机械制造业提出了一系列迫切需要解决的新问题。例如,各种难切削材料的加工;各种结构形状复杂、尺寸或微小或特大、精密零件的加工;薄壁、弹性元件等低刚度、特殊零件的加工等。对此,采用传统加工方法十分困难,甚至无法加工。因而,人们不断地探索、寻求新的加工方法,于是一种本质上区别于传统加工的特种加工应运而生,并不断获得发展。后来,由于新颖制造技术的进一步发展,人们就从广义上来定义特种加工,即将电、磁、声、光、化学等能量或其组合施加在工件的被加工部位上,从而实现材料被去除、变形、改变性能或被镀覆等。特种加工可以实现传统加工方法难以实现的加工,如高强度、高硬度、高脆性、高韧性、工程陶瓷、磁性材料和耐高温材料等难以加工的材料,以及高紧密、特殊复杂表面和外形等零件的加工等。对于精密微细的特殊零件,特种加工有很大的适用性和发展潜力,在模具、量具、刀具、仪器仪表、飞机、航天器和微电子元件等制造中得到越来越广泛的应用。

10.4.1 特种加工的特点

① 不用机械能,与加工对象的机械性能无关。有些加工方法,如激光加工、电火花加工、等离子弧加工、电化学加工等是利用热能、化学能、电化学能等,这些加工方法与工件的硬度、强度等机械性能无关,故可加工各种硬、软、脆、热敏、耐腐蚀、高熔点、高强度、特殊性能的金属和非金属材料。

② 非接触加工。不一定需要工具,有的虽使用工具,但与工件不接触,因此,工件不承受大的作用力,工具硬度可低于工件硬度,故使刚性极低元件及弹性元件得以加工。

③ 微细加工。工件表面质量高,有些特种加工,如超声波加工、电化学加工、水喷射加

工、磨料流加工等,加工余量都是微细进行,故不仅可加工尺寸微小的孔或狭缝,还能获得高精度、极低粗糙度的加工表面。

④ 不存在加工中的机械应变或大面积的热应变;可获得较低的表面粗糙度,其热应力、残余应力、冷作硬化等均比较小,尺寸稳定性好。

⑤ 特种加工能量易于转换和控制;有利于保证加工精度和提高加工效率。

⑥ 特种加工去除材料的速度一般低于传统的切削加工方法;这也是目前传统加工仍占主导地位的原因。

10.4.2 特种加工的分类

特种加工一般按能量形式和作用原理分类。

电能与热能作用方式:电火花加工、线切割加工、电子束加工、等离子加工。

电能与化学能作用方式:电解、电铸、电刷镀。

电化学能与机械能作用方式:电解磨削、电解珩磨。

声能与机械作用能作用方式:超声波加工。

光能与热能作用方式:激光加工。

电能与机械作用能作用方式:离子束加工。

液流能与机械作用能:挤压珩磨 AFH、水射流 WJC。

1. 电火花加工

电火花加工是利用浸在工作液中的两极间脉冲放电时产生的电蚀作用蚀除导电材料的特种加工方法,又称放电加工或电蚀加工。加工适应性强,可用于电火花穿孔、电火花线切割、电火花型腔加工、磨削、铣制、镗制、表面强化等。其中成形加工适用于各种孔、槽、模具,还可刻字、表面强化、涂覆等;切割加工适用于各种冲模、粉末冶金模及工件,各种样板、磁钢及硅钢片的冲片,钼、钨、半导体或贵重金属。

2. 电化学加工

电化学加工的原理是阳极溶解(溶解速度与电流密度有关),工作液高速冲走电解腐蚀物。利用阳极溶解可以从工件表面去除金属(电解);利用阴极上的沉积作用可在工件表面沉积金属(电镀、电铸)。其中电解加工适用于深孔、型孔、型腔、型面、倒角去毛刺、抛光等。电铸加工适用于形状复杂、精度高的空心零件,如波导管;注塑用的模具、薄壁零件;复制精密的表面轮廓;表面粗糙度样板、反光镜、表盘等零件。涂覆加工可针对表面磨损、划伤、锈蚀的零件进行涂覆以恢复尺寸;对尺寸超差产品进行涂覆补救。对大型、复杂、小批工件表面的局部镀防腐层、耐腐层,以改善表面性能。

3. 超声波加工

超声波加工是磨料悬浮液中的磨粒,在超声波振动下的冲击、抛磨和空化现象综合切蚀作用的结果。其中,以磨粒不断冲击为主。由此可见,脆硬的材料受冲击作用愈容易被破坏,故尤其适于超声波加工。其特点是适合加工各种硬脆材料,加工质量较好,可以加工各种复杂的型腔和型面。

4. 激光加工

激光加工的特点是非接触加工。激光可视作"光刀",无"刀具"磨损,无"切削力"作用于工件,可对多种金属、非金属加工,特别是高硬度、高脆性及高熔点材料。可以与数控系统配合组成激光加工中心,实现多种加工目的。激光束能量密度高,是局部加工,加工速度快,热影响区小,工件变形小,后续加工量小,生产效率高,加工质量稳定可靠。激光可以用作切割、打孔、标记、焊接、淬火等。

5. 水刀加工

水刀加工即加砂切割,可切割任何材料而不产生热效应或机械应力,加砂切割可完成精密切割。

10.4.3　电火花加工和电火花线切割

1. 电火花加工过程

电火花加工基于电火花腐蚀原理,是在工具电极与工件电极相互靠近时,极间形成脉冲性火花放电,在电火花通道中产生瞬时高温,使金属局部熔化,甚至气化,从而将金属蚀除下来。这一过程大致分为以下几个阶段,如图 10.10 所示。

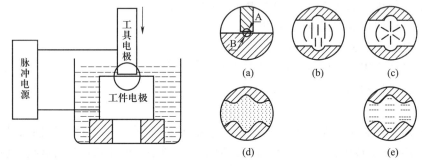

图 10.10　电火花加工

① 极间介质的电离、击穿,形成放电通道,如图 10.10(a)所示。工具电极与工件电极缓缓靠近,极间的电场强度增大,由于两电极的微观表面是凹凸不平的,因此在两极间距离最近的 A、B 处电场强度最大。

工具电极与工件电极之间充满着液体介质,液体介质中不可避免地含有杂质及自由电子,它们在强大的电场作用下,形成了带负电的粒子和带正电的粒子,电场强度越大,带电粒子就越多,最终导致液体介质电离、击穿,形成放电通道。放电通道是由大量高速运动的带正电和带负电的粒子以及中性粒子组成的。由于通道截面很小,通道内因高温热膨胀形成的压力高达几万帕,高温高压的放电通道急速扩展,产生一个强烈的冲击波向四周传播。在放电的同时还伴随着光效应和声效应,这就形成了肉眼所能看到的电火花。

② 电极材料的熔化、气化热膨胀,如图 10.10(b)(c)所示。液体介质被电离、击穿,形成放电通道后,通道间带负电的粒子奔向正极,带正电的粒子奔向负极,粒子间相互撞击,产生大量的热能,使通道瞬间达到很高的温度。通道高温首先使工作液汽化,然后高温向四周扩散,使两电极表面的金属材料开始熔化直至沸腾汽化。汽化后的工作液和金属蒸气瞬间体积猛增,形成了爆炸的特性。所以在观察电火花加工时,可以看到工件与工具电极间有冒烟现象,并听到轻微的爆炸声。

③ 电极材料的抛出,如图 10.10(d)所示。正负电极间产生的电火花现象使放电通道产生高温高压。通道中心的压力最高,工作液和金属汽化后不断向外膨胀,形成内外瞬间压力差,高压力处的熔融金属液体和蒸汽被排挤,抛出放电通道,大部分被抛入工作液中。仔细

观察电火花加工,可以看到橘红色的火花四溅,这就是被抛出的高温金属熔滴和碎屑。

④ 极间介质的消电离,如图10.10(e)所示。加工液流入放电间隙,将电蚀产物及残余的热量带走,并恢复绝缘状态。若电火花放电过程中产生的电蚀产物来不及排除和扩散,产生的热量将不能及时传出,使该处介质局部过热,局部过热的工作液高温分解、积炭,使加工无法继续进行,并烧坏电极。因此,为了保证电火花加工过程的正常进行,在两次放电之间必须有足够的时间间隔让电蚀产物充分排出,恢复放电通道的绝缘性,使工作液介质消电离。

上述步骤①~④在1s内数千次甚至数万次地往复式进行,即单个脉冲放电结束,经过一段时间间隔(即脉冲间隔)使工作液恢复绝缘后,第二个脉冲又作用到工具电极和工件上,又会在当时极间距离相对最近或绝缘强度最弱处击穿放电,蚀出另一个小凹坑。这样以相当高的频率连续不断地放电,工件不断地被蚀除,故工件加工表面将由无数个相互重叠的小凹坑组成。所以电火花加工是大量的微小放电痕迹逐渐累积而成的去除金属的加工方式。

2. 电火花加工和电火花线切割加工的特点

(1)共同特点

① 二者的加工原理相同,都是通过电火花放电产生的热来熔解去除金属的,所以二者加工材料的难易与材料的硬度无关,加工中不存在显著的机械切削力。

② 二者的加工机理、生产率、表面粗糙度等工艺规律基本相似,可以加工硬质合金等一切导电材料。

③ 最小角部半径有限制。电火花加工中最小角部半径为加工间隙,线切割加工中最小角部半径为电极丝的半径加上加工间隙。

(2)不同特点

① 从加工原理来看,电火花加工是将电极形状复制到工件上的一种工艺方法,如图10.11(a)所示。在实际中可以加工通孔(穿孔加工)和盲孔(成形加工),如图10.11(b)(c)所示;而线切割加工是利用移动的细金属导线(铜丝或钼丝)作电极,对工件进行脉冲火花放电,切割成形的一种工艺方法,如图10.12所示。

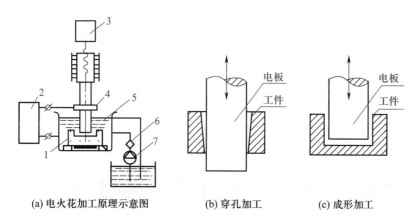

(a) 电火花加工原理示意图　　(b) 穿孔加工　　(c) 成形加工

1—工件;2—脉冲电源;3—自动进给调节系统;4—工具;5—工作液;

6—过滤器;7—工作液泵

图10.11　电火花加工

② 从产品形状角度看,电火花加工必须先用数控加工等方法加工出与产品形状相似的

电极;线切割加工中产品的形状是通过工作台按给定的控制程序移动合成的,只对工件进行
轮廓图形加工,余料仍可利用。

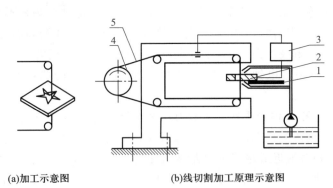

(a)加工示意图　　　　　　　　　(b)线切割加工原理示意图

1—绝缘底板;2—工件;3—脉冲电源;4—储丝筒;5—电极丝

图 10.12　线切割

③ 从电极角度看,电火花加工必须制作成形用的电极(一般用铜、石墨等材料制作而成);线切割加工用移动的细金属导线(铜丝或钼丝)做电极。

④ 从电极损耗角度看,电火花加工中电极相对静止,易损耗,故通常采用多个电极加工;而线切割加工中由于电极丝连续移动,使新的电极丝不断地补充和替换在电蚀加工区受到损耗的电极丝,避免了电极损耗对加工精度的影响。

⑤ 从应用角度看,电火花加工可以加工通孔、盲孔,特别适宜加工形状复杂的塑料模具等零件的型腔以及刻文字、花纹等;而线切割加工只能加工通孔,能方便地加工出小孔、形状复杂的窄缝及各种形状复杂的零件。

案　例

案例是学生对某一工件的独立实际操作。通过案例的练习,可以检验并提高学生的实际动手能力。选择案例的实训件,应结合各校工厂的实际,尽量选择生产中的产品为实训件。在没有合适的产品的情况下,也可用下面的案例一作为学生数控车的练习,案例二作为学生数控铣的练习,并以此作为评定学生数控实训操作考核成绩的主要依据。

案例一:手锤把

毛坯尺寸:$\phi 20$ mm×262 mm

材料:45 钢

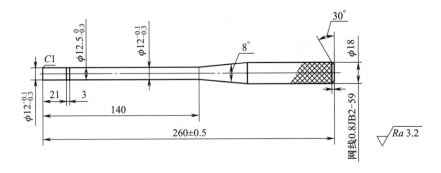

序号	简图	加工内容	刀具、工具、辅具、量具
1. 车外圆,平端面	30 $\phi20$ $\sqrt{Ra\,3.2}$	车端面:用三爪自定心卡盘夹紧坯料,伸出 30.5 mm,端面车平,保证伸长 30 mm 即可	刀尖角 80°菱形外圆车刀,深度尺
2. 钻中心孔	30 $\phi20$	钻中心孔 A4	A4 中心钻,钻夹头
3. 车长外圆	252 250 $\phi19$ $\sqrt{Ra\,6.3}$	工件伸出卡爪 252mm,工件在卡爪内装夹 5～6mm 左右,右侧顶尖顶住顶尖孔,切削外圆至尺寸 19mm。加工程序见 O0001	顶尖,刀尖角 80°菱形外圆车刀,游标卡尺
4. 调头,车两凸台	C1 $\phi12^{-0.1}_{-0.3}$ $\phi12.5^{-0.1}_{-0.3}$ 5 21 260±0.5 $\sqrt{Ra\,3.2}$	工件调头,伸出卡盘 30.5mm,平端面,保证工件长 260±0.5mm,倒角 C1,车削外圆 $\phi12$mm,保证长度为 21mm,车外圆至 12.5mm,保证长度为 5mm,加工程序见 O0002。钻中心孔 A4	深度尺,刀尖角 80°菱形外圆车刀,A4 中心钻,游标卡尺
5. 调头,车外圆	30° 2 $\phi12^{-0.1}_{-0.3}$ 8° $\phi18^{-0.1}_{-0.3}$ 3 114 $\sqrt{Ra\,3.2}$	工件调头,装夹 $\phi12$mm 处,右侧顶尖顶住中心孔,车削工件上其余外形,加工程序见 O0003	顶尖,刀尖角 80°菱形外圆车刀,游标卡尺
6. 滚花		手动滚花:网纹 M0.5 GB/T 6403.3—2008	滚花刀

加工参考程序（采用华中数控系统）：

O00001（加工工艺圆 φ19）

N10 %1111；	
N20 T0101；	
N30 M43 M03 S800；	主轴正转,转速 800r/m
N40 G00 X100 Z100；	快速移动到起始点 X100 Z100
N50 X19 Z5 M08；	快速移动到起刀点,切削液开
N60 G01 Z-250 F0.1；	切削到点 X19 Z-250,车削 φ19 的外圆
N70 X22；	切削到点 X22 Z-250
N80 G00 X100 Z100 M09；	退刀到起始点,切削液关
N90 M05；	主轴停转
N100 M30；	程序结束并返回第一句

O00002（加工工件 φ12、φ12.5 处）

N10 %2222；	
N20 T0101；	
N30 M43 M03 S800；	主轴正转,转速 800r/min
N40 G00 X100 Z100；	快速移动到起始点 X100 Z100
N50 X22 Z0 M08；	快速移动到起刀点,切削液开
N60 G01 X0 F0.1；	切削到点 X0 Z0,车削端面
N70 G00 Z1；	快速移动到点 X0 Z1
N80 G01 X8；	快速移动到点 X8 Z1
N90 G01 X12 Z-1；	切削到点 X12 Z-1,车削倒角
N100 Z-21；	切削到点 X12 Z-21,车削 φ12 的外圆
N110 X12.5；	切削到点 X12.5 Z-21
N120 Z-26；	切削到点 X12.5 Z-26
N130 X22 M09；	切削到点 X22 Z-26 冷却液关
N140 G00 X100 Z100；	退刀到起始点
N150 M05；	主轴停转
N160 M30；	程序结束并返回第一句

O00003（加工工件其余外形）

N10 %3333；	
N20 T0101；	
N30 M43 M03 S800；	主轴正转,转速 800r/min
N40 G00 X100 Z100；	快速移动到起始点 X100 Z100
N50 X7.6 Z1 M08；	快速移动到起刀点,切削液开
N60 X18 Z-2 F0.1；	切削到点 X18 Z-2,车削倒角
N70 Z-77；	切削到点 X18 Z-77,车削外圆 φ18

N80 X12 Z–120；	切削到点 X12 Z–120,车削 8°外锥
N90 Z–234；	车削到点 X12 Z–234,车削外圆 ϕ12
N100 X22 M09；	车削到点 X22 Z–234,冷却液关
N110 G00 X100 Z100；	退刀到起始点
N120 M05；	主轴正转
N130 M30；	程序结束并返回第一句

案例二:蜡台座

毛坯尺寸:50 mm×50 mm×50 mm

材料:HT200

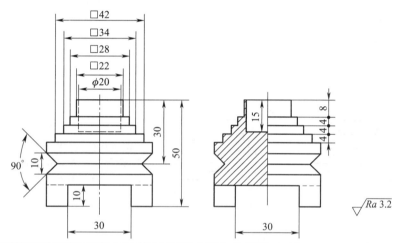

序号	简图	加工内容	刀具、工具、辅具、量具
1. 铣凸台	□42 □34 □28 □22 4 4 4 8 50 ∜Ra 3.2	铣削凸台:用虎钳夹紧立方体,高出虎钳钳口 25mm 左右,分别铣削 42mm × 42mm、34mm × 34mm、28mm × 28mm、22mm×22mm 的凸台,保证各凸台高度。加工程序见 O0001	20mm 直柄立铣刀,强力铣夹头,深度尺、游标卡尺
2. 铣 V 形槽	30 90° 10 ∜Ra 3.2	铣削 V 形槽:使用 V 形垫铁,虎钳夹紧工件,试切法铣削分别铣削 4 个 V 形槽,保证尺寸 10mm 和 30mm	20mm 直柄立铣刀,强力铣夹头,游标卡尺

序号	简图	加工内容	刀具、工具、辅具、量具
3. 铣槽		铣削槽：虎钳夹紧工件，铣削两个 30mm 通槽，保证深度为 10mm。加工程序见 O0002	20mm 直柄立铣刀，强力铣夹头，游标卡尺
4. 铣削圆孔		铣削圆孔：虎钳夹紧工件，铣削直径为 20mm，深度为 15mm 的盲孔。加工程序见 O0003	20mm 直柄过中心三刃立铣刀，强力铣夹头，游标卡尺

蜡台座加工参考程序(采用 FANUC 0i 系统)：

O0001(加工 42 mm×42 mm、34 mm×34 mm、28 mm×28 mm、22 mm×22 mm 的凸台)

G54；	设置工件坐标系
M03 S450；	主轴正转 450r/min
G43 G00 Z200 H1；	快速移动到 Z200 点，加长度补偿
X21 Y-45；	快速移动到点 X21 Y-45
Z5；	快速移动到点 Z5
G01 Z-20 M08 F50；	工作进给到 Z-20，速度 50mm/min，冷却液开
G42 X21 Y-35 D1 F100；	切削到点 X21 Y-35，加半径右补偿
X21 Y21；	切削到点 X21 Y21
X-21；	切削到点 X-21
Y-21；	切削到点 Y-21
X35；	切削到点 X35
G00 G40 X45；	快速移动到点 X45，撤销半径补偿
X17 Y-45；	快速移动到点 X17 Y-45
G01 G42 Y-35 D1；	工作进给到点 Y-35，加半径右补偿
Y17；	切削到点 Y17

X-17;	切削到点 X-17
Y-17;	切削到点 Y-17
X35;	切削到点 X35
G00 G40 X45;	快速移动到点 X45,撤销半径补偿
Z-12;	快速移动到点 Z-12
X14 Y-45;	快速移动到点 X14 Y-45
G01 G42 Y-35 D1;	工作进给到点 Y-35,加半径右补偿
Y14;	切削到点 Y14
X-14;	切削到点 X-14
Y-14;	切削到点 Y-14
X35;	切削到点 X35
G00 G40 X45;	快速移动到点 X45,撤销半径补偿
Z-8;	快速移动到点 Z-8
X11 Y-45;	快速移动到点 X11 Y-45
G01 G42 Y-35 D1;	工作进给到点 Y-35,加半径右补偿
Y11;	切削到点 Y11
X-11;	切削到点 X-11
Y-11;	切削到点 Y-11
X35;	切削到点 X35
G00 G40 X45 M09;	快速移动到点 X45,撤销半径补偿,冷却液关
G00 Z200;	快速移动到点 Z200
M05;	主轴停
M30;	程序结束并返回程序开头
O0002(铣削两个 30 的通槽)	
G54;	设置工件坐标系
M03 S450;	主轴正转 450r/min
G43 G00 Z200 H1;	快速移动到点 Z200,加长度补偿
X5 Y-37;	快速移动到点 X5 Y-37
Z5;	快速移动到点 Z5
G01 Z-5 M08 F50;	工作进给到点 Z-5,速度 50mm/min,冷却液开
Y37 F100;	切削到点 Y37,速度 100mm/min
G00 X-5;	快速移动到点 X-5
G01 Y-37;	切削到点 Y-37
Z-10 F50;	移动到点 Z-10,速度 50mm/min
G00 X5;	快速移动到点 X5
G01 Y37 F100;	工作进给到点 Y37,速度 100mm/min
X-5;	切削到点 X-5
Y-37;	切削到点 Y-37
G00 Z5;	快速移动到点 Z5

X37 Y5;	快速移动到点 X37 Y5
G01 Z-5 F50;	工作进给到点 Z-5,速度 50mm/min
X-37 F100;	切削到点 X-37
Y-5;	切削到点 Y-5
X37;	切削到点 X37
Z-10 F50;	切削到点 Z-10
Y5;	切削到点 Y5
X-37 F100;	切削到点 X-37
Y-5;	切削到点 Y-5
X37 M09;	切削到点 X37,冷却液关
G00 Z200;	快速移动到点 Z200
M05;	主轴停
M30;	程序结束并返回程序开头
O00003(铣钻 φ20 盲孔)	
G54;	设置工件坐标系
M03 S450;	主轴正转 450/min
G00 Z200;	快速进给到点 Z200
G00 X0 Y0 M08;	快速进给到点 X0 Y0,冷却液打开
G83 X0 Y0 R5 Z-15 Q1.5 F20;	啄式铣钻孔深到 Z-15
G00 Z200 M09;	快速移动到点 Z200,冷却液停
M05;	主轴停
M30;	主轴停并返回程序开头

小　结

数控加工作为现代新兴的加工方法,在现代化生产中占据着重要的位置。本单元重点介绍了华中世纪星 HNC-21/22T 数控车床和 FANUC 0i-MC 系统数控铣床的基本操作,并通过典型案例的手锤柄、手锤的制作,旨在使学生通过学习,了解和掌握数控车及数控铣的基本操作过程。简单介绍了特种加工,希望学生能够了解特种加工的一般知识。

思考题

10.1　数控车床与普通车床在操作上的主要区别是什么?

10.2　数控铣床与普通铣床在操作上的主要区别是什么?

10.3　数控机床的特点是什么?

10.4　插补指令有什么?

10.5　圆弧插补指令的插补方向的判断原则是什么?

10.6　什么是机床坐标系?什么是工件坐标系?

10.7　G00 指令与 G01 指令的区别是什么?

如图 10.13 所示,利用数控铣床加工锤头,制订加工工艺,并写出对应程序。

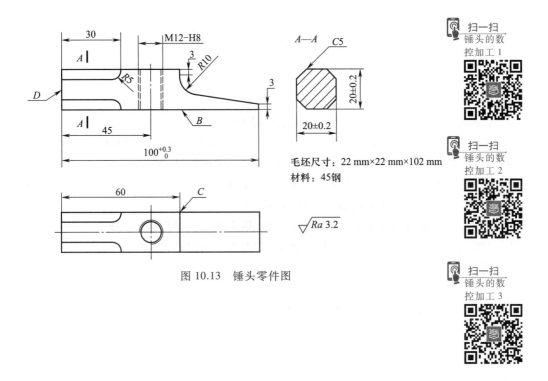

图 10.13　锤头零件图

毛坯尺寸：22 mm×22 mm×102 mm
材料：45钢

$\sqrt{Ra\,3.2}$

扫一扫
锤头的数
控加工 1

扫一扫
锤头的数
控加工 2

扫一扫
锤头的数
控加工 3

参 考 文 献

[1] 周宗明,徐晓东.金工实训.北京:科学出版社,2007.

[2] 金禧德.金工实习.4 版.北京:高等教育出版社,2014.

[3] 王纪安.工程材料与成形工艺基础.4 版.北京:高等教育出版社,2014.

[4] 刘新,崔明铎.工程训练通识教程.北京:清华大学出版社,2011.

[5] 郭术义.金工实训.北京:清华大学出版社,2011.

[6] 高美兰.金工实训.北京:机械工业出版社,2006.

[7] 张木青,于兆勤.机械制造工程实训.广州:华南理工大学出版社,2007.

[8] 翟建军,梁协铭.金属薄板冷冲压.南京:东南大学出版社,2001.

[9] 李硕本,等.冲压工艺理论与新技术.北京:机械工业出版社,2002.

[10] 于庆祯,李锋.电器设备机械结构设计手册.北京:机械工业出版社,2005.

[11] 付宏生.冷冲压成形工艺与模具设计制造.北京:化学工业出版社,2005.